知ってる？

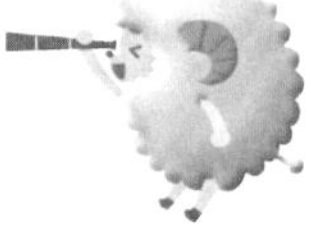

トニー・クリリー
野崎昭弘［監訳］
対馬 妙［翻訳］

人生に必要な数学

50 Mathematical IDEAS You really need to know

近代科学社

読者の皆さまへ

小社の出版物をご愛読くださいまして、まことに有り難うございます。おかげさまで、(株)近代科学社は1959年の創立以来、2009年をもって50周年を迎えることができました。これも、ひとえに皆さまの温かいご支援の賜物と存じ、衷心より御礼申し上げます。この機に小社では、全出版物に対してUD(ユニバーサル・デザイン)を基本コンセプトに掲げ、そのユーザビリティ性の追究を徹底してまいる所存でおります。本書を通じまして何かお気づきの事柄がございましたら、ぜひ以下の「お問合せ先」までご一報くださいますようお願いいたします。

お問合せ先：*reader@kindaikagaku.co.jp*

50 mathematical ideas you really need to know
by Tony Crilly
Copyright © Tony Crilly 2007
Japanese translation published by arrangement
with Quercus Publishing Plc through The English Agency (Japan) Ltd.

本書の複製権・翻訳権・譲渡権は株式会社近代科学社が保有します。
(社)出版者著作権管理機構 委託出版物
本書の無断複写は著作権法上での例外を除き禁じられています。
複写される場合は、そのつど事前に(社)出版者著作権管理機構の許諾を得てください。
TEL 03-3513-6969 FAX 03-3513-6979
info@jcopy.or.jp" info@jcopy.or.jp

JCOPY

数学の世界へようこそ

数学が扱う領域は広大で、そのすべてを理解する者はひとりもいないはずです。私たちにできるのはそれぞれの分野でそれぞれの筋道を探ることだけです。それでも、そこに開かれている扉は、異なる時代の異なる文化や、何世紀ものあいだ数学者を悩ませているさまざまな概念に通じています。

数学は古い学問であるとともに、新しい学問でもあります。また、政治や文化の影響が多岐にわたって反映された学問でもあります。現在使われている数体系は、インドとアラビアに起源をもち、長年の慣習によって鍛え上げられてきました。たとえば、紀元前2000年から3000年のバビロニアで産声を上げた“六十進法”は、1分は60秒、1時間は60分、直角は——革命下のフランスで十進法化の第一段階として採用された100度ではなく——90度というように、今もそのまま使われています。

先端技術の進歩には、数学が大きな役割を果たしています。あなたが学生時代、数学を苦手としていたとしても、それは別段恥ずかしいことではありません。学校の数学はまったく別のものです。学校では、試験を視野にとらえて数学を学びますが、数学はすばやく理解すればいいというものではありません。学校教育につきものの時間的な制約は、数学を理解するうえで妨げとなっています。数学の概念を理解することに、時間の制約はありません。偉大な数学者のなかには、自らの研究対象となる概念を深く理解することに、途方もない時間を費やす人もいます。

本書もあわてて読む必要はありません。暇なときに拾い読みをしてください。ゆっくり時間をかけて、どこかで聞いたことがある概念が真に意味するところを見出してください。1章から読みはじめたとしても、どこか気の向いたところから読みはじめたとしても、数学の世界の旅に変わりはありません。ゲーム理論の章から魔方陣の章へ進んでも構いませんし、黄金矩形の章からフェルマーの最終定理の章に飛んでも問題はありません。もちろん、ほかのルートを選ぶこともできます。

近年、重要な数学の問題のいくつかが相次いで証明されたことからもわかるように、数学にとって胸躍る時代がやってきています。その背景にはコンピュータの発達があります。とはいえ、コンピュータは万能ではありません。4色問題のように、コンピュータの力を借りて証明に成功した問題があるいっぽうで、本書の最終章で紹介するリーマン仮説のように、コンピュータの時代にあって、いまなお解決できない問題も残されています。
　数学はすべての人びとのものです。数独の人気は、たとえ知識がなくても数学は楽しめるという何よりの証拠です。美術や音楽と同じように、数学の世界にも天才はいますが、数学は彼らだけのものではありません。本書でも、どこかの章で登場した先達が、ほかの章でまた現れることがあります。たとえば、2007年に生誕300年を迎えたレオンハルト・オイラーの名前は、ページをめくるあいだに幾度となく見かけることになるでしょう。数学の進歩は歳月を超えた研究の蓄積にあります。50のテーマを選ぶにあたり、私が心がけたのはバランスです。したがって、私が選んだテーマには日常的なものもあれば高度なものもあります。純粋数学の分野に含まれるものもあれば応用数学の分野に含まれるものもあります。抽象的なものもあれば具体的なものもあります。古いものもあれば新しいものもあります。それでも、数学がひとつの総合的な学問である以上、何を選ぶかということだけでなく、何を選ばないかということもじっくり考えました。数学には500の概念があるかもしれませんが、手はじめとして、50はじゅうぶんな数字といえるでしょう。

目次

知ってる?

＊本書では、よりわかりやすく正確な内容にするために、
ところどころ訳を変更した部分がございます。
また、各章のタイトルやまとめの一言は、
読者の皆さまにより興味を持っていただくことを意図して、
日本語版独自の構成となっております（編集部）

人生に必要な
数学

50 Mathematical IDEAS You really need to know

CHAPTER 01 〈ゼロ〉

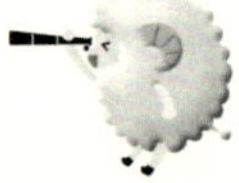

ゼロがないと
どうなる？

幼い頃、私たちは数の世界に
おそるおそる足を踏み入れていきます。
まずは数字の1を、つづいて
1、2、3、4、5…という数の数え方を学びます。
自然数（*counting number*）とは、その名のとおり、
りんご、オレンジ、バナナ、なしなど、
物の数を数える（*count*）ときに使う正の整数です。しかし、
空っぽの箱のなかのりんごを数えられるようになるのは、
それよりもあとのことです。
どんなふうにして
数えられるようになるのでしょう？

timeline

B.C.700年頃
バビロニアで
位取りの空位を埋める記号として
ゼロが使われる

628
ブラーマグプタがゼロと
ほかの数字とのあいだの
演算規則を定める

科学と数学が飛躍的な発展を遂げた古代ギリシャにも、工学の偉業で名高い古代ローマにも、空っぽの箱のなかのりんごの数え方を知る者はひとりもいませんでした。“ひとつもない”ということに名前をつけそびれていたのです。
古代ローマ人はI、V、X、L、C、D、Mといった文字を使って数を表していました。では、ゼロはどう表していたのでしょう？なんと彼らは“ひとつもない”を数えていなかったのです。

ゼロはどのようにして受け入れられたの？

“ひとつもない”という意味の記号が使われるようになったのは、数千年前といわれています。
現在のメキシコに栄えたマヤ文明では、さまざまな形状のゼロが使われていました。その少しあと、今度はバビロニア文明の影響を受けた天文学者クラウディオス・プトレマイオスが、現代の「0」と似た記号をプレースホルダー（位取りの空位を埋める記号）として使いはじめました。プレースホルダーとしての0とは、たとえば、現代の記数法で75と750の違いをはっきりさせるために使われる0にあたるものですが、それまでのバビロニアの記数法では、文脈から判断するしかありませんでした。意味を正しく読み取るための記号という点で、このゼロは文章に使われる読点に相当するものです。読点の使い方にルールがあるように、ゼロの使い方にもルールがあったはずです。

7世紀のインドの数学者ブラーマグプタは、ゼロを単なるプレースホルダーとしてではなく“数”のひとつとして扱い、その使い方を明らかにしました。「正の数とゼロの合計は正の数になる」、「ゼロとゼロの合計はゼロになる」というように。
ゼロをプレースホルダーではなく数としてとらえたという点で、

830年頃
マハーヴィーラが
ほかの数字との演算でゼロが
どのように作用するかを理解する

1100年頃
バースカラが
代数の記号として0を使用し、
その操作法を示そうとする

1202
フィボナッチが空位を表す記号ゼロを数と認める。
ただし、ほかの数字と同等に使われたわけではない彼はきわめて進歩的でした。このようなかたちでゼロが含まれるアラビア・インド数字は、フィボナッチ（レオナルド・ダ・ピサ：ピサのレオナルド）が1202年に著した『算盤の書』によって、西方に普及することになります。北アフリカで育ち、アラビア・インド数字で算数教育を受けたフィボナッチは、空位を表す記号ゼロを数と認めたとき、それがどれほど強力なものになるかを理解していたのです。

記数法にゼロが使われはじめると、ブラーマグプタが取り組んだ問題――“新参者”であるゼロをいかにして扱うかという問題――を、いま一度考えなおす必要が生じます。ブラーマグプタのゼロの使い方には、曖昧なところがあったからです。これまでの算術に、より厳密なかたちでゼロをなじませるには、どうすればいいのでしょう？

足し算と掛け算には、問題なくなじませることができましたが、引き算と割り算は、よそ者であるゼロにとって居心地のいいところではありませんでした。そこで、当時おこなわれていたすべての演算にゼロがなじむかどうかを確かめるために、ゼロの意味を理解することが必要になってきました。

ゼロで割るとどうなるの？

ゼロが関わる計算のうち、足し算と掛け算にはなんの問題もありません。ある数に0を加えてもその数は変わらないし、ある数に0を掛けると、もとの数に関わりなく答えは0になります。たとえば、$7+0=7$、$7\times0=0$というように。実は引き算も、$7-0=7$、$0-7=-7$のように、答えが負の値になることがあっても、難しくありません。問題は割り算です。

ある長さを一定の長さの棒で計測するとします。それぞれの棒の長さは7単位。私たちが知りたいのは、測るべき長さが、その棒の何本分に相当するかということです。測るべき長さが28単位なら、$28\div7=4$で、答えは4本分となります。この割り算をわかりやすく表記すると

偉人の言葉

“何もないこと”のすべて

ゼロと正の数の合計は正の数になる。
ゼロと負の数の合計は負の数になる。
数字が等しい正の数と負の数の合計はゼロになる。
ゼロを正の数、あるいは負の数で割ると、いずれもゼロ、
もしくはゼロを分子とし有限数を分母とする分数になる。
――ブラーマグプタ　628年

$$\frac{28}{7}=4$$

これを“たすき掛け”を使って掛け算の式にすると、$28=7\times4$になります。

では、0を7で割るとどうなるでしょう？　話をわかりやすくするために、その答えを仮にaとしましょう。

$$\frac{0}{7}=a$$

これに“たすき掛け”をすると、$0=7\times a$。ふたつの数字の掛け算で答えが0なら、そのいずれかは0です。7は0ではないので、aには0しかあてはまらなくなります。

これはほんの序の口。最大の問題はなんらかの数を0で割ることです。$\frac{7}{0}$を$\frac{0}{7}$と同じように処理してみましょう。

$$\frac{7}{0}=b$$

これに“たすき掛け”をすると、$7=0\times b$、つまり、$7=0$というおかしなことになります。このように、$\frac{7}{0}$を数として認めてしまうと、数の世界が大きく破壊されることになります。それを避けるには、$\frac{7}{0}$は数ではないと考えるしかありません。そのようなわけで、7だけでなく、0以外のすべての数を0で割ってはいけないことになりました。それは単語の途中で読点を使うことが認められない（たとえば、*mid,dle*のように）のと同じようなものです。

ブラーマグプタの後継者ともいわれる12世紀のインドの数学者バースカラは、ある数を0で割った商は無限大になる、という説を唱えました。それは、ある数を小さな数で割ったときの商が、大きな数で割ったときの商より、大きくなることからも推し量ることができます。

たとえば、7を10分の1で割った商は70、100分の1で割った商は700というように、分母の数が小さくなればなるほど、商は大きくなります。したがって、これ以上小さくなりようのないゼロで割れば、商は無限大になると考えることができます。この考え方を採用すると、今度は無限大という、より不可解な概念を説明する必要が生じてきます。無限大と格闘することにはなんの意味もありません。無限大(∞)は、普通のルールで計算することも、普通の数にあてはめることもできないからです。

$\frac{7}{0}$に問題があるとすれば、それ以上に奇妙な$\frac{0}{0}$は、どうなってしまうのでしょう？　仮に$\frac{0}{0}=c$として、これに“たすき掛け”をすると$0=0\times c$、つまり、$0=0$ということで、目新しさはありませんが、間違いでもありません。
実際、cにはすべての数があてはまってしまうので、結局のところ、なんらかの数字をゼロで割るという行為は、計算の世界から締め出すのがいちばん、ということになります。

ゼロがあるからこそこの世は成り立つ

私たちの暮らしは、ゼロなしにはありえません。科学の進歩はゼロあってのもの、といってもよいほどです。私たちは、経度、温度、あるいは、エネルギー、重力などを表す数字にゼロを使っています。また、英語では決定的瞬間のことを*zero-hour*、酌量の余地がないことを*zero-tolerance*というように、ゼロという言葉は科学以外の領域にも浸透しています。

しかしながら、それ以上に意外な活用法もあります。ニューヨークの五番街の歩道から、エンパイアステートビルにはいると、そこは1階(*Floor Number* 1)、壮麗なエントランス・ロビーとなっています。この数字は順序を明らかにするためのもので、1は1番目、2は2番目、102は102番目の階を意味します。ところが、ヨーロッパではどういうわけか地上階を0階(*Floor* 0)といいます。

ゼロがなければ数学は機能しません。ゼロは、記数法、代数学、幾何学を動かす数学的概念の中核をなすものです。数列では、正の数と負の数の分かれ目という特権的な地位を占めているし、十進法では、その数の大きさ、小ささを意味するプレースホルダーとして使われています。

数百年という長い時間をかけてその存在を受け入れられ、活用されるようになったゼロは、人類最大の発見のひとつともいわれています。19世紀のアメリカの数学者ジョージ・ブルース・ハルステッドは、ゼロを進歩の推進力とみなし、シェイクスピアの*『夏の夜の夢』の台詞をもじってこんなことを書いています。“ヒンドゥーの民は、空気のように実体のないものに、個々の在処と名前、意味、記号だけでなく、頼もしい力を授ける”。

*『夏の夜の夢』

オリジナル訳は以下のとおり。「詩人のペンは未知なるものにかたちをあたえ、空気のように実体のないものに、個々の在処と名前を授ける」（訳注）

当初、ゼロはおかしなものと考えられていたはずです。しかし、数学者が一風変わった思いつきにこだわり、それがのちに有用な概念とわかることは少なくありません。現代でも、集合の概念に同様のことが起きています。集合には、空集合といって、元がひとつもない集合があり、φ《ファイ》という記号で表されます。それもまた0と同じで、欠かすことのできないものなのです。

まとめの一言

ゼロなしで数学は成り立たない

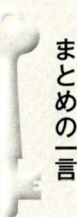

CHAPTER 02 〈記数法〉

知ってる？

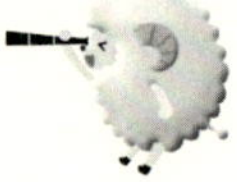

数の表し方は ひと通りではない？

“いくつ”という概念を表現する手段を
記数法といいます。
ひと口に記数法といっても、
「ひとつ、ふたつ、みっつ、たくさん」
という基本的なものから、
今日使われている高度に発達した
十進法の位取り表記まで、
時代や文明を反映した
さまざまな方法があるのです。

timeline

B.C.30000 年頃
旧石器時代のヨーロッパ人が
骨を使って数を表す

B.C.2000 年頃
バビロニア人が
数を表す記号をつくる

今から4000年ほどまえ、シリア、ヨルダン、イラクに暮らすシュメール人とバビロニア人のあいだでは、日々の暮らしに位取り記数法が使われていました。位取り記数法(*place-value system*)という呼び方は、記号の位置取りに意味があることにちなむもので、彼らは基本単位に60という数を用いていました。これは今現在、六十進法と呼ばれているもので、1分が60秒、1時間が60分と定められているのはその名残です。また、1回転を400グラードとするメートル法の考え方(直角は100グラードとなる)がないわけではありませんが、一般的に1回転が360度とされていることも、六十進法の名残のひとつです。

数は実務的な必要から生まれたものですが、数学そのものに関心がもたれていたことや、実生活とは無関係に数学が研究されていたことを示す証拠も残っています。そこには、今日の代数や図形の特性に関するものも含まれています。

古代エジプトでは、10を基本単位(底)とする記数法を用いた数が象形文字で表されていました。そこでは分数も使われていたというから驚きです。しかし、今日の位取り記数法を発明したのはバビロニア人で、その後インドで、より洗練されたものができました。位取り記数法の長所は、小さな数や大きな数を表現できることにあり、アラビア数字(0、1、2、3、4、5、6、7、8、9)を用いれば、計算も容易にできます。ためしにローマ数字を使った計算とくらべてみましょう。古代ローマの記数法も人々の必要を満たしていたはずですが、どうやら、計算は専門家に任されていたようです。

古代ローマ人は数をどう表したの?

古代ローマでは、数の表記にI、V、X、L、C、D、Mといった

600年頃
インドで今日の十進法の位取り表記の先駆けともいうべき記数法が使われはじめる

1100年頃
インド･アラビア数字(0、1、2、3、…、9)が普及する

1202年頃
十進法の位取り表記が今日と同じかたちをとるようになる

文字が使われていました。すべての数はこれらの文字の組合せで表されます。Ⅰ、Ⅱ、Ⅲ、IIIIは指を、Ⅴは手を、Ⅹはふたつの手（ⅤとそれをΛ反転させたΛを組み合わせたもの）、つまり10本の指を表すものです。CとMはラテン語の*centum*と*mille*の頭文字で、それぞれ100と1000を意味しています。LとDはその半分、つまり、50と500ということです。古代ローマでは0.5を意味するSや、十二進法も使われていました。

ローマ数字の記数法には独自の規則がありますが、その規則は一定していませんでした。IIIIがⅣと書かれるようになったのは、この記数法が普及してかなり経ってからのことです。その頃にはすでにⅨも使われていたので、古代ローマ人にとってSIXは6ではなく$8\frac{1}{2}$なのです。古代ローマ人が記数に使っていた文字と、中世になって新たに加えられた文字は、右の表のとおりです。

ローマ数字の扱いは簡単ではありません。たとえば、MMMCDXLIIIIは、頭のなかで括弧を書きくわえて（MMM）（CD）（XL）（IIII）として、3000＋400＋40＋4＝3444と変換する必要があります。

MMMCDXLIIII＋CCCXCIIIIという足し算を考えてみましょう。優れた技術力をもつ古代ローマの人びとは、簡略化して計算するコツを心得ていたのかもしれませんが、私たちが計算するとしたら、いったん十進法に変換して答えを出し、それをローマ数字に戻すという手順を踏むしかありません。

［足し算］

3444	→	MMMCDXLIIII
＋ 394	→	＋ CCCXCIIII
3838	→	MMMDCCCXXXVⅢ

掛け算の場合はさらに複雑になり、そのままのかたちでは、古代ローマ人にも計算できなかったのではないでしょうか。たとえば、3444×394の計算には、中世以降に追加された文字の

古代ローマの数記法

〈帝政ローマ時代〉
S＝0.5
I＝1
V＝5
X＝10
L＝50
C＝100
D＝500
M＝1000
〈中世以降に追加〉
$\overline{V}$＝5000
$\overline{X}$＝10000
$\overline{L}$＝50000
$\overline{C}$＝100000
$\overline{D}$＝500000
$\overline{M}$＝1000000

助けが必要になります。

［掛け算］

	3444	→	MMMCDXLIIII
×	394	→	× CCCXCIIII
	1356936	→	$\overline{\mathrm{M}}\overline{\mathrm{C}}\overline{\mathrm{C}}\overline{\mathrm{C}}\overline{\mathrm{L}}\overline{\mathrm{V}}$MCMXXXVI

ルイ14世時計の文字盤

ローマ数字にはゼロを意味する文字が存在しませんでした。菜食主義のローマ人にワインを何本開けたかを書くように頼んだとします。もし3本であれば、彼はⅢと書いたでしょう。しかし、もし鶏を何羽食べたかを書くように言ったとしたら、肉を食べない彼にはなんと書けばいいかわからなかったはずです。ローマ数字は一部の書籍のページや建物の礎石に刻む数字に、今も使われています。1900を意味するMCMのように、古代ローマでは絶対に使われていなかったものが、しゃれているという理由で使われることがあります。しかし、古代ローマ人が書くとすれば、1900はMDCCCCとなります。フランスの国王ルイ14世の14は、今はXⅣと書くのが一般的になっていますが、これもXIIIIと書かれていたはずです。したがって、ルイ14世時計の文字盤では、4時をIIIIとするのがきまりになっています。

十進法の整数の表し方

私たちがごく普通に数と考えるものには十進法（十進記数法）が使われています。10を基本単位とする十進法の数は、0、1、2、3、4、5、6、7、8、9という10種類の数字によって表されます。たとえば394という数字は、「3個の100と、9個の10と、4個の1を合わせた数」で、これを数式にすると次のようになります。

$$394 = 3 \times 100 + 9 \times 10 + 4 \times 1$$

これを10の累乗の和として書きなおしてみましょう。

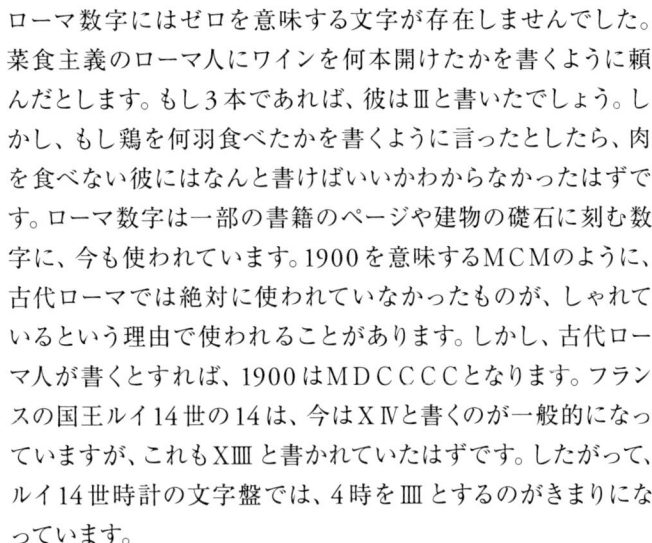

$$394 = 3 \times 10^2 + 9 \times 10^1 + 4 \times 10^0$$

ただし、$10^2=10\times10$、$10^1=10$、$10^0=1$です。このように書くと、私たちが日常的に使っている数が十進記数法にもとづいていることがよりはっきりし、足し算や掛け算がわかりやすくなります。

十進法の小数の表し方

ここまでは整数について見てきましたが、1より小さな数、たとえば$\frac{572}{1000}$も十進記数法で表せるのでしょうか？　これは次のようになります。

$$\frac{572}{1000} = \frac{5}{10} + \frac{7}{100} + \frac{2}{1000}$$

これを10の累乗の和として書きなおしてみます。

$$\frac{572}{1000} = 5 \times 10^{-1} + 7 \times 10^{-2} + 2 \times 10^{-3}$$

この数字は0.572と書くこともできます。このとき小数点は、10の累乗の指数が負に転じることを意味しています。これに394を加えた場合、$394\frac{572}{1000}$の十進表記は、394.572となります。

大きな数を十進記数法で表すと長い数字になります。そんなときは10の累乗を使ったかたちに戻すこともできます。
たとえば、1,356,936,892は1.356936892×10^9というように。電卓やコンピュータでは1.356936982 × 10*E*9と表示されることもあります。最後からふたつめの*E*は*exponent*（指数）の頭文字で、10*E*9は10の九乗を意味します。
この方法を使えば、もっと大きな数を表すこともできます。たとえば、宇宙に存在する水素原子の数はおよそ1.7×10^{77}個というように。逆に1.7×10^{-77}のように、負の指数を使えばきわめて小さな数も簡単に表すことができます。ローマ数字ではとても考える気になれませんね。

2の累乗	十進記数法
2^0	1
2^1	2
2^2	4
2^3	8
2^4	16
2^5	32
2^6	64
2^7	128
2^8	256
2^9	512
2^{10}	1024

数を0と1だけで表してみると……

日常的な数に10を基本単位とする十進記数法が使われるいっぽうで、10以外の数を基本単位とする記数法が必要とされることもあります。そのひとつがコンピュータを動かしている2を基本単位とする二進法です。二進法を使うと、どんな数も0と1だけですっきりと表現できますが、0と1しか使えないため、桁数が非常に大きくなります。

では、394を二進法で表すとどうなるでしょう？　2の累乗の和として計算すると、次のようになります。

$$
\begin{aligned}
394 &= 1\times256+1\times128+0\times64+0\times32+0\times16+1\times8+0\times4+1\times2+0\times1\\
&= 1\times2^8+1\times2^7+0\times2^6+0\times2^5+0\times2^4+1\times2^3+0\times2^2+1\times2^1+0\times2^0
\end{aligned}
$$

したがって、394は二進法で110001010となります。

二進記数法の数字は桁数が大きくなるため、コンピュータの世界では、8や16など、ほかの基本単位を使うこともあります。八進法では0、1、2、3、4、5、6、7だけを使い、十六進法では、ふつう、桁数字として、0、1、2、3、4、5、6、7、8、9、*A*、*B*、*C*、*D*、*E*、*F*が使われます。ちなみに、十進法の394は十六進法で18*A*、十六進法の*ABC*は十進法で2748となります。

まとめの一言

394は110001010とも、18*A*とも表せる

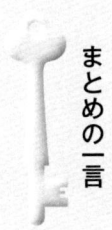

CHAPTER 03 〈分数〉

掛け算より足し算のほうが難しい?

分数とは、その名のとおり分けられた数のことです。
ある整数を適切な方法で分けると、
分数として扱えるようになります。
ケーキを3つに切り分けるという
古典的な例で考えてみることにしましょう。

timeline

B.C.1800 年頃
バビロニアで
分数が使われる

B.C.1650 年頃
エジプトで
単位分数が使われる

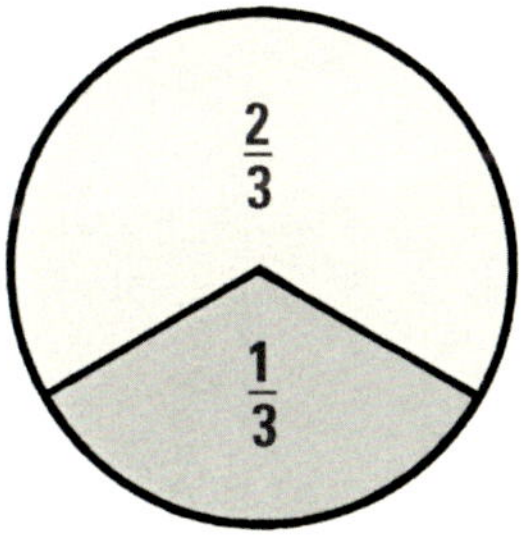

3等分したケーキを2切れ食べれば、分数ではケーキの$\frac{2}{3}$を食べたことになります。このとき、不運な誰かは$\frac{1}{3}$しか食べられません。2切れと1切れを合わせるとひとつのケーキになります。分数で表現すると$\frac{2}{3}+\frac{1}{3}=1$。1は丸ごとひとつぶんのケーキを意味します。

別の例で考えてみましょう。バーゲンセールでシャツが定価の2割引の価格になることを、分数では$\frac{4}{5}$の価格になるといいます。定価の$\frac{1}{5}$が値引かれていて、$\frac{4}{5}+\frac{1}{5}=1$。1はシャツの定価を意味します。

分数では、横線の上と下にひとつずつ自然数がはいります。下の数字は分母で、いくつに等分したかを示すものです。いっぽう、上の数字は分子で、等分したものがいくつあるかを示しています。

$$\frac{\text{分子}}{\text{分母}}$$

3等分したケーキを2切れ食べれば、その分量は$\frac{2}{3}$。この場合、3が分母、2が分子です。$\frac{2}{3}$は$\frac{1}{3}$がふたつという意味でもあります。

また、$\frac{14}{5}$のように、分子が分母より大きな分数（仮分数）もあります。14を5で割ると、商が2、剰余が4となるので、$2\frac{4}{5}$という帯分数のかたちで表すこともできます。これは整数2と真分数$\frac{4}{5}$の合計を意味するもので、古くは$\frac{4}{5}2$と表記されることもありました。分数は、通常、分母と分子に公約数が存在しないかたちで表されます。たとえば、$\frac{8}{10}$には、公約数2が存在するので、双方を2で割り、$\frac{4}{5}$という、より簡単なか

830年頃
中国で分数の計算法が発明される

1202
フィボナッチ（ピサのレオナルド）が分数を横線で表す方法を広める

1585
シモン・ステヴィンが『小数論』を発表する

1700年頃
分数を表す線が広く使用されるようになる（a/bのように）

たちにします(この操作を約分といいます)。分数はふたつの数の比率(*ratio*)によって表されることから、有理数(*rational numbers*)と呼ばれることもあります。古代ギリシャの人々にとって、有理数は“計測可能”ということだったのです。

分数は足し算より掛け算のほうがやさしい?

分数には足し算よりも掛け算のほうが簡単にできるという不思議な性質があります。自然数の計算では、たいていの場合、足し算よりも掛け算のほうが手がかかるものですが、分数の計算では足し算のほうが、より頭を使うことになります。

まずは掛け算からはじめることにしましょう。定価30ポンドのシャツを5分の4の価格で買うとき、あなたが支払うべき代金は24ポンドです。30ポンドを5等分すると6ポンドなので、値引き後のシャツの値段は$4 \times 6 = 24$ポンドとなります。

その後、そのシャツが売れそうにないと判断した店長がさらなる値引きをおこない、今の値引価格の$\frac{1}{2}$にすると広告したとしましょう。この時点でシャツの値段は$\frac{1}{2} \times \frac{4}{5} \times 30 = 12$ポンドとなります。ふたつの分数の掛け算では、分母と分母、分子と分子を掛けるだけで答えを求めることができます。

$$\frac{1}{2} \times \frac{4}{5} = \frac{1 \times 4}{2 \times 5} = \frac{4}{10}$$

この二段階の値引きを一度でおこなうとすれば、店長は30ポンドの定価の10分の4の価格、すなわち$\frac{4}{10} \times 30 = 12$ポンドで広告をうつことになります。

足し算には、掛け算には使われない手順が必要になります。$\frac{1}{3} + \frac{2}{3}$のように、双方の分母が同じ場合は、分子と分子をそのまま足して$\frac{3}{3}$すなわち1という和を求めることができます。では、3分の2のケーキに5分の4のケーキを加える、つまり、$\frac{2}{3} + \frac{4}{5}$はどうやって計算すればいいでしょう? 残念ながら、$\frac{2}{3} + \frac{4}{5} = \frac{2+4}{3+5} = \frac{6}{8}$というわけにはいきません。

分母が異なる分数を足すには、最初に、それぞれを同じ分母の分数にしなければなりません。この例の場合は、まず$\frac{2}{3}$の分子と分母に5を掛けて$\frac{10}{15}$とし、次に$\frac{4}{5}$の分子と分母に3を掛けて$\frac{12}{15}$とします。こうしてふたつの分数の分母がともに15となったところで、初めて分子どうしを合計します。

$$\frac{2}{3}+\frac{4}{5}=\frac{10}{15}+\frac{12}{15}=\frac{22}{15}$$

分数を小数にしてみると……

科学や応用数学の世界では、分数ではなく小数を使って比率を表現します。たとえば$\frac{4}{5}$は$\frac{8}{10}$と同じで、0.8という小数に置き換えることができます。

分母が5、または10であれば、簡単に小数に変換できますが、たとえば$\frac{7}{8}$を小数にするにはどうしたらいいのでしょう？
ここで必要な知識はただひとつ、自然数を別の自然数で割ると、きっかり割りきれる場合と、剰余（余り）が生じる場合があるということだけです。

$\frac{7}{8}$の小数への変換は次の手順でおこなわれます。

① 7を8で割る。
　商が0で剰余が7。
　0と小数点を書く。（0.）
② 剰余を10倍した70を8で割る。
　商が8で剰余が6。
　小数点のあとに8と書く。（0.8）
③ 剰余を10倍した60を8で割る。
　商が7で剰余が4。
　8のあとに7と書く。（0.87）
④ 剰余を10倍した40を8で割る。
　商が5で剰余が0。7のあとに5と書く。（0.875）

剰余が0となったところで、小数0.875への変換は完了です。ところが、この方法で分数を小数に変換すると、変換が終わらないことがあります。たとえば$\frac{2}{3}$では、20を3で割ったときの商が6、剰余が2となるため、20 ÷ 3を永遠に繰り返さなければなりません。変換された小数は0.6666…なので、6の上に循環小数であることを示す点をつけて$0.\dot{6}$と表記します。

分数のなかには、このように無限小数に変換されるものがたくさんあります。おもしろいのが$\frac{5}{7}$で、小数に変換すると0.714285714285714285…というように、714285の繰り返しになるのです。こういった繰り返しのある無限小数では、数字の上に打たれた点がものをいうことになります。たとえば、$\frac{5}{7} = 0.\dot{7}1428\dot{5}$というように。

古代エジプトの分数はどう表された？

紀元前2000年頃のエジプトでは、単位分数――分子を1とする分数――を示す象形文字を使って、分数のしくみがかたちづくられていました。そのしくみは、大英博物館に所蔵されている『リンド・パピルス』に書かれています。とにかくこみいっていて、そこに隠された秘密を読み解き、正しく計算するには、相当な訓練を積まねばならなかったはずです。

古代エジプトでは、$\frac{2}{3}$のようないくつかの例外を除くと、$\frac{1}{2}$、$\frac{1}{3}$、$\frac{1}{11}$、あるいは$\frac{1}{168}$といった単位分数が使われていて、それ以外の分数も単位分数の合計というかたちで表現していました。たとえば、$\frac{5}{7}$は次のようになります。

$$\frac{5}{7} = \frac{1}{3} + \frac{1}{4} + \frac{1}{8} + \frac{1}{168}$$

ある分数を単位分数で表現する方法はひとつとは限りません。以下に示すように、より短い式にすることもできます。

$$\frac{5}{7} = \frac{1}{2} + \frac{1}{7} + \frac{1}{14}$$

この単位分数分解は、実用的なものではありませんが、純粋数学者にとってはきわめて刺激的で、長年にわたってさまざまな難問を提供してきました。そのなかには、いまだに解決をみていないものもあります。“最も短い分解式を得る方法”もそのひとつで、勇敢な数の探検家たちによる懸命な捜索がつづけられています。

古代エジプトの分数

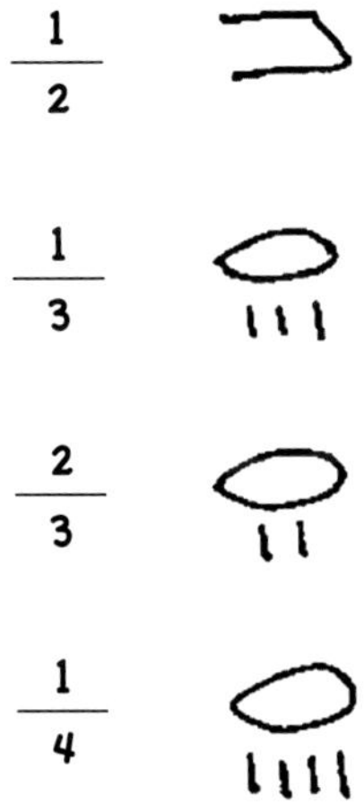

まとめの一言

分数の足し算では
分子ではなく分母をそろえよう

CHAPTER 04 〈平方数と平方根〉

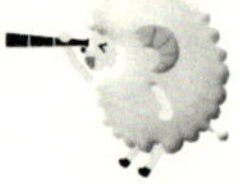

$\sqrt{2}$は分数のかたちでは表せない?

正方形を点で表そうという考え方には、
“三平方の定理(ピタゴラスの定理)”で知られる
ピタゴラスの信奉者(ピタゴラス学派)が
高く評価していた考え方に通じるものがあります。
ギリシャのサモス島に生まれたピタゴラスは、
秘密の宗教結社(ピタゴラス教団)を創設すると、
イタリア南部に活動の拠点を移しました。
宇宙の本質を探る鍵は数学にある――彼らはそう信じていました。

timeline

B.C.1750年頃
バビロニアで
平方根の一覧表が
つくられる

B.C.525年頃
ピタゴラス学派が
平方数を幾何学的に
研究する

B.C.300年頃
ユークリッドが『原論』の第5巻に、
ユードクソスの比例の理論を
紹介する

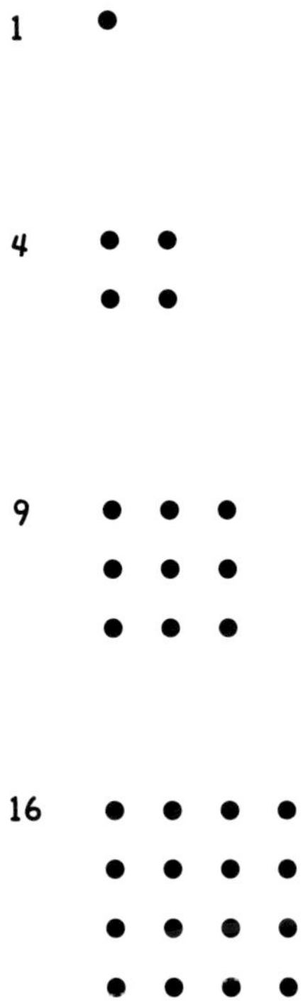

左図のように点を正方形に並べてその数を数えてみましょう。まずは1からはじまります。ピタゴラス学派にとって1は霊魂が宿る最も重要な数字なので、なかなか幸先のよいスタートです。

点の数を上から順に数えていくと、1、4、9、16、25、36、49、64…という平方数(*square number*)が現れます。平方数は、ひとつまえの平方数の図の外側に、┐型に点を加えることで求められます(たとえば9 + 7 = 16のように)。ピタゴラス学派は正方形だけでなく、正三角形や正五角形などの多角形でも同じことをおこないました。

下図の三角形の場合は、石を積み上げているように見えますが、点の数を数えていくと、1、3、6、10、15、21、28、36…という三角数(*triangular number*)が現れます。三角数は、ひとつまえの三角数の図の下側に、新しい一列を加えることで求められます(たとえば6 + 4 = 10のように)。

ここで、平方数と三角数を較べてみることにしましょう。ここにあげたなかで共通する数字は36以外になさそうです。では、連続するふたつの三角数を合計すると、どんな数字になるでしょう?

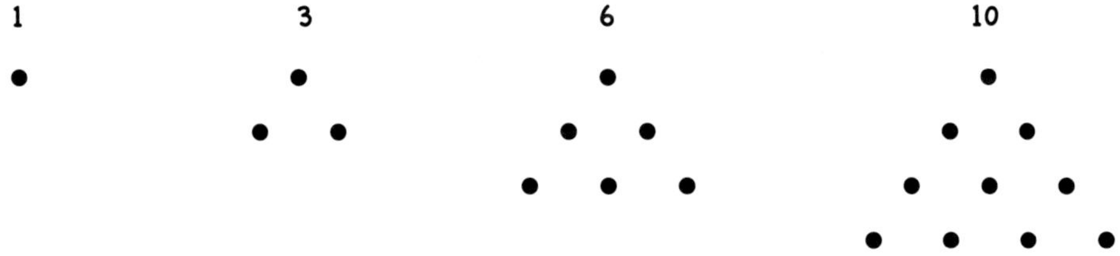

630
ブラーマグプタが
平方根の計算法を
確立する

1550
平方根の記号√が
普及する

1872
リヒャルト・デデキントが
無理数の理論を
発表する

なんと、連続するふたつの三角数の合計は平方数になっています。右下の図のように、縦横4つずつ点が並ぶ正方形に斜めの線を引くと、線の上側にある点の数は三角数6、線の下側にある点の数はその次の三角数10となります。この法則は平方数の大きさには無関係にあてはまるもので、こういった“点描図形”は面積の概念を理解する助けになります。それぞれの点を1×1の正方形と考えたとき、縦横4列の正方形の総数は4×4＝4^2＝16になります。これは、辺の長さがxの正方形の面積はx^2というのと同じことです。

連続するふたつの三角数とその合計	
1＋3	4
3＋6	9
6＋10	16
10＋15	25
15＋21	36
21＋28	49
28＋36	64

x^2は放物線や放物面をかたちづくる式の基本となるものです。放物面は、パラボラアンテナや車のヘッドライトの反射器に使われる形状で、それぞれ焦点があります。パラボラアンテナでは、皿の放物面に当たって反射した信号を、焦点に設置したセンサーが感知します。車のヘッドライトの場合、焦点に電球が設置され、そこから出た光が反射器の放物面に当たって平行光線として前方に送り出されます。ゴルフのボール、槍投げの槍、ハンマー投げのハンマーが地面に落下するまでに描く軌跡も、すべて放物線です。

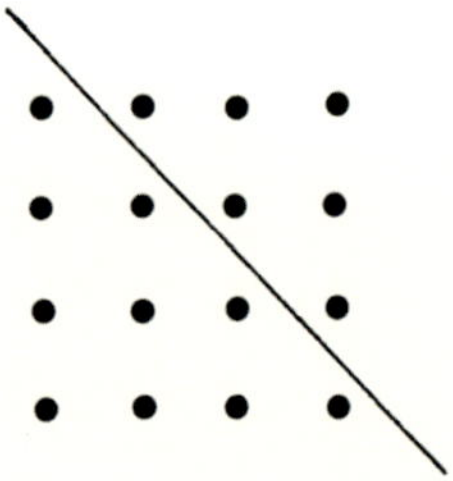

平方根の便利な表し方

16個の小さな正方形を並べて大きな正方形をつくるとき、1辺に並ぶ小さな正方形の数はいくつになるでしょう？
もちろん、答えは4個です。16の平方根は4で、$\sqrt{16}=4$と表されます。平方根のシンボルに$\sqrt{}$が使われるようになったのは16世紀のことです。平方数には、$\sqrt{1}=1$、$\sqrt{4}=2$、$\sqrt{9}=3$、$\sqrt{16}=4$、$\sqrt{25}=5$…というように、必ず、整数の平方根があります。下図のように、平方数ではない正の整数を線分上に並べると、平方数と平方数のあいだには、2、3、5、6、7、8、10、11…と、大きなすき間があることがわかります。

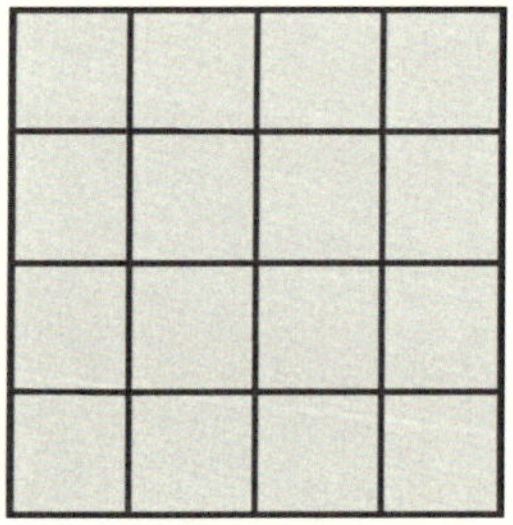

平方根にはもうひとつ、便利な表記法があります。平方数をx^2と書くのと同じように、平方根は$x^{\frac{1}{2}}$と

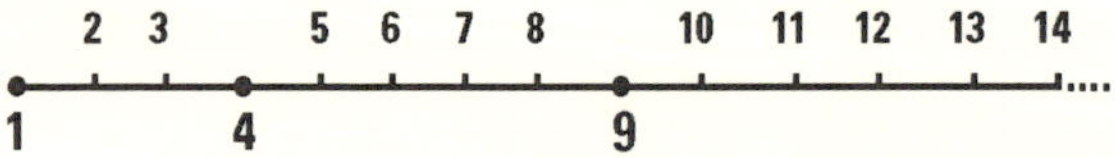

書くことができるのです。この方法は、対数の掛け算をより簡便な足し算のかたちでおこなうために1600年頃に発明されたといわれていますが、ほかの説もあります。数にはすべて平方根がありますが、それは整数とは限りません。電卓のルートのボタンを使って7の平方根を求めると、$\sqrt{7}=2.645751311$（10桁表示できる電卓の場合）であることがわかります。

$\sqrt{2}$は近似値でしか表せない

ここでは$\sqrt{2}$を見てみましょう。2は最初の偶数ということで、ピタゴラス学派にとって、とりわけ意義深い数字です（古代ギリシャ人は偶数を女性、奇数を男性ととらえ、小さな数にははっきりした性格があると考えていました）。電卓を使って$\sqrt{2}$を計算すると、1.414213562と表示されます。これは本当に2の平方根なのでしょうか？　ためしに$1.414213562 \times 1.414213562$を計算すると1.999999998という数字が現れます。つまり、1.414213562は2の平方根の近似値にすぎないということです。

ここで注目すべきは、おそらく、誰がどのように計算しても近似値しか得られないことです。仮に$\sqrt{2}$を小数点以下数百万桁まで展開しても、それは近似値でしかありません。πやeほど広く知られてはいませんが（26～37ページを参照）、$\sqrt{2}$も独自の名前があっておかしくないほど重要な数のひとつなのです。

平方根は有理数？

平方根が分数か否かという疑問は、古代ギリシャ人が長さの測定に用いた理論と関わりがあります。次のページの図のように線分ABの長さを、それ以上分割することができない線分CDを単位として測るとします。線分ABの上に単位となる線分CDを並べていって、m個並べたところで、CDの端（Dの部分）がABの端（Bの部分）に一致すれば、ABの長さはmとなります。一致しないときは、最初の線分ABの隣に同じ長さの線分ABを並べて、計測をつづけます。古代ギリシャ人は、

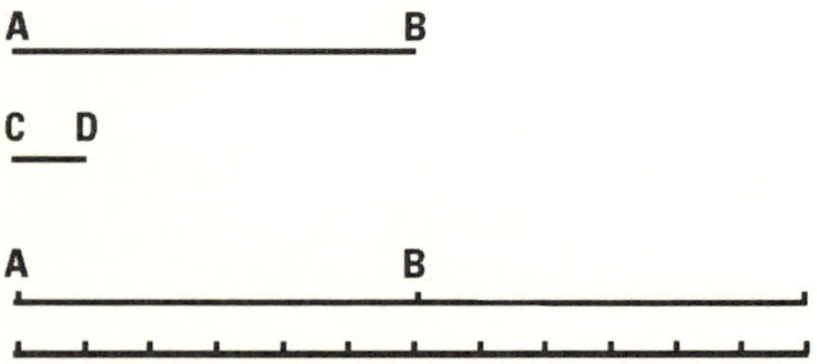

ABをn個並べた末端と、線分CDをm個並べた末端は、いずれ一致すると考えました。そのときのABの長さは$\frac{m}{n}$となります。たとえば、ABを3個並べた長さとCDを29個並べた長さがきっかり同じになれば、ABの長さは$\frac{29}{3}$ということです。

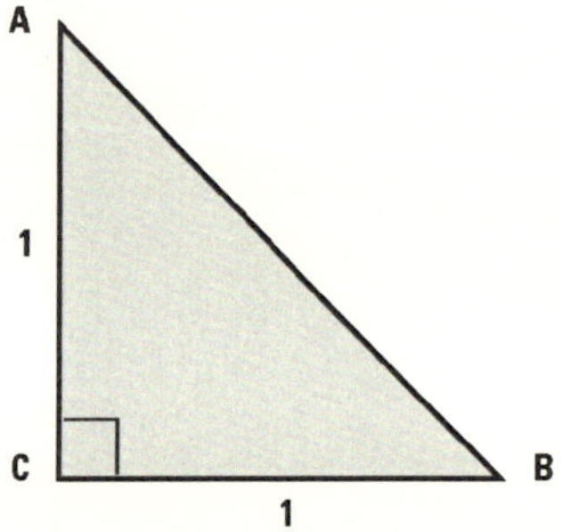

古代ギリシャ人は、右の図のように底辺BCと高さACがともに1である三角形の斜辺ABの長さの測り方についても考えました。ピタゴラスの定理により、斜辺ABの長さは$\sqrt{2}$とわかりますが、ここで問題は、$\sqrt{2}=\frac{m}{n}$になるかどうかです。

電卓の計算結果からみて、$\sqrt{2}$は無限小数になる可能性があります。そこには$\sqrt{2}$が有理数ではないという可能性も含まれています。しかし、無限小数のなかには、0.333333…のような有理数もあるので、有理数でないとするには、より説得力のある論拠が必要になります。

$\sqrt{2}$が有理数かどうか証明してみると……

ここで、数学史上、最もよく知られる証明の登場となります。この証明には古代ギリシャ人がこよなく愛した背理法が使われます。それは、「$\sqrt{2}$は有理数であるか、ないかのどちらかである」という前提を用いるものです。これは排中律といわれる論理法則で、どっちつかずの中間はいっさい認めないということです。$\sqrt{2}$が無理数であることの証明を、ギリシャ人は独創的な方法でおこないました。$\sqrt{2}$を有理数と仮定し、矛盾、つまり“不合理”を見出すのです。実際にやってみましょう。
$\sqrt{2}$が有理数だとすれば、

$$\sqrt{2}=\frac{m}{n}$$

となります。さらに、mとnには公約数がないと仮定します。

公約数があれば、約分するだけのことです（$\frac{21}{35}$だとしたら、約分して$\frac{3}{5}$とします）。

$\sqrt{2} = \frac{m}{n}$の双方の辺を二乗すると、$2 = \frac{m^2}{n^2}$、すなわち$m^2 = 2n^2$となります。ここであることに気づきます。m^2はなんらかの数の2倍、つまり偶数だということです。そうなると、mが奇数ということはありえないので（奇数の二乗は必ず奇数になる）、mは偶数ということになります。

ここまでの論理に矛盾はありません。mが偶数、つまり何かの2倍なら、$m = 2k$と表すことができます。両辺を二乗して$m^2 = 4k^2$とします。これと$m^2 = 2n^2$を組み合わせると、$2n^2 = 4k^2$となるので、両辺を2で割って$n^2 = 2k^2$とします。先のm^2およびmと同じように、n^2およびnは偶数でなければなりません。しかし、mとnがともに偶数だとすれば、両者には公約数2があることになり、mとnには公約数がないという仮定と矛盾してしまいます。ゆえに、$\sqrt{2}$は有理数ではない、ということになります。

それ以外の$\sqrt{n}$（nが平方数でないとき）についても、この方法を使ってそれが有理数ではないことを証明することができます。このように分数にならない数は無理数といいます。また、無理数は無限にあることが知られています。

まとめの一言

nが平方数でないなら
$\sqrt{n}$は無理数

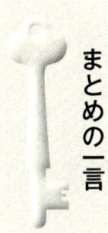

CHAPTER 05 〈π（円周率）〉

知ってる？

円周率はどこまで求められた？

数学で最も有名な数といえば円周率π。
ほかの定数が忘れられることがあっても、
πがトップの座をほかの定数に譲ることはありません。
数に対するアカデミー賞があるとしたら、
オスカーは毎年、πのものになるでしょう。

timeline

B.C.2000年頃
バビロニアで
πがおおむね3とされる

B.C.250年頃
アルキメデスが
πの近似値を
22/7まで求める

π《パイ》は円の外周の長さ（円周）を直径で割った数値です。これらふたつの長さの比率は、円の大きさに左右されることがありません。大きな円でも小さな円でも、πは同じ値になります。このようにπは本来、円にちなむものですが、円とは関わりがなくても、数学の世界のいたるところに登場します。

円周率を求めようとしたアルキメデス

直径に対する円周の比率という問題は、古くから、高い関心を集めていました。紀元前2000年頃には、古代バビロニアで、円周が直径のおおむね3倍になることがすでにわかっていたといわれています。

この比率についての数学的な理論を展開した最初の人物はシラクサのアルキメデスで、紀元前250年頃のことです。アルキメデスは偉人のなかの偉人といわれ、数学者のあいだで彼の功績は、カール・フリードリヒ・ガウス（“数学界の王子”の異名をとる）やアイザック・ニュートンのそれと較べても、けっして見劣りするものではないと考えられています。その見解にどんな価値があるにせよ、彼が分野を問わず偉大な先達と評価されていることに疑いの余地はありません。とはいえ、彼は象牙の塔の住人というタイプではなく、天文学、数学、物理学への貢献とともに、石弓、てこ、点火用の凹面鏡といった兵器の設計でローマ帝国の侵攻を水際で食い止めたことでも知られています。しかし、風呂場で浮力の原理（アルキメデスの原理）を発見し、裸のまま通りに飛び出して「ユリイカ（わかった）！」と叫んだという逸話には、やはり学者らしい放心ぶりが感じられます。ちなみに、πの研究に成果を見出したときの喜びようについては、とくに記録されていません。

1706
ウィリアム・ジョーンズがπという記号を導入する

1761
ランベルトがπが無理数であることを証明する

1882
リンデマンがπが超越数であることを証明する

直径に対する円周の比率であるπが、なぜ円の面積に関わってくるのでしょう? 半径rの円の面積がπr^2であることはあくまでも推論です。が、この推論は、πが直径に対する円周の比率であるという定義以上によく知られています。πが面積と円周の双方に関わっている事実は、驚き以外の何ものでもありません。

どうすればこれを説明できるでしょう? 右下の図のように円を、底辺の長さがb、高さがほぼr(半径)となる細い二等辺三角形に分割してみます。こうしてできた円に内接する多角形の面積は、円の面積とほぼ同じになります。手はじめに1000個の二等辺三角形に分割してみましょう。隣接する三角形ふたつを図のように並べるとその面積は$b \times r$なので、多角形の面積は$500 \times b \times r$です。$500 \times b$は円周$2 \times \pi \times r$のおよそ半分、つまり$\pi \times r$なので、多角形の面積は$\pi \times r \times r$、つまりπr^2となります。三角形の数を増やせば増やすほど、多角形の面積は円の面積に近づくので、円の面積はπr^2ということになります。

アルキメデスは、円周率πの値は$\frac{223}{71}$と$\frac{220}{70}$のあいだにあると推測しました。アルキメデスが求めた$\frac{22}{7}$は私たちが用いているπの近似値とほとんど変わりません。円周率にπという記号を用いることにしたのは、18世紀のロンドン王立協会の副会長で、ウィリアム・ジョーンズという無名に等しいウェールズの数学者です。また、πの使用を広めたのは、数学者にして物理学者でもあるレオンハルト・オイラーです。

πの厳密値

πは無理数なので、厳密な値を知ることはできません。その事実については1761年にヨハン・ランベルトが証明しています。円周率を小数で表現すると、規則性のない数字の列が永遠につづく(最初の20桁は3.1415926535897932384 6…)ことになります。中国の数学者は大昔、πの値として$\sqrt{10}$ =3.1$\underline{6}$22776601683793319 9を使いました。πを$\sqrt{10}$と考え

直径d、半径rの円

円周$=\pi d = 2\pi r$

面積$=\pi r^2$

直径d、半径rの球

表面積$=\pi d^2 = 4\pi r^2$

体積$= \frac{4\pi r^3}{3}$

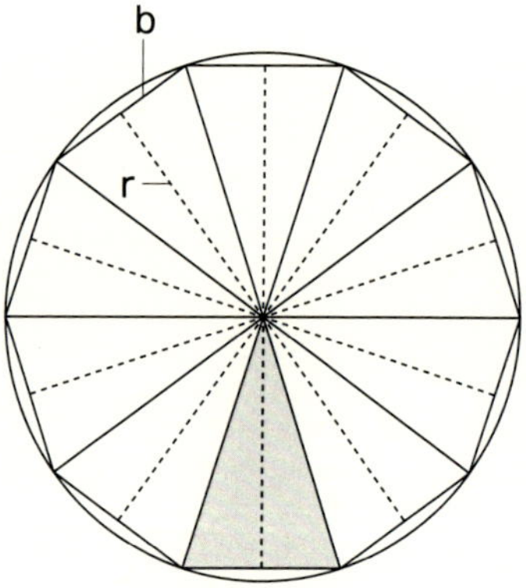

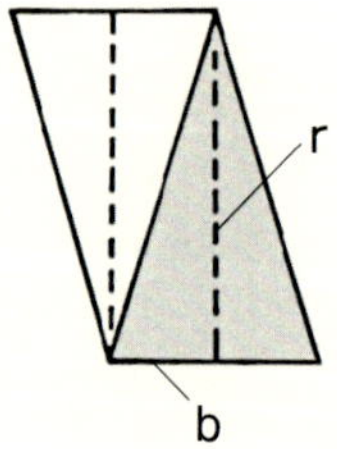

るアイデアは600年頃、ブラーマグプタも使っています。実際のところ、これは小数点以下2桁目ですでにπとは異なっていて、「およそ3」という大雑把な値とさほどの違いはありません。

πは級数で表すことができます。よく知られているのは、

$$\frac{\pi}{4}=1-\frac{1}{3}+\frac{1}{5}-\frac{1}{7}+\frac{1}{9}-\frac{1}{11}+\cdots$$

というものですが、πの値に近づくのが遅すぎるのが難点です。また、πに収束する級数ということなら、オイラーが発見した画期的なものがあります。

$$\frac{\pi^2}{6}=1+\frac{1}{2^2}+\frac{1}{3^2}+\frac{1}{4^2}+\frac{1}{5^2}+\frac{1}{6^2}+\cdots$$

さらに、独学の天才シュリニヴァーサ・ラマヌジャンは、2の平方根を使ってπの近似値を求める見事な公式を発見しています。

$$\frac{9801}{4412}\sqrt{2}=3.141592\underline{7}3001330566031399618 90\cdots$$

πは多くの数学者を魅了してきました。πが有理数でないことは、すでにランベルトによって証明されていましたが、1882年、ドイツの数学者フェルディナント・フォン・リンデマンによって、πにまつわる最大の問題が解決されます。それはπが超越数（いかなる*代数方程式の解にもならない数）であるというものです。そして、この積年の謎が明らかになったことで、円積問題（*Squaring the circle*）に決着がつきました。円積問題とは、あたえられた円と等しい面積をもつ正方形をコンパスと定規だけで作図することができるか、というもので、リンデマンはそれが不可能であることを証明したのです。今日、“*Squaring the circle*（丸を四角にする）”という英語の言い回しは、“不可能である”と同義に使われています。

*代数方程式
有理数を係数とするn次方程式

その後もπの計算はつづけられ、1853年にはウィリアム・シ

ャンクスが707桁まで計算しました(正しかったのは527桁まで)。今は、コンピュータを用いてさらに多くの桁数字が求められています。1949年に世界初のコンピュータ*ENIAC*が70時間を費やして計算した2037桁を皮切りに、2002年には、なんと1,241,100,000,000桁まで明らかになっていますが、このしっぽはいくらでも伸びつづけます*。赤道上に円周率を書いていくと、シャンクスの値が14メートルほどでおしまいになるのに対して、2002年の値は地球をざっと62周することになります!

*2009年8月、筑波大学計算科学研究センターが2,576,980,370,000桁まで計算したと発表(編集部注)

πについてはさまざまな疑問が投じられてきました。πの数字の並び方に規則性はないのか? 特定の数字の連続が見出されることはないのか? たとえば、0123456789が見つかることはないのか? この最後の問題は1950年代には人知の外と思われていました。すでにわかっている数字のなかに見つかっていなかったからです。オランダの数学者ライツェン・エヒベルトゥス・ヤン・ブラウワーは、経験によって認知できない以上、その疑問に意味はないと言いましたが、1997年には、17,387,594,880桁目でこの数字の連続が発見されています。

詩に使われたπ

πの値を覚えたければ、ちょっとした詩が助けになるかもしれない。以下に、学校の数学の授業で、伝統的に“暗記法”として教えられているエドガー・アラン・ポーの『大鴉』(おおがらす)と、マイケル・キースがそれを下敷きにしてつくった『大鴉もどき』の冒頭の部分を紹介する。

◆ポーの『大鴉』の冒頭部分

The raven E.A. Poe
Once upon a midnight dreary, while I pondered week and weary,
Over many a quaint and curious volume of forgotten lore,…
(その昔、わびしい真夜中のこと、身も心も疲れ果てて、忘れられた伝説にまつわる古い奇妙な本を読みながら物思いに耽っていると…)

◆キースの『大鴉もどき』の冒頭部分

Poe, E. Near A Raven
3 1 4 1 5
Midnights so dreary, tired and weary.
9 2 6 5 3 5
Silently pondering volumes extolling
8 9 7 9
all by- now obsolete lore,…
3 2 3 8 4

キースの詩に使われているそれぞれの単語の文字数は、πの740桁目までの数に一致している。

赤道のたとえでいえば、地球を一周するまで、あと5000キロメートルのあたりでしょうか。その1000キロメートル手前には、連続10個の6が現れます。連続10個の7の出現は、一周をすぎて、さらに6000キロメートルのあたりまで待たなければなりません。

πの重要性

そんなに小さな桁までπの値を知ることに、いったいどんな意味があるというのでしょう？　現実の計算に使われるπはせいぜい数桁で、実務に10桁以上のπが要求されることはまずありません。つまり、アルキメデスの近似値$\frac{22}{7}$でじゅうぶんに事足りるのです。とはいえ、より小さな桁までその値を求めているのは、単なる楽しみというわけではありません。それらは“パイの友”を自称する数学者たちを魅了するいっぽうで、コンピュータの性能を評価する基準としても使われています。

πにまつわる何よりも奇妙な話といえば、おそらく、19世紀末のインディアナ州議会でπの値に関わる法案が審議されたことでしょう。エドワード・J・グッドウィン医師がある議員に託した法案のなかに、誤ったπの値が使われていたのです。さいわい、その法案が可決されることはなく、πの値が変更されることにはなりませんでした。以来、政治家もπには手を出さないようにしています。

まとめの一言

**円周率は
2兆5000億桁以上も明らかに**

CHAPTER 06 〈e（自然対数の底）〉

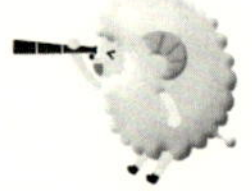

最も驚きに満ちた公式を生み出す定数とは？

自然対数の底 e は、
唯一の好敵手 π に較べれば新参者です。
より威厳に満ちた円周率 π の歴史が
古代バビロニアにさかのぼるのに対して、
e が見出されたのはほんの数百年前のことです。
若さと活力がみなぎる e は、
“増加”という局面が訪れるときまって現れます。
人口にしろ、金額にしろ、物理的な量にしろ、
増加といえばそこには必ず
e が関わっています。

timeline

1618
ジョン・ネイピアが
対数との関係から
定数 e に近づく

1727
オイラーが対数の理論との関係のなかに
e という表記を使用する。
そのため、e はオイラー数ともいわれる

eはその近似値が2.71828として知られる数です。いったいどうして、この数字が特別とされるのでしょう？　これは適当に選んだ数ではありません。数学の世界では重要な定数のひとつで、17世紀初め、対数の概念を研究していた数学者たちによって、大きな数の掛け算を足し算に置き換えるための定数として見出されたものです。

しかし、物語のそもそものはじまりは17世紀の商取引にあります。それは、1683年、世界的な数学者を多数輩出したことで知られるスイスのベルヌーイ一族のひとりヤコブ・ベルヌーイが、複利に関する問題に取り組んだときのことでした。

eはお金の計算から生まれた!!

1ポンドを年利100％という高金利で1年間預けるとしましょう。無論、年利が100％などという預金はまずありませんが、6％、7％という現実の金利についても同じ考え方を使うことができます。同様に、当初の預入れ額を増やしたければ――たとえば1万ポンドにしたければ、すべての数字を1万倍するだけのことです。

年利100％というのは、1年後、当初預けた1ポンドに100％ぶんの利息1ポンドがつくということで、合計2ポンドになるということです。今度は半年50％の利率で1年間預けてみましょう。最初の半年で利息が50ペンスついて合計1.5ポンドとなり、次の半年でこの合計金額に対する50％の利息として75ペンスが加算されるので、当初預けた1ポンドは1年後、2.25ポンドになります。つまり、半年50％の利率で1年間預けると、年利100％のときより25ペンス余分に手にはいるということです。1ポンドではたいした違いになりませんが、1万ポンド預

1748
オイラーがeを23桁まで計算する。
彼が有名な$e^{i\pi}+1=0$（オイラーの公式）を
発見したのも、ほぼこの頃のこと

1873
エルミートが
eが超越数であることを
証明する

2007
eが10^{11}桁まで
計算される

けた場合、2万ポンドだったものが、2万2500ポンドになり、その差は2500ポンドになります。

しかし、半年複利の預金で私たちが得をしているとすれば、銀行もまた得をしているということですから、気をつけなければなりません。さて、今度は3か月25%の利率で1年間預けることを考えてみましょう。同様に計算すると、当初の1ポンドが2.44141ポンドになることがわかります。どうやら、利率が均等に分割されているなら、据置期間がより短いものを選んだほうが“お得”ということのようです。

このまま据置期間を短くしていくと、私たちは億万長者になれるのでしょうか？　1年をさらに細かい単位に区切って計算していくと、右の表のようになります。この収束プロセスを見ると1年後に受け取る元金と利息の合計金額が、ある定数に落ち着きつつあることがわかります。実際に銀行が設定している最も短い据置期間は1日ですが、数学的に見ると、その期間をさらに短くしていったときに1ポンドの元金と利息の合計金額はこの限界値——数学者がeと呼ぶ値——に限りなく近づいていくことになります。

据置期間	元金＋利息
1年	2.00000
半年	2.25000
3か月	2.44141
1か月	2.61304
1週間	2.69260
1日	2.71457
1時間	2.71813
1分	2.71828
1秒	2.71828
	(ポンド)

eにはまだ証明されていない問題が残っている

π同様、eも無理数なので厳密な値を求めることはできません。小数にすると最初の20桁は2.71828182845904523536…となります。

分数で近似値を表すとすれば、分子と分母に使用できる数字が2桁までの場合は$\frac{87}{32}$が、3桁までの場合は$\frac{878}{323}$が最も近い値となります。後者の数字は、前者の数字を回文のように拡張したかたちになっていますが、この手のちょっとした驚きをあたえてくれるのが数学なのです。eの級数展開としては、次の式がよく知られています。

$$e = 1 + \frac{1}{1} + \frac{1}{2\times1} + \frac{1}{3\times2\times1} + \frac{1}{4\times3\times2\times1} + \frac{1}{5\times4\times3\times2\times1} + \cdots$$

階乗の記号である感嘆符を使うと、式はよりすっきりしたものになります。

$$e = 1 + \frac{1}{1!} + \frac{1}{2!} + \frac{1}{3!} + \frac{1}{4!} + \frac{1}{5!} + \cdots$$

このように、定数 e には間違いなくなんらかのパターンが存在しています。数学的な特性としては、e は π よりも“対称性が強い”のかもしれません。

e の値の最初の何桁かを記憶したいときには、“*We attempt a mnemonic to remember a strategy to memorize this count* …”という文章を憶えるとよいでしょう。それぞれの語の文字数が e の値になっています。アメリカ合衆国の歴史に詳しければ、“2.7 アンドリュー・ジャクソン、アンドリュー・ジャクソン”と憶えてもいいでしょう。アンドリュー・ジャクソンが合衆国第7代大統領選で勝利したのは1828年のことです。このように e を暗記する方法にはさまざまなものがありますが、その目的は数学的な便宜というより暗記そのものを楽しむことにあるようです。

e が無理数(分数で表すことができない数)であることは、1744年、レオンハルト・オイラーによって証明されています。さらに1844年にはフランスの数学者ジョセフ・リウヴィルによって二次方程式の解にならない数であることが証明され、1873年には同じくフランスの数学者シャルル・エルミートによって超越数(いかなる代数方程式の解にもならない数)であることが証明されました。エルミートが使った技法には深い意義があり、その9年後には、フェルディナント・フォン・リンデマンがこれを応用して、より注目度の高い定数 π が超越数であることを証明しています。

この問題が解決すると、別の問題が浮かび上がってきました。e の e 乗は超越数か、というものです。e の e 乗のような奇妙な数を代数方程式で表すことができるのでしょうか？　それについてはきちんと証明されていないため、厳格な数学の基準に照らしていえば、今も推測とみなされています。しかし、解明は徐々に進んでいて、e の e 乗と、e の e^2 乗のどちらかが超越数でないことはすでに証明されています。

π と e の関係には非常に興味深いものがあります。e^{π} と π^{e} の値はとても近いのですが、$e^{\pi} > \pi^{e}$ となります。“ずる”をして関数電卓を使って計算すると、e^{π} の近似値は 23.14069、π^{e} の近似値は 22.45916 であることがわかるでしょう。

e^{π} は（ロシアの数学者アレクサンドル・ゲルフォントにちなんで）ゲルフォントの定数と呼ばれ、すでに超越数であることがわかっています。それよりも認知度の低い π^{e} は、無理数であることさえ——実際にはそうだとしても——証明されていません。

e はさまざまなところに使われている

e は、経済成長や人口の増加といった、増加という局面にしばしば登場します。また、放射性崩壊のモデル化にも、e の値に依存する曲線が使われています。

e は増加とは関わりのないところにも姿を見せることがあります。たとえば、18 世紀の数学者ピエール・レイモン・ド・モンモールが研究していた確率の問題にも登場します。それは今も広く研究されている問題で、簡単にいうと、あるグループが昼食を食べにいき、帰りがけに預けておいた帽子を無作為に取ったとき、全員が自分自身のものではない帽子を取る確率はいくつになるか、というものです。

その確率は $\frac{1}{e}$（約 37 %）になります。したがって、少なくともひとりが自分自身の帽子を取る確率は $1-\frac{1}{e}$（約 63 %）です。このほかにも e の用途にはいろいろなものがあります。連続的ではなく離散的に起きる事象を扱う分布（ポアソン分布）もそのひとつですし、その少しまえには、数学者ジェイムズ・スターリングが $n!$ の値の近似値を求める式に e（と π）を用いています。また、統計学における正規分布（ベルカーブ）にも e が関わ

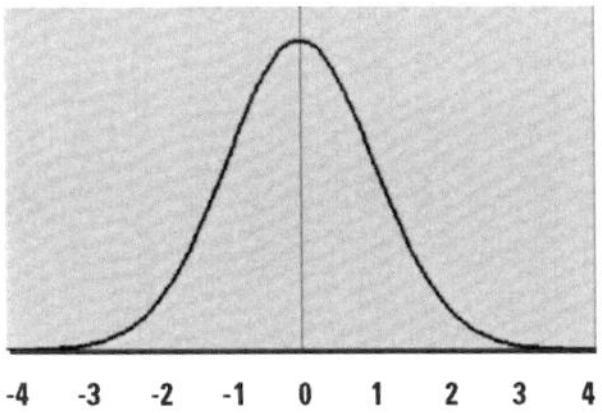

正規分布

っていますし、工学でも吊り橋のカーブは e の値をもとに決められています。このように e はさまざまなものに関わっているのです。

驚きの恒等式

数学の世界には無数の公式がありますが、これほど驚きに満ちたものはほかにないかもしれません。最も名高い数ともいうべき0、1、π、e、虚数単位 $i=\sqrt{-1}$ のあいだには、なんと、次のような関係があります。

$$e^{i\pi}+1=0$$

この式はオイラーが導き出したものです。

おそらく、e の真の重要性は、長年にわたって数学者を魅了してきたこの謎のなかにあるのでしょう。結局のところ、e を避けて通ることはできないということかもしれません。なぜそんなことをする気になったかは定かでありませんが、アーネスト・ヴィンセント・ライト——おそらくは筆名でしょう——の『ギャツビー』という小説には e がひとつも使われていません。しかし、数学者が e を使わずに論文を書こうと思うことはまずないはずです。というか、それは不可能でしょう。

まとめの一言

驚きの公式 $e^{i\pi}+1=0$ の e は π の好敵手

CHAPTER 07 〈無限大〉

自然数と偶数の個数は同じ？

無限大（∞）とは、いったい
どのような大きさなのでしょう？
簡単にいえば、途轍もなく大きい、ということになります。
どんどん大きくなる数が並んだ一本の直線が、
無限に向かっていると考えてみてください。
どれほど巨大な数にも必ず
それより大きな数が存在します。
たとえば 10^{1000} があれば、
$10^{1000}+1$ がある、というように。

timeline

350 年頃
アリストテレスが
現実の無限を否定する

1639
ジラール・デザルグが
幾何学に無限大の概念を
取り入れる

無限大に関する古典的な概念は、数字の列に終わりはない、という考え方です。数学の世界では、さまざまな方法で無限大の概念が使われていますが、無限大を普通の数のように扱うことには注意が必要です。無限大は普通の数ではありません。

自然数の集合の数と偶数の集合の数は同じ？

ロシア生まれのドイツの数学者ゲオルク・カントールは、従来のものとはまったく異なる無限大の概念を示しました。彼は現代の数学を大きく動かすことになった理論を独力で構築しています。カントールがその理論のよりどころとしたのは、私たちが日々の生活のなかで使っているものより、さらに原始的な計数の概念に関わるものでした。

数の数え方を知らない農夫は、自分が所有する羊の数をどうやって把握しているのでしょう？　簡単です。朝、羊を柵の外に出すときに、門のそばに羊1頭につき石ころ1個を置いておき、夕方、すべての羊が戻ってきたら、羊と石のペアを確かめればいいのです。どこかで迷子になっている羊がいれば、石ころが余ることになります。数を使っていないにもかかわらず、農夫は一対一対応といわれる、とても数学的な方法を羊と石ころの関係にあてはめています。そして、この原始的な概念には驚くべき結末が待ち受けているのです。

カントールの理論は集合（同じ性質をもつものの集まり）に関係するものです。たとえば $N = \{1、2、3、4、5、6、7、8\cdots\}$ を、正の整数（自然数）の集合としましょう。集合があれば、そこには部分集合といって、大きな集合に含まれる小さな集合があります。集合 N の最も わかりやすい部分集合は奇数 O（*odd numbers*）$= \{1、3、5、7\cdots\}$ と偶数 E（*even numbers*）$= \{2、$

1655
ジョン・ウォリスが
無限大の記号に
∞（恋結び）を使用する

1874
カントールが
無限大の概念を
異なる観点から説明する

1960年代
アブラハム・ロビンソンが
無限小の考え方にもとづく
超準解析を考案する

4、6、8…｝です。では、奇数の集合と偶数の集合に含まれる要素の数は同じかと尋ねられたら、なんと答えればいいでしょう？　それぞれの要素を数えて比較することはできませんが、それでも確信をもって「イエス」と答えられるはずです。この自信の根拠はどこにあるのでしょう？　おそらく、“自然数の半分は奇数で半分は偶数”ということです。カントールもその答えに同意するでしょうが、根拠は異なります。彼の根拠は、“奇数があれば必ずそれと対になる遇数がある”ということにあります。集合 O と集合 E の要素数が同じであるというカントールの考えは、奇数のそれぞれに偶数がひとつずつ対応していることにもとづくものです。

O:	1	3	5	7	9	11	13	15	17	19	21…
	↕	↕	↕	↕	↕	↕	↕	↕	↕	↕	↕
E:	2	4	6	8	10	12	14	16	18	20	22…

さらに、「自然数の集合 N と偶数の集合 E に含まれる要素の数は同じですか？」と尋ねられれば、集合 N の要素数は集合 E の要素数の2倍になっているという理由で、「ノー」と答えたくなるかもしれません。

しかしながら、要素数がわからない集合について考える場合、“より多い”という概念にはいまひとつ明確さに欠けるところがあります。一対一対応を使って考えてみると、なんと、集合 N と集合 E のあいだにも、一対一対応が存在していることがわかります。

N:	1	2	3	4	5	6	7	8	9	10	11…
	↕	↕	↕	↕	↕	↕	↕	↕	↕	↕	↕
E:	2	4	6	8	10	12	14	16	18	20	22…

こうして、自然数の集合と偶数の集合に含まれる要素の数は等しいという、驚くべき結果を得ることになります。だとすると、古代ギリシャ人が考えた“通念”、すなわちユークリッドが『原論』に記した、「全体は部分よりも大きい」という公理とのあいだに、矛盾が生じることになります。

集合の要素を考えてみると

集合に含まれる要素の数を基数（濃度、カーディナル数）といいます。農夫の会計士が羊の数を42頭と記録したなら基数は42です。また、$\{a,b,c,d,e\}$という集合の基数は5で、$card\{a,b,c,d,e\} = 5$と表記します。基数は集合の大きさの尺度です。カントールは自然数の集合Nの基数と、集合Nに一対一対応する要素をもつすべての集合の基数を、$\aleph_0$（$\aleph$《アレフ》はヘブライ語のアルファベットで、$\aleph_0$は“アレフゼロ”と読む）という記号で表しました。数学的にいえば、$card(N) = card(O) = card(E) = \aleph_0$になります。

集合Nの要素と一対一対応をつけられる要素をもつ集合は、いずれも可算無限集合と呼ばれます。可算無限集合とは、要素を順番に並べられる集合のことで、たとえば奇数の集合1、3、5…のように、並び順がはっきりしていなければなりません。

分数の集合と自然数の集合の要素の数は同じ？

自然数の集合Nが分数の集合Qの部分集合であるとすれば、QはNよりも大きな集合ということになります。Qは可算無限集合なのでしょうか？　すべての分数（負の数も含めて）をリストアップするなどということができるものなのでしょうか？　そのように大きな集合とNが一対一対応するとは思えませんが、実はできるのです。

まずは二次元の平面上に分数をリストアップすることを考えてみましょう（次のページの表を参照）。1行目にはすべての整数を、正の数と負の数が交互になるように書きます。2行目には分母が2の分数を書きます。ただし、1行目にある数(たとえば$\frac{6}{2}=3$)は省略するものとします。3行目には分母が3の分数を書きます。このときも、すでに上の行にある数は省略してください。当然、果てしなくつづくことになりますが、どんな分数もリストのどこかにはおさまります。たとえば、$\frac{209}{67}$は67行目の$\frac{1}{67}$から数えて400番目あたりに登場するはずです。

1	-1	2	-2	3	-3	4…
$\frac{1}{2}$	$\frac{-1}{2}$	$\frac{3}{2}$	$\frac{-3}{2}$	$\frac{5}{2}$	$\frac{-5}{2}$	$\frac{7}{2}$…
$\frac{1}{3}$	$\frac{-1}{3}$	$\frac{2}{3}$	$\frac{-2}{3}$	$\frac{4}{3}$	$\frac{-4}{3}$	$\frac{5}{3}$…
$\frac{1}{4}$	$\frac{-1}{4}$	$\frac{3}{4}$	$\frac{-3}{4}$	$\frac{5}{4}$	$\frac{-5}{4}$	$\frac{7}{4}$…
$\frac{1}{5}$	$\frac{-1}{5}$	$\frac{2}{5}$	$\frac{-2}{5}$	$\frac{3}{5}$	$\frac{-3}{5}$	$\frac{4}{5}$…
⋮	⋮	⋮	⋮	⋮	⋮	⋮

このようにしてすべての分数を並べてみると、分数は一次元の直線上に並べられることがわかってきます。同じ行を右に進むばかりでは、次の行におりられませんが、ジグザグに進めば問題ありません。矢印の順序で1、−1、$\frac{1}{2}$、$\frac{1}{3}$、$-\frac{1}{2}$、2、−2…と進んでいけば、一本の線の上に並べることができます。逆にその位置から、平面上にあるどの分数に対応しているかがわかります。よって、分数の集合Qは可算無限集合、$card(Q)=\aleph_0$ということになります。

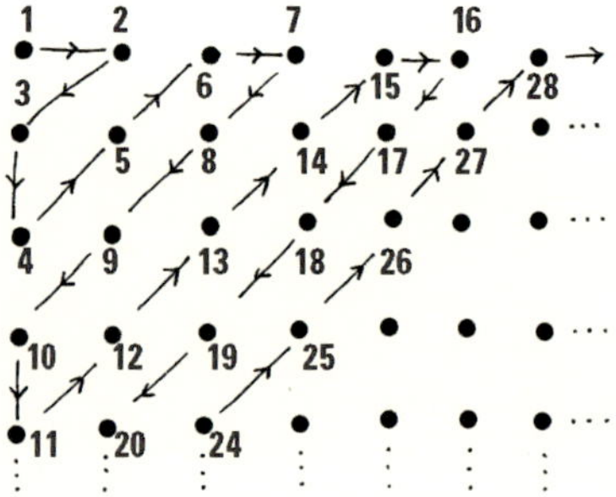

実数を並べる

分数が実数の線上にあるのと同じように、$\sqrt{2}$、e、πといった分数で表せない数も同じ線上に存在しています。これらの無理数が“すき間を埋めて”実数の直線Rをかたちづくっているのです。

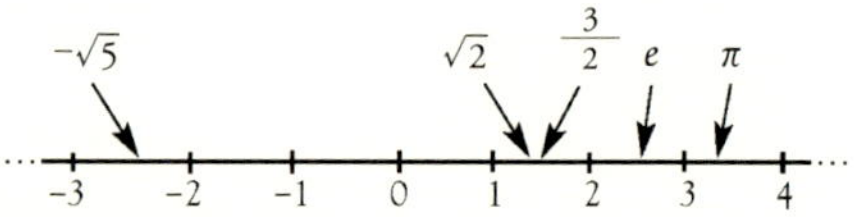

すき間が埋められたことで、実数の集合は“連続体”と呼ばれています。では、どうすれば実数を列記できるのでしょう?　ただならぬ明晰さの持ち主として知られるカントールは、0から1のあいだにある実数の集合の要素を1列に並べたリストはつくれないと言いました。実数リストをつくる方法を夢中で探していた人びとは、彼の主張にショックを受け、なぜできないのかを知りたがりました。

とりあえず、カントールの説を信じないとすれば、0から1

のあいだの数を、たとえば$\frac{1}{2} = 0.500000000000\cdots$や$\frac{1}{\pi} = 0.318309886183790671 53\cdots$といった小数に展開して列記したものをつくり、「これが0から1までのすべての実数のリストです」と彼に見せなければなりません。r_1、r_2、r_3、r_4、r_5、…とつづく実数のリストを提示できない場合は、カントールが正しいことになります。

おそらく、カントールはそのリストを見て、下の図のような対角線上にある太字の数字にしるしをつけていくでしょう。

$$
\begin{array}{llllllll}
r_1: & 0. & \circled{\boldsymbol{a_1}} & a_2 & a_3 & a_4 & a_5 & \cdots \\
r_2: & 0. & b_1 & \circled{\boldsymbol{b_2}} & b_3 & b_4 & b_5 & \cdots \\
r_3: & 0. & c_1 & c_2 & \circled{\boldsymbol{c_3}} & c_4 & c_5 & \cdots \\
r_4: & 0. & d_1 & d_2 & d_3 & \circled{\boldsymbol{d_4}} & d_5 & \cdots \\
r_5: & 0. & e_1 & e_2 & e_3 & e_4 & \circled{\boldsymbol{e_5}} & \cdots
\end{array}
$$

そして、こう言います。「いいでしょう。しかし、$x_1 \neq a_1$、$x_2 \neq b_2$、$x_3 \neq c_3$、$x_4 \neq d_4$、$x_5 \neq e_5\cdots$となるような数$x = 0.x_1x_2x_3x_4x_5\cdots$はどこにあるのですか?」彼が提示した数は、リストにある数とは少なくともひとつの桁が異なっています。つまり、この数xはリストのなかには存在しないということで、カントールの主張は正しいということになります。

実際、実数の集合Rの要素を列記することはできません。そういった集合は分数の集合のさらに上にある“より大きな”無限集合に分類されます。

まとめの一言

自然数と偶数は同等の無限大、
実数はより大きな無限大

CHAPTER 08 〈虚数〉

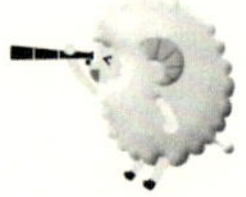

二乗して マイナスになる数とは どんな数?

私たちは数を空想することがあります。
たとえば、銀行の預金口座に1億円あったらなあ……
というようなことを。
それは空想上の数(*imaginary number*)でしかありません。
しかし、数学で使う虚数(*imaginary number*)は、
空想上の数とはまったくべつのものです。

timeline

1572
ラファエル・ボンベリが
虚数の存在を想定する

1777
オイラーが
−1の平方根の記号として、
i の使用をはじめる

虚数（*imaginary number*）という言葉は、哲学者にして数学者でもあるルネ・デカルトが使いはじめたもので、普通の数とは異なる興味深い方程式の解、という認識にもとづいて選ばれたものです。虚数は実在するのでしょうか？　これは*imaginary*（実在しない）という言葉にこだわる哲学者たちにとって、ゆるがせにできない問題です。しかし、数学者にしてみれば、さしたる問題ではありません。虚数は5やπと同じように、日々の暮らしに溶け込んでいます。買い物の役には立ちませんが、航空機の設計者や電気技師に尋ねれば、きわめて重要なものであることがわかるでしょう。実数と虚数の合計として表したものは複素数と呼ばれ、その名称から哲学的な問題がにわかに排除されます。複素数には－1の平方根が含まれています。二乗すると－1になる数とは、いったいどんな数なのでしょう？

ゼロ以外の数は二乗すると、必ず正の数になります。もとの数が正の数のときは当然ですが、負の数のときもそうなのでしょうか？ －1×－1を使って検証してみましょう。学生時代に習った「負の数と負の数を掛けると正の数になる」というルールは忘れているとしても、答えが－1か＋1のいずれかになることはわかるはずです。もし、－1になると考えるなら、－1×－1＝－1の両辺を－1で割ってみてください。結果は－1＝1で、筋が通らなくなります。したがって、－1の二乗は1、正の数ということになります。－1以外の負の数にも同じことがいえるので、実数の二乗が負の数になることはありません。

この問題は16世紀、まだ黎明期にあった複素数の研究を妨げていたものです。それが解決したことで、従来の数の拘束から解き放たれた数学の世界には、これまで夢に見ることさえなか

1806
アルガンが
のちにアルガン図と呼ばれる
図を用いて虚数を説明する

1811
カール・フリードリヒ・ガウスが
複素関数の研究に取り組む

1837
ウィリアム・ローワン・ハミルトンが
複素数を実数の順序対として扱う

った広大な研究領域が開かれました。複素数の研究によって、実数で完結していた数の体系はより完成度の高い体系へと進化していったのです。

二次元の数の連なりって?

実数の直線を思いだしてみましょう。

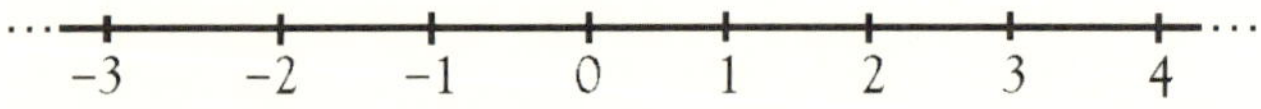

すべての実数の二乗は正の数になるので、-1の平方根は存在しません。実数の直線上の数だけを考えつづけていたら、それを虚数と呼ぶようなことはせず、もはや考えるべきことは何もないと、哲学者とともにお茶を飲みにいったかもしれません。しかし、数学者は$\sqrt{-1}$を新たな存在ととらえて、iという記号で表すという大胆な方法を試してみることにしました。

虚数が存在するかどうかは、気持のもちようひとつです。それが何かはわからなくても(わかっているのはi^2が-1になることだけです)、その存在を信じることはできます。そこで、新しい数の系のなかで、1、2、3、4、π、e、$\sqrt{2}$、$\sqrt{3}$といった古い友人ともいうべき実数と、最近出会ったばかりの虚数を足してみることにしました。たとえば、$1+2i$、$-3+i$、$2+3i$、$1+i\sqrt{2}$、$\sqrt{3}+2i$、$e+\pi i$というように。

この画期的な一歩が踏み出されたのは19世紀初頭のことで、私たちは一次元の数の連なり(数直線)から、見知らぬ二次元の数の連なり(数平面)へと脱け出すことになりました。

四則演算をしてみよう

複素数、つまり$a+bi$のかたちをとる数(aとbは実数、$b \neq 0$)があることはわかりました。では、どう扱えばいいのでしょう?実をいうと、複素数の計算は実数の計算とほとんど変わりま

工学の世界の$\sqrt{-1}$

エンジニアは複素数に現実的な用途を見出している。マイケル・ファラデーが1830年代に交流電流を発見したとき、虚数は物理的な現実味を帯びることになった。電気工学の世界では、電流の記号としてすでにiが使われているため、$\sqrt{-1}$を意味する記号にはjが使われている。

せん。足し算の場合、それぞれの項を別個に加えるだけです。$2+3i$ に $8+4i$ を足すときは、$(2+8)+(3+4)\ i$ で、$10+7i$ となります。

掛け算の場合もさほどの手間はかかりません。$2+3i$ に $8+4i$ を掛けるのなら、まず、それぞれの項に相手のそれぞれの項を掛けて、それを合計します。

$$(2+3i)\times(8+4i)=(2\times 8)+(2\times 4i)+(3i\times 8)+(3i\times 4i)=16+8i+24i+12i^2$$

最後の項 $12i^2$ は $12\times(-1)=-12$ なので、答えは $4+32i$ という複素数になります。

引き算や割り算もできます（ただし、実数の0と同じように $0+0i$ を割り算の除数に使うことはできません）。このように、複素数の性質は実数とほとんど変わりありません。例外があるとすれば、実数のように正の数と負の数に分けることができないということくらいです。

複素数をグラフに表してみよう

複素数の二次元性は、グラフに表したときに明確に現れます。$-3+i$ と $1+2i$ をアルガン図といわれる座標平面に表すと左の図のようになります。このグラフには、スイスの数学者ジャン・ロベール・アルガンにちなむ名前がつけられていますが、同じ時期に同じ方法を考案した数学者はほかにも存在します。

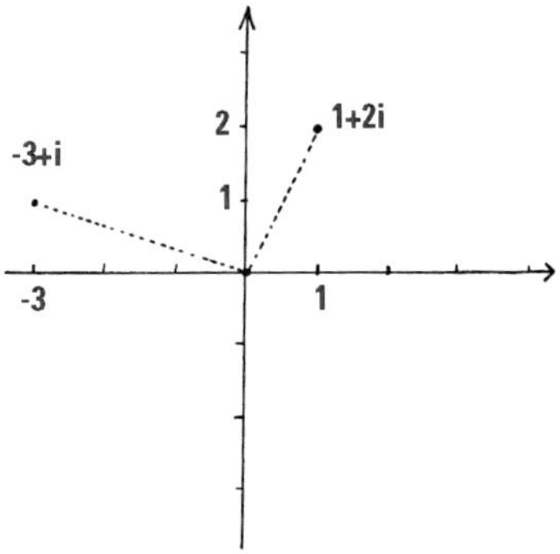

複素数には必ず相棒がいます。正式な名称は共役複素数といいます。たとえば、$1+2i$ の共役複素数は $1-2i$ で、ふたつめの項の前の演算記号を逆転すれば共役複素数となります。逆に $1-2i$ の共役複素数は $1+2i$ となり、ふたつが揃ったところで、相棒の関係は完成となります。

共役複素数どうしを足す、あるいは掛けると、答えは実数にしかなりません。$1+2i$ と $1-2i$ は足すと2、掛けると5になります。さらに、掛け算にはより興味深い事実が隠されています。答えの5は複素数$1+2i$の“長さ”の二乗になっているということです。それは、共役複素数$1-2i$の“長さ”の二乗でもあります。したがって、複素数の長さは次のように表すことができます。

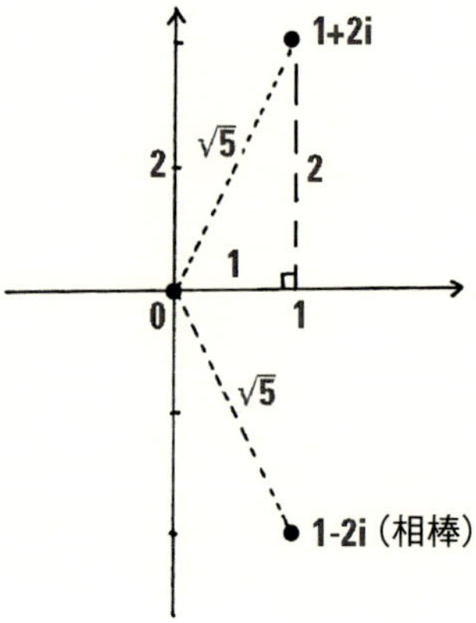

複素数wの長さ$=\sqrt{w\times(w\text{の共役複素数})}$

$-3+i$を使って確認してみましょう。
$(-3+i)$の長さ$=\sqrt{(-3+i)\times(-3-i)}=\sqrt{(9+1)}$。よって、$(-3+i)$の長さは$\sqrt{10}$となります。

複素数を神秘主義から引き離したのは、19世紀のアイルランド数学界の第一人者、ウィリアム・ローワン・ハミルトンです。彼は、iが果たしているのは位取りの数字のような機能だけなので省略してかまわないと考え、複素数を$(a、b)$のような実数の順序対と同じように扱うことにしました。iを取り払うことで、二次元的な性質を引き立てて、$\sqrt{-1}$の神秘性を目立たなくしたのです。その結果、複素数の足し算は次のようになります。

$$(2, 3)+(8, 4)=(10, 7)$$

わかりやすさという点ではやや見劣りがしますが、掛け算は次のようになります。

$$(2, 3)\times(8, 4)=(4,32)$$

複素数系の完全性は、1のべき根、つまり$w^n=1$という方程式の解について考えると、よりわかりやすくなります。$w^6=1$を例に説明してみましょう。実数の線上には、$w=1$と$w=-1$という、2個の解があります（1の六乗も、-1の六乗も1になるので）が、解は全部で6個あります。残りの4個はどこにあるのでしょう？　ふたつの実数根を含めて、6個のべき根の長さはすべて1なので、アルガン図の原点を中心とする半径1の円の円周上にあります。

さらに第1象限の解 $w=\frac{1}{2}+\frac{\sqrt{3}}{2}i$ に注目すると、それ以後の解は反時計回りに w^2、w^3、w^4、w^5、および $w^6=1$ で、それぞれ正六角形の頂点に位置しています。このように、1の n 乗根は、一般に、半径1の円に接する正 n 角形をかたちづくることになります。

複素数はどこまで拡がるの？

ひとたび複素数の存在を知った数学者たちは、本能的にその一般化の道を探りました。複素数は二次元(二元数)ですが、なぜ二次元でなければいけないのでしょう？　ハミルトンはまず三次元の複素数系(三元数)を探しました。が、いくら探しても見つからないのであきらめて四元数に切り替えることにしました。ほどなくして四元数は一般化され、八元数(ケイリー数)へと向かうことになります。当然、この物語には十六元数がつづくものと考えられましたが、ハミルトンの偉大な発見から50年を経て、それが不可能であることが証明されました。

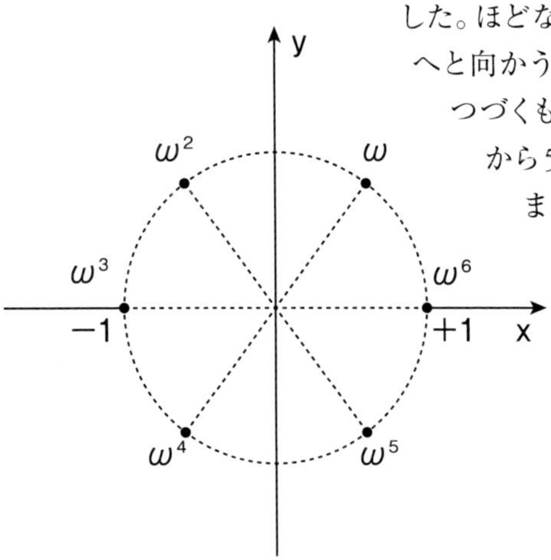

まとめの一言

虚数は現実に使われている立派な数

CHAPTER 09 〈素数〉

素数はいったい いくつある?

数学は人類の営みのありとあらゆる分野に関わりをもつ
果てしなく大きな学問で、
ときとして圧倒されそうになります。
そうならないためにも、
折にふれて
基本に立ち戻らなくてはなりません。
それは、1、2、3、4、5、6、7、8、9、10、11、12…と、
数を数えてみることです。
それ以上に基本的なことがあるでしょうか?

timeline

B.C.300 年頃
ユークリッドが
『原論』のなかで素数が
無限個あることを証明する

B.C.230 年頃
キュレネのエラトステネスが
整数から素数をふるい分ける
方法を発見する

$4 = 2 \times 2$、$6 = 2 \times 3$、$8 = 2 \times 2 \times 2$、$9 = 3 \times 3$、$10 = 2 \times 5$、$12 = 2 \times 2 \times 3$というように、大多数の数は小さな数に分解することができます。これらは合成数といって、基本となる数2、3、5、7…の倍数になっています。そして、それより小さな数に分けることができない基本の数2、3、5、7、11、13…を素数といいます。素数とは、その数と1以外に約数をもたない数のことです。1も素数ではないかと思われるかもしれません。この定義によると、1も素数でなければなりませんし、事実、過去には優秀な数学者たちが1を素数としていた時代もあります。が、現代の数学者は、素数のスタート地点を2と定めています。なぜかというと、そのほうが定理が優美なものになるからです。本書でも、最初の素数は2とすることにしましょう。

自然数をあげていって、素数に下線を引いてみましょう。1、<u>2</u>、<u>3</u>、4、<u>5</u>、6、<u>7</u>、8、9、10、<u>11</u>、12、<u>13</u>、14、15、16、<u>17</u>、18、<u>19</u>、20、21、22、<u>23</u>…。素数を学ぶことは、基本中の基本に戻ることでもあります。素数は“数学の原子”ともいうべき重要な存在で、元素が化合物をつくりだすように、素数は数学的な化合物をつくりだします。

このことを数学的にまとめた結果には、素因数分解定理という大層な名前がつけられています。それによると、1より大きいすべての整数は素数の積で表すことができ、その表し方はひとつしかありません*。たとえば12を素数の積に分解すると$2 \times 2 \times 3$となり、ほかの方法は存在しません。これはしばしば$12 = 2^2 \times 3$と表されます。また、6,545,448を分解すると$2^3 \times 3^5 \times 7 \times 13 \times 37$となります。

*ただし、$2 \times 3 \times 2$のような、順序だけの違いは無視するものとする(監訳者注)

1742
ゴールドバッハがすべての偶数(ただし、2より大きなもの)はふたつの素数の和になっていることを予想する

1896
素数の分布についての素数定理が証明される

1966
陳景潤がゴールドバッハの予想をほぼ確認する

素数を見つける方法はあるの？

0	1	**2**	**3**	4	**5**	6	**7**	8	9
10	**11**	12	**13**	14	15	16	**17**	18	**19**
20	21	22	**23**	24	25	26	27	28	**29**
30	**31**	32	33	34	35	36	**37**	38	39
40	**41**	42	**43**	44	45	46	**47**	48	49
50	51	52	**53**	54	55	56	57	58	**59**
60	**61**	62	63	64	65	66	**67**	68	69
70	**71**	72	**73**	74	75	76	77	78	**79**
80	81	82	**83**	84	85	86	87	88	**89**
90	91	92	93	94	95	96	**97**	98	99

残念ながら、すべての素数を表す簡単な公式はありません。整数の列のどこに素数が現れるかということには規則性がないのです。素数を見つける最古の方法は、アルキメデスの時代の、彼より若いキュレネのエラトステネスという学者が生み出したものです。当時、彼は赤道の長さを正確に計算したことで賞賛を集めましたが、現在は、素数を見つける“篩《ふるい》”の発明者として知られています。エラトステネスは頭のなかに自然数を並べると、2に下線を引き、2の倍数を消しました。次に3に下線を引き3の倍数を消しました。このようにして、合成数をすっかり取り除いていくと、篩《ふるい》のなかに下線が引かれた数が残り、それが素数になります（右の表の網かけの数字）。

あたえられた数が素数かどうかは、どうやって判断すればいいのでしょう？　19,071や19,073は素数でしょうか？　2と5の倍数が取り除かれるので、素数の末尾は1、3、7、9のいずれかです。しかし、これだけで素数と判断するわけにはいきません。大きな数が素数かどうかの見極めは、とても難しいものです。ちなみに、19,071は$3^2 \times 13 \times 163$なので素数ではありませんが、19,073は素数です。

もうひとつの難問は、素数の分布になんらかのパターンを見出すことです。1から1000までの自然数に素数が何個含まれるかを、100ごとに区切って数えてみましょう。

範囲	1〜100	101〜200	201〜300	301〜400	401〜500	501〜600	601〜700	701〜800	801〜900	901〜1000	1〜1000
素数の個数	25	21	16	16	17	14	16	14	15	14	168

1792年、当時15歳だったカール・フリードリヒ・ガウスが、ある数以下の素数の個数の近似値を求める式（現在、素数定理といわれている）を推測しています。その式によるとある数が1000のときの素数の個数は172となりますが、実際の個数は168なので、近

似値を下回っています。昔はどんな数でも実際の個数≦近似値になると信じられていましたが、素数には驚くべきことがたくさんあり、ある数が10^{371}（1の後に371個の0がつづく途方もなく大きな数）のときの実際の個数は、近似値を上回っています。このように素数定理で予想した素数の数は、実際より多くなる区間もあれば少なくなる区間もあります。

素数はいくつあるの？

素数は無限個存在します。ユークリッドは『原論』のなかで“素数は限りなく存在する”と述べています（第9巻、命題20）。以下にその美しい証明を紹介しましょう。

Ｐを最大の素数と仮定し、Ｎ＝（２×３×５×…×Ｐ）＋１となる数Ｎについて考える。Ｎは素数か否か。Ｎが素数だとすれば、Ｐよりも大きな素数が存在することになり、仮定と矛盾する。Ｎが素数でないとすれば、２からＰまでの素数のいずれか（仮にｐとする）で割りきれる数でなければならない。それはＮ－（２×３×５×…×Ｐ）はｐで割りきれるということだ。しかし、Ｎ－（２×３×５×…×Ｐ）＝１であるから、それを割りきれるｐは１以外に存在しない。素数は１よりも大きくなければならないので、これもおかしい。したがって、「Ｐは最大の素数である」というそもそもの仮定は間違っている。
結論：素数は限りなく存在する。

素数が無限にあるという事実は、より大きな素数を探す努力に水を差すものではありません。現在見つかっている最大のメルセンヌ素数（2^n-1のかたちで表される素数）は$2^{43112609}-1$です。

まだ解明されていない問題

素数にまつわる未解決問題に、双子素数の問題とゴールドバッハの予想があります。

双子素数とは、両者の差が2となるふたつの素数のことです。1から100までの素数では、3と5、5と7、11と13、17と19、

29と31、41と43、59と61、71と73が双子素数です。その数は、10^{10}以下では27,412,679個あることが知られています。つまり、11と13のあいだにある12のように両側に素数をもつ偶数が占める割合は、この範囲の自然数全体のわずか0.274%ということです。双子素数は無限個存在するのでしょうか？　そうでないとすれば、非常に興味深いことになりますが、今のところ証明はされていません。

クリスティアン・ゴールドバッハの予想とは次のようなものです。

4以上の偶数は、ふたつの素数の和で表すことができる

たとえば、42は5＋37と表すことができます。さらに、11＋31、13＋29、19＋23と表すこともできますが、それはまた別の問題で、このような組合せが少なくともひとつあるということです。この予想はかなり広い範囲の偶数にあてはまることがわかっていますが、正式に証明されてはいません。とはいえ、

数秘術者の数

整数論の難問のひとつに、ウェアリングの問題といわれるものがある。1770年、ケンブリッジ大学教授エドワード・ウェアリングによって提出された問題で、いかなる自然数もk乗数の和で表せるという性質に関わるものだ。そういうことでいえば、数秘術にも素数や平方数・立方数の和といった科学との関わりがある。数秘術の世界で何より重要なカルトナンバーといえば、新約聖書の『ヨハネの黙示録』にある“獣の数字”666だが、この数には意外な特性がある。最初の7つの素数の平方数の和になっているということだ。

$$666 = 2^2 + 3^2 + 5^2 + 7^2 + 11^2 + 13^2 + 17^2$$

数秘術者が熱く語りそうなことはそれだけではない。この数字は回文のように並ぶ整数の立方数の和で表すこともできる。

$$666 = 1^3 + 2^3 + 3^3 + 4^3 + 5^3 + 6^3 + 5^3 + 4^3 + 3^3 + 2^3 + 1^3$$

それでじゅうぶんでなければ、この式の中央の6^3が6×6×6を簡略化したものであることをつけくわえよう。666はまさしく数秘術者の数字である。

まったく進展がないわけではなく、じき証明されるという手ごたえは感じられます。なかでも中国の数学者、陳景潤の研究には飛躍的な進歩が見られます。彼は、じゅうぶんに大きな偶数が、ふたつの素数の和、あるいは素数と半素数（ふたつの素数の積）の和として表せることを証明しています。

偉大な数論学者ピエール・ド・フェルマーは、$4k+1$のかたちに書ける素数がふたつの数（組合せはひと通り）の平方数の和になる（$17 = 1^2 + 4^2$のように）ことと、$4k+3$のかたちに書ける素数がふたつの平方数の和にはけっしてならないことを証明しました。ジョゼフ＝ルイ・ラグランジュも平方数に関する有名な定理、正の整数はいずれも最大4個の平方数の和となること（$19 = 1^2 + 1^2 + 1^2 + 4^2$のように）を証明しています。その後、より大きな指数についての調査も進み、テキストブックにはさまざまな定理が紹介されていますが、未解決の問題も多数残っています。

さきほど、素数は数学の“原子”という話をしました。しかし、物理の世界ではクォークをはじめ、より小さな基本単位を使っているではないかと思う方もいるでしょう。数学は停滞しているのでしょうか？　自然数に限っていえば、5が素数であることは、この先もずっと変わらないはずです。しかし、ガウスは遠大な発見をしています。それは、$i = \sqrt{-1}$であるとき、$5 = (1 - 2i) \times (1 + 2i)$になるということです。ふたつの複素数の積として表すことができる5は、“これ以上分けられない数”という従来の定義にはあてはまらなくなります。

まとめの一言

素数は無限に存在、現れ方に規則性なし

CHAPTER 10 〈完全数〉

約数の和がもとの数に一致する数とは？

数学の世界には、さまざまな“完全”があります。
完全平方（ある整数／整式の二乗で表せる整数／整式のこと）という言葉がありますが、それは美的感覚としての完全を意味するものではありません。
むしろ、完全ではない平方が存在することを警告するためのものです。
約数がわずかしかない数もあれば、たくさんある数もあります。
しかし、『三匹の熊』の物語のように、ぴったりの数もあります。
ある数の約数の和（その数自身はのぞく）がその数と同じになるとき、その数を完全数といいます。

timeline

B.C.525 年頃
ピタゴラス教団が完全数と過剰数の双方を研究する

B.C.300 年頃
ユークリッドが『原論』の第９巻に完全数を論じる

100 年頃
ゲラサのニコマコスが完全数にもとづいて数を分類する

古代ギリシャで、おじのプラトンのあとを引き継ぎ、アカデメイア（アカデミー）の学頭をつとめた哲学者スペウシッポスは、ピタゴラス学派が10は完全と呼ぶにふさわしい数と考えていることを発表しました。なぜかというと、1と10のあいだに存在する素数（2、3、5、7）の数が非素数（4、6、8、9）の数に等しいことと、その特性をもついちばん小さな数だということにあります。いやはや、風変りな完全の概念があったものです。

ピタゴラス学派は“完全数”をより豊かな発想でとらえていたようです。完全数が最初に説明されたのはユークリッドの『原論』ですが、ニコマコスのより踏み込んだ研究により友愛数や*社交数へと発展していくのは、それから400年後のことです。友愛数や社交数は、数とその約数の関係につけられた名前で、その後、過剰数や不足数も定義され、そこから“完全”の概念が導き出されることになりました。

*社交数

友愛数の発展形。
友愛数はふたつの数の組合せを、社交数は3つ以上の数の組合せを指す（編集部注）

ある数が過剰数かどうかは、その数の約数によって決まり、掛け算と足し算の関係に影響をあたえます。ためしに30について考えてみます。30を割りきることができる整数で、30以外のものといえば？　30程度の数であれば、1、2、3、5、6、10、15とすべての約数を簡単にあげることができます。それらの和は42です。42は30より大きいので、30は過剰数となります。

逆に、ある数の約数の和がもとの数よりも小さくなるとき、その数は不足数といいます。たとえば26の場合、その約数である1、2、13の合計は16で、26よりも小さくなります。素数は約数の合計がつねに1となるので、例外なく不足数です。

完全数とは、過剰数でも不足数でもない数、つまり、約数の合計がもとの数に一致する正の整数のことです。最初の完全数

1588
ピエトロ・カタルディが6番目と7番目の完全数、$2^{16}(2^{17}-1)$=8,589,869,056と
$2^{18}(2^{19}-1)$=137,438,691,328を発見する

2008
46番目のメルセンヌ素数
（これまでで最大のもの）が見つかり、新たな完全数も判明

は6。約数は1、2、3なので、合計は6になります。ピタゴラス学派は6とそのパーツを組み合わせる方法に魅せられ、それを“美容と健康の結婚”と呼んでいました。6にまつわる話には聖アウグスティヌス(354〜430年)によって語られたものもあります。彼は6の完全性は世界が創造されるまえからあったもので、神が世界を6日で創造したのもそのためと信じていました。

6の次の完全数は28です。約数は1、2、4、7、14で、合計は28になります。最初のふたつの完全数が6と28であることに注目してみましょう。これまでに発見された完全数は、末尾がいずれも6もしくは28になっています。28の次の完全数は496。約数の合計は496 = 1 + 2 + 4 + 8 + 16 + 31 + 62 + 124 + 248になっています。その次の完全数を探すには、“数の成層圏”に行かなければなりません。最初の5番目までは16世紀に見つかっていますが、完全数に上限があるかどうかは、今もわかっていません。とはいえ、素数と同じように、無限につづくという意見が優勢を占めています。

順位	1	2	3	4	5	6	7	…
完全数	6	28	496	8,128	33,550,336	8,589,869,056	137,438,691,328	…

ピタゴラス学派は完全数と幾何学との関連についても熱心に研究しました。完全数と同じ個数のビーズを六角形になるように並べることを考えてみてください。6の場合は、頂点に置くだけですが、より大きな完全数の場合、大きな六角形の内側に小さな六角形を足していく必要があります。

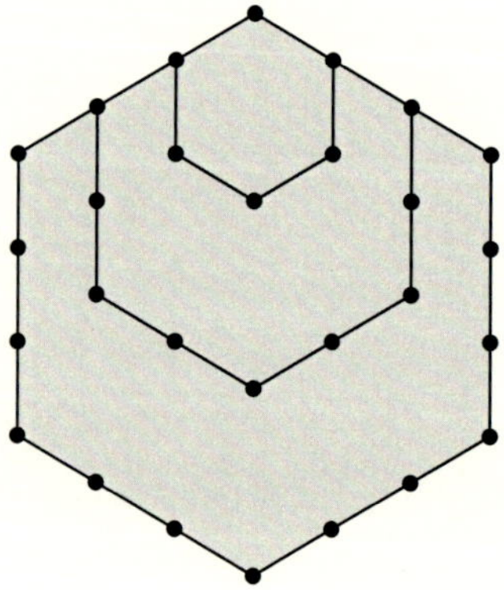

メルセンヌ数とは?

完全数を見つける鍵となるのが、メルセンヌ数といわれるもので、その名前は、イエズス会のラ・フレーシュ学院でルネ・デカルトの学友だったフランスの聖職者マリン・メルセンヌにちなんでつけられたものです。ふたりは新たな完全数を見つけることに関心をもちました。メルセンヌ数とは、2の累乗(4、8、16、

32、64、128、256…）から1を引いた数、つまり2^n-1のことです。いずれも奇数ですが、素数とは限りません。ただし、完全数の探索の鍵を握るのは素数だけです。

メルセンヌは累乗の指数（n）が素数ではないときには、メルセンヌ数も素数にならないことに気づきました（下の表の4、6、8、9、10、12、14、15を参照）。指数が素数のときのメルセン

累乗の指数（n）	結果（2^n）	メルセンヌ数（2^n-1）	素数／非素数
2	4	3	素数
3	8	7	素数
4	16	15	非素数
5	32	31	素数
6	64	63	非素数
7	128	127	素数
8	256	255	非素数
9	512	511	非素数
10	1,024	1,023	非素数
11	2,048	2,047	非素数
12	4,096	4,095	非素数
13	8,192	8,191	素数
14	16,384	16,383	非素数
15	32,768	32,767	非素数

メルセンヌ素数

メルセンヌ素数は簡単に見つかるものではない。世界各国の数学者たちがそのリストに新たな数字を追加してきたが、そこには正誤の繰り返しからなる波乱に富んだ歴史を垣間見ることができる。偉大な数学者レオンハルト・オイラーが8番目のメルセンヌ素数$2^{31}-1$=2,147,483,647を発表したのは1772年のことだ。その後、1963年になって、23番目のメルセンヌ素数$2^{11213}-1$が発見されたとき、イリノイ大学は、記念切手を発行してその栄誉を世界にアピールしている。しかし、高性能のコンピュータが開発されると、メルセンヌ素数探索の世界はにわかに活気づくことになり、1970年代後半には、ローラ・ニッケルとランドン・ノルという高校生が25番目のメルセンヌ素数を、つづいてノルが26番目のメルセンヌ素数を発見した。メルセンヌ素数は2008年までに46個見つかっている。

ヌ数を見ていくと、初めのいくつかは3、7、31、127といずれも素数であることがわかります。では一般に、指数nが素数であるメルセンヌ数は素数であるといえるでしょうか？

古代から1500年頃までは、指数が素数ならメルセンヌ数も素数になると考えられていました。しかし、そう単純なものではなかったようで、その後、$2^{11}-1=2047=23\times 89$、つまり$n=11$のメルセンヌ数は素数にならないことがわかりました。この件に関してなんらかの法則があるようには思えません。$2^{17}-1$と$2^{19}-1$はいずれも素数ですが、$2^{23}-1$は、以下のとおり素数ではないのです。

$$2^{23}-1=8{,}388{,}607=47\times 178{,}481$$

偶数の完全数は求められる？

ユークリッドとオイラーの業績を組み合わせてできたのが、偶数の完全数を求める公式です。2^n-1がメルセンヌ素数のとき、$p=2^{n-1}(2^n-1)$は偶数の完全数になります。また、pが偶数の完全数になるのは、あるメルセンヌ素数(2^n-1)について$p=2^{n-1}(2^n-1)$と表せるときだけです。

たとえば、$2^1(2^2-1)=6$、$2^2(2^3-1)=28$、$2^4(2^5-1)=496$というように、pは完全数になっています。つまり、メルセンヌ

いい友達

頭の固い数学者は数に神秘性をあたえようとしないが、それでも、数秘術は生きつづけている。友愛数は完全数につづいて定義された性質だが、ピタゴラス学派にはすでに知られていたという説もある。これらの数字の関係は、のちに占星術のなかでロマンティックな意味で使われることになる。たとえば、220と284は友愛数だ。なぜかというと、220の約数は1、2、4、5、10、11、20、22、44、55、110なので、これらを合計すると284になる。さらに、284の約数を合計すると220になる。これぞ真の友愛、というわけだ。

素数さえ見つければ、完全数を計算できるということです。完全数は古来、人間にとっても機械にとっても、挑発的な存在でした。そして、その挑発は、昔の研究者が想像もしなかった方法でこれからもつづいていくでしょう。19世紀初頭、イギリスの数学者で“バーローの数表”で知られるピーター・バーローは、オイラーが確かめた完全数、

$$2^{30}(2^{31}-1) = 2{,}305{,}843{,}008{,}139{,}952{,}128$$

を超える完全数を探すことには意味がないと考えていました。今日のコンピュータの発達や新たな難題に遭遇したときの数学者の貪欲さを予見できなかったのでしょう。

奇数の完全数はない？

奇数の完全数があるかどうかは、誰にもわかっていません。デカルトはないと考えていましたが、専門家でも間違えることはあります。イギリスの数学者ジェイムズ・ジョセフ・シルヴェスターは、奇数の完全数が存在する条件はあまりにもたくさんありすぎて、すべてが揃うことは“ほとんど奇跡に近いだろう”と言っています。シルヴェスターが疑うのは無理もないことです。それは数学の世界では最も古い問題のひとつで、奇数の完全数があるとしても、かなり大きな数になることがわかっています。少なくとも9つの素因数があり、また、そのひとつは1億よりも大きな数になり、さらに、最も小さな奇数の完全数は、最低300桁になるといわれています。

まとめの一言

**完全数のありかは
メルセンヌ素数が知っている**

CHAPTER 11 〈フィボナッチ数〉

知ってる?

“ウサギの殖え方”にはきまりがある?

『ダ・ヴィンチ・コード』(ダン・ブラウン著)で、
殺されたルーブル美術館長ジャック・ソニエールは、
ダイイング・メッセージとして8個の数字を書き残しました。
13、3、2、21、1、1、8、5という
その数字を見た暗号解読官ソフィー・ヌヴーは、
それがある数列の最初の8つの数字を
並べ替えたものであることに気づきます。
では、数学の世界で最もよく知られる
その数列について見ていくことにしましょう。

timeline

1202
フィボナッチ(ピサのレオナルド)が
『算盤の書』を著し、
フィボナッチ数を紹介する

1724
ダニエル・ベルヌーイが
黄金比とフィボナッチ数列の
関係を明らかにする

フィボナッチ数列とは次のような整数列です。

1、1、2、3、5、8、13、21、34、55、89、144、233、377、610、987、1597、2584…

この数列は興味深い特性が数多くあることで知られています。最も基本的な性質——この数列を定義する性質——は、すべての数が直前のふたつの数の和になっていることです。たとえば、8 = 5 + 3、13 = 8 + 5…2584 = 1587 + 987というように。憶えておかなければならないのは、まずはふたつの1からはじめるということで、そうすれば残りの数列はすぐにつくることができます。フィボナッチ数列は、らせんを描くひまわりの種など自然界にも存在しますし、建築物の設計上の比率にも使われています。クラシック音楽にも使われていて、バルトークの『舞踏組曲』はこの数列に関係があると考えられています。ブライアン・トランソー（またの名を*BT*）は、アルバム『*This Binary Universe*』にフィボナッチ数列の比である黄金比への敬意をこめて、“1.618”という曲を収録しています。この比率については、次章で詳しく説明します。

誰がフィボナッチ数列を見つけたの？

ピサのレオナルド（フィボナッチ）が『算盤の書』にフィボナッチ数列を紹介したのは1202年のことですが、インドではそれ以前からすでに知られていた可能性があります。フィボナッチはその説明に次のウサギの繁殖の例を使っています。

年の初めに雌雄1組のウサギが生まれます。ウサギのつがいは、生後2か月目から、毎月、1組につき1組の子をもうけるとします。これがつづいていくあいだウサギは一羽も死なない、という奇跡が起きると考えてください。

1923
バルトークがフィボナッチ数にインスパイアされたといわれる『舞踏組曲』を作曲する

1963
フィボナッチ数列を扱う季刊誌『フィボナッチ・クォータリー』が創刊される

2007
彫刻家のピーター・ランドール・ペイジが、イギリスのコーンウォールのエデン・プロジェクトの依頼で、フィボナッチ数列にもとづく70トンの作品を制作するフィボナッチが知りたいのは、その年の終わりにウサギは何羽になっているか、ということでした。まず、5月の末にウサギのつがいが何組になっているか、“家系図”を使って見てみることにしましょう。ウサギのつがいは8組になっていることがわかります。この家系図の左側のグループ、

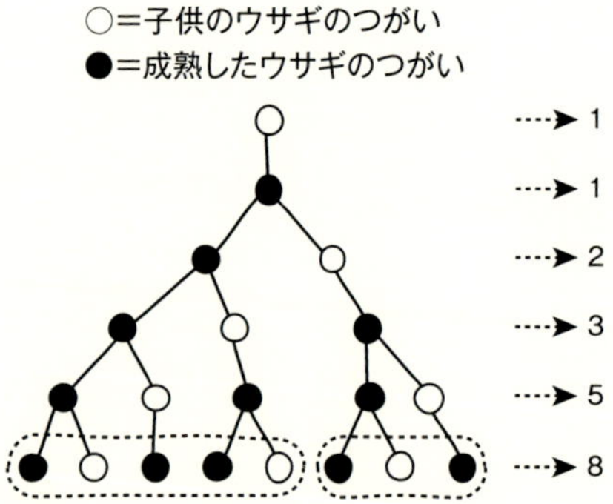

ウサギのつがいの数

● ○ ● ● ○

は上の列の繰り返しになっています。また、右側のグループ、

● ○ ●

はさらにその上の列の繰り返しになっています。したがって、ウサギのつがいの数はフィボナッチが考えた次の基本式によって算出することができます。

nか月後の数＝$(n-1)$か月後の数＋$(n-2)$か月後の数

どんな特性があるの？

次に、フィボナッチ数列の項が増えたときに何が起きるかを、見ていくことにしましょう。

$1+1=2$
$1+1+2=4$
$1+1+2+3=7$
$1+1+2+3+5=12$
$1+1+2+3+5+8=20$
$1+1+2+3+5+8+13=33$
…

フィボナッチ数列の項を加算した総和も、もとの数字に従って

ある数列をかたちづくることになりますが、わかりやすくするために、次のようにずらして書いてみましょう。

フィボナッチ数	1	1	2	3	5	8	13	21	34	55	89…
総和				2	4	7	12	20	33	54	88…

フィボナッチ数列の n 番目までの項の合計は、フィボナッチ数列の $(n+2)$ 番目の項から1を引いた数になっています。つまり、たとえば $1+1+2+\cdots+610+987$ の答えが2583になることは、2584から1を引くだけでわかってしまうということです。また、ひとつおきに可算した総和は $1+2+5+13+34=55$ というようにフィボナッチ数となり、それとは逆のパターンでひとつおきに可算した総和は $1+3+8+21+55=88$ というようにフィボナッチ数から1を引いたものとなります。

フィボナッチ数の平方数にも興味深いものがあります。フィボナッチ数とその平方数と、平方数を足していった数を見てみましょう。

フィボナッチ数	1	1	2	3	5	8	13	21	34	55…
平方数	1	1	4	9	25	64	169	441	1156	3125…
平方数の総和	1	2	6	15	40	104	273	714	1870	4895…

ここで、平方数の総和の数列の n 番目の項は、フィボナッチ数列の n 番目と $(n+1)$ 番目の項を掛けたものになっています。たとえば、

$$1+1+4+9+25+64+169=273=13\times 21$$

フィボナッチ数は思いがけないところに登場することがあります。たとえば、財布のなかに1ポンドと2ポンドの硬貨がたくさんはいっているとします。そこからある金額の硬貨を取り出すことになったとき、1ポンド硬貨と2ポンド硬貨の組合せは何

種類あるか、ということを考えてみてください。ここでは取り出される硬貨の順番にも意味があるものとします。4ポンドを取り出す場合、1+1+1+1、2+1+1、1+2+1、1+1+2、2+2というように、全部で5通りの組合せがあります。これはフィボナッチ数列の5番目の数に一致しています。20ポンドを取り出す場合、組合せは6765通りで、なんと、フィボナッチ数列の21番目の数字になります！　この事実は単純な数学的概念の威力を示すものです。

割り算をしてみると……

フィボナッチ数列の任意の項をひとつまえの項で割った数には、驚くべき特性があります。最初のいくつか、1、1、2、3、5、8、13、21、34、55で試してみることにしましょう。

1／1	2／1	3／2	5／3	8／5	13／8	21／13	34／21	55／34
1.000	2.000	1.500	1.666	1.600	1.625	1.615	1.619	1.617

ほどなくして両者の比は黄金比といって、数学の世界ではきわめて有名な数に近づいていきます。この数はギリシャ文字のϕ《ファイ》で表され、πやeと同じように、重要な定数の上位に名を連ねるものです。厳密値は、

$$\phi = \frac{1+\sqrt{5}}{2}$$

小数にすると、およそ1.618033988…となります。これをもう少し掘り下げると、フィボナッチ数のそれぞれを、ϕを使った式で表せることがわかってきます。

フィボナッチ数列については実にさまざまなことがわかっていますが、それでも、解明されていないことがたくさん残っています。たとえば、フィボナッチ数の素数は2、3、5、13、89、233、1597…ですが、フィボナッチ数に素数が無限個あるかどうかは、謎のままです。

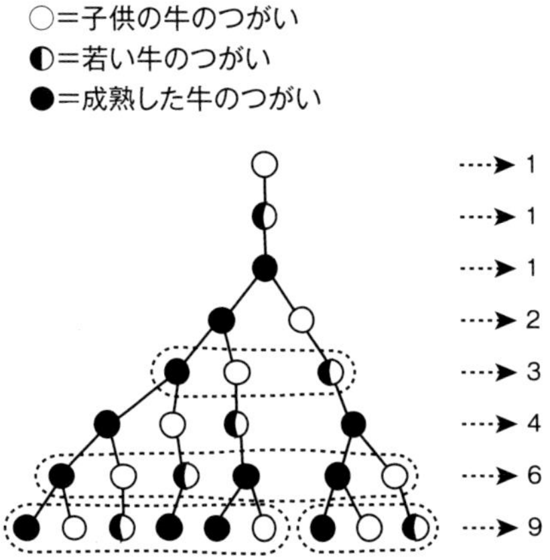

牛のつがいの数

親族の類似

フィボナッチ数列は、同じような数列の広大な親族の中で、高い地位を占めていますが、同族のなかでとりわけ目を引くのは、牛の個体数に関わる数列です。ウサギのつがいは1か月で子供からおとなになり、その次の月から子をもうけますが、牛のつがいにはその中間段階があると考えることにします。子が生まれるのは、生後3か月目からです。すると、つがいの数の数列は次のようになります。

1、1、1、2、3、4、6、9、13、19、28、41、60、88、129、189、277、406、595…

牛のつがいの数は$41=28+13$、$60=41+19$というように、直前の数と、3つまえの数を足した数になります。この数列にもフィボナッチ数列によく似た特性があります。それぞれの項をひとつまえの項で割った数が、ギリシャ文字のψ《プサイ》で表される次の数にしだいに近づいていくのです。

$$\psi = 1.46557123187676802665\cdots$$

この定数は超黄金比といわれています。

まとめの一言

“ウサギのつがい”の殖え方はフィボナッチ数列と同じ

CHAPTER 12 〈黄金矩形〉

美しさには数学的根拠がある?

建物、写真、ドア、窓、さらにはこの本というように、
長方形(矩形)は私たちのまわりの
いたるところに見つかります。
芸術作品のなかにも存在します。
ピエト・モンドリアン、ベン・ニコルソンといった
抽象画に向かった画家はみな、作品のなかに
なんらかの長方形を使っています。
そういったさまざまな長方形のなかで
最も美しい長方形といえば?
“ジャコメッティの矩形”のように細長いものでしょうか?
それとも、ほとんど正方形に近いものでしょうか?
あるいはその中間くらいのものでしょうか?

timeline

B.C.300年頃
ユークリッドが『原論』で
黄金比を定義する

1202
フィボナッチ(ピサのレオナルド)が
『算盤の書』を著す

前ページの質問に答えはあるのでしょうか? ほかの長方形よりも“理想的な”長方形があると信じる人びとは、「ある」と答えるはずです。そして、彼らのあいだで最も人気があるのが黄金矩形といわれるものです。ありとあらゆる長方形のなかからその矩形が選ばれる理由は、その特異な縦横比にあります。黄金矩形は芸術家、建築家、数学者に刺激をあたえています。が、ここではまず、ほかの長方形について見ていくことにしましょう。

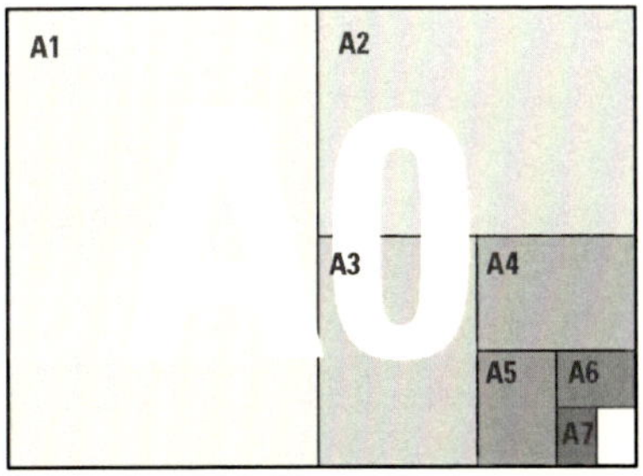

数学と紙

$A4$サイズの紙は短辺が$210mm$、長辺が$297mm$で、短辺に対する長辺の比は$\frac{297}{210}$、つまり1.4142となります。国際規格のA判の用紙では、短辺の長さがbのとき、長辺は必ず$1.4142 \times b$となっています。紙のサイズに使われているA方式には、不規則な大きさの紙にはない、特性があります。A判の紙をふたつ折りにすると、もとの大きな長方形と同じ縦横比の小さな長方形がふたつできるのです。つまり、同じ長方形を小さくしたものになります。

このように$A4$サイズの紙を等分すれば2枚の$A5$サイズの紙になり、$A5$サイズの紙を等分すれば2枚の$A6$サイズの紙になります。逆に、$A4$サイズの紙を2枚つなぎあわせれば$A3$サイズの紙になります。このように、Aにつづく数字が小さくなればなるほど、紙のサイズは大きくなります。それにしても、どうして1.4142という数字にこのような手品ができるとわかったのでしょう? 長辺の長さがわからない長方形の紙があるとします。仮に、短辺の長さを1、長辺の長さをxとすると、縦横比は$\frac{x}{1}$となります。この長方形をふたつ折りにするのですから、そ

1509
ルカ・パチオリが
『神聖比例論』を著す

1878
フェヒナーが
最も“美学的な”長方形の縦横比を
決定する心理学的実験を発表する

1975
国際標準化機構が
A判の用紙サイズを
決定する

の縦横比は$\frac{1}{x/2}$、すなわち$\frac{2}{x}$です。Aサイズの紙はいずれも縦横比が同じという重要な性質があるので、$\frac{x}{1}=\frac{2}{x}$という等式が成り立たなければなりません。この式を書き換えると$x^2=2$になります。これが、xの厳密値が$\sqrt{2}$（近似値1.4142）であることを見出した経緯です。

数学的黄金

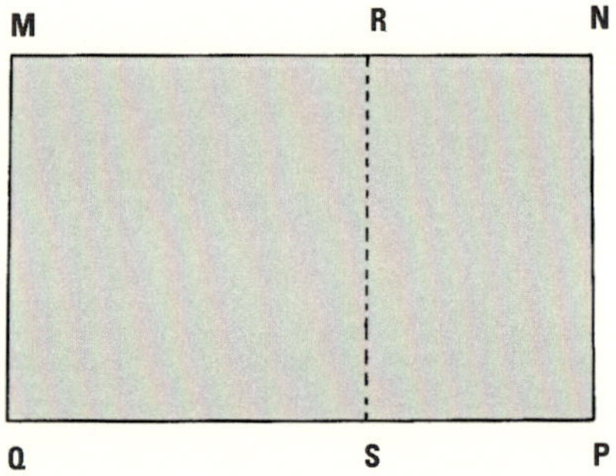

黄金矩形の縦横比はA判用紙の縦横比とは異なりますが、その違いはわずかです。今度は右の図の長方形$MNPQ$を、$MRSQ$が正方形となるように、線分RSで切り分けてみましょう。

黄金矩形の鍵を握る性質は、分割した長方形$RNPS$がもとの長方形$MNPQ$と同じ縦横比になっていること――もとの長方形のミニチュア版の複製（相似形）になっていること――です。

先ほどと同じように、もとの長方形の短辺MQと正方形の1辺MRの長さをともに1として、もとの長方形の長辺MNの長さをxとします。この場合も、もとの長方形の縦横比は$\frac{x}{1}$となります。分割した長方形$RNPS$の短辺RNは、$MN-MR$なので$x-1$です。したがって分割した長方形の縦横比は$\frac{1}{x-1}$となり、両者が等しければ、

$$\frac{x}{1}=\frac{1}{x-1}$$

この式は$x^2=x+1$と書き換えることができます。xの近似値が1.618であることは簡単に確かめられます。1.618 × 1.618は約2.618で、1.618 + 1と同じです。黄金比といわれるこの有名な数は、ギリシャ文字のϕ《ファイ》で表され、次の式で定義されています。

$$\phi=\frac{1+\sqrt{5}}{2}=1.6180339887989484820\cdots$$

この数はフィボナッチ数列とウサギのつがいの問題にも関わりがあります。（62ページを参照）

黄金矩形をつくってみよう！

次に、黄金矩形の作図法を説明しましょう。左の図のように、まずは1辺の長さが1の正方形$MQSR$を描きます。辺QSの中点Oに印をつけます。OSの長さは$\frac{1}{2}$なので、ピタゴラスの定理によって（123ページを参照）三角形ORSのORの長さは、$OR = \sqrt{\left(\frac{1}{2}\right)^2 + 1^2} = \frac{\sqrt{5}}{2}$となります。次にコンパスを使って$O$を中心に円弧$RP$を描き、$OP = OR = \frac{\sqrt{5}}{2}$となる点$P$を決めます。

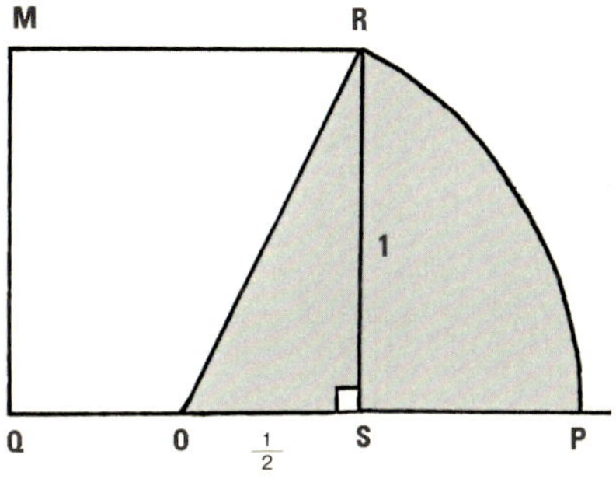

$$QP = QO + OP = \frac{1}{2} + \frac{\sqrt{5}}{2} = \phi$$

QPは黄金矩形の1辺になります。

歴史

黄金比ϕはさまざまなところに顔を現します。その数学的な特性は、びっくりするようなところに現れることが知られています。とはいえ、黄金比は音楽家や建築家や芸術家が意識的にそれを作品に取り入れる以前から存在していた、と安直に主張すべきではありません。それは黄金数主義と呼ばれる過激な思想で、数の問題を根拠もなく一般論に拡大すれば、物議を醸すことになります。

アテネのパルテノン神殿について考えてみましょう。当時の建築家は黄金比を知っていましたが、パルテノン神殿は黄金比に則ってつくられてはいません。パルテノン神殿の正面の高さ（三角形の切妻を含む）に対する幅の比率は1.74。たしかに1.618に近い数字ですが、意図的といえるほどの近似とは思えません。また、切妻の部分を無視して幅と高さの比率を計算すると、その数はきっかり3になるともいわれています。

イタリアの数学者ルカ・パチオリが1509年に著した『神聖比例論』には、神とϕによって決まる比率のあいだに相関があることを“発見した”という記述があります。彼はそれを神聖比例と名づけました。その著書によって、のちの数学に影響をあたえることになったパチオリは、フランシスコ会の修道士でもありました。また、ヴェネツィアの商人たちに使われた複式簿記を広めたことで、“会計の父”ともいわれています。さらに、レオナルド・ダ・ヴィンチに数学を教えたことでも知られています。ルネッサンスの時代、黄金比は神秘的な地位を確立しました。ヨハネス・ケプラーは黄金比を数学の世界の“貴重な宝石”と呼んでいます。また後年、ドイツの経験心理学者グスタフ・フェヒナーは、何千という長方形を実測して、最もよく使われる縦横比がϕの近似値になっていることを突き止めています。

スイス生まれのフランスの建築家ル・コルビュジエも、建築設計の中心的な要素である長方形、とりわけ黄金矩形に魅了された人物のひとりです。調和と秩序を重んじるル・コルビュジエは、それを数学のなかに見出します。彼は数学者の目で建築物を見ました。彼がよりどころとしたもののひとつがモデュロールといわれる比例論です。実際、彼が設計に用いたことで、建築に黄金矩形を使うことがブームとなりました。ル・コルビュジエはレオナルド・ダ・ヴィンチの影響を受けたといわれています。そのレオナルドは、人体に現れる比率に深い関心をいだき、古代ローマの建築家ウィトルウィウスについて詳しく書き残しています。

超黄金矩形は作図できない？

黄金矩形とよく似た性質をもつ長方形があります。超黄金矩形といわれるものです。

超黄金矩形$MQPN$の性質を説明しましょう（次ページの図を参照）。黄金矩形の場合と同じように、まずは1辺の長さが1の正方形$MQSR$を書きます。対角線MPを引き、RSとの交

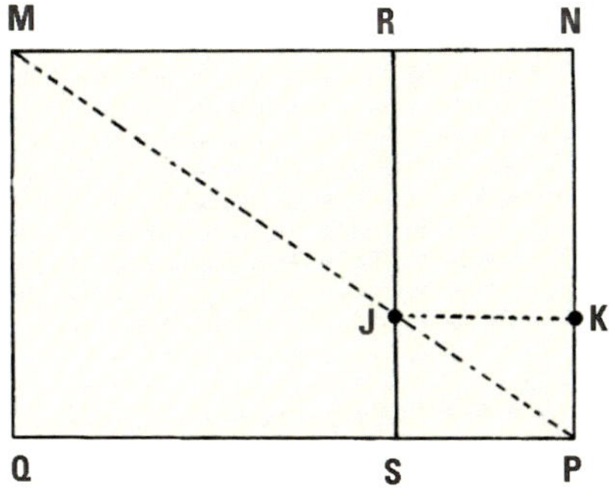

点をJとします。このJから、RNと平行になるように線を引き、NPとぶつかる点をKとします。RJの長さをy、MNの長さをxとします。三角形MRJとMNPは相似の関係にあるので、$\frac{RJ}{MR}=\frac{NP}{MN}$、つまり$\frac{y}{1}=\frac{1}{x}$となります。これは$x \times y = 1$ということなので、$x$と$y$は互いに"逆数"の関係になっています。長方形$MQPN$が超黄金矩形なら、長方形$JKNR$は長方形$MQPN$と相似の関係となるので、$\frac{y}{x-1}=\frac{x}{1}$。前述のとおり$x \times y = 1$なので、超黄金矩形の$x$は$x^3 = x^2 + 1$という三次方程式を解けば求めることができます。$x^2 = x + 1$（黄金矩形の長辺を求める式）とよく似ていますが、この三次方程式には正の解がひとつだけあります（一般にその解はψ《プサイ》というギリシャ文字で表されます）。

$$\psi = 1.46557123187676802665\cdots$$

この数字は牛のつがいの数にも関わりがあります（67ページを参照）。黄金矩形は定規とコンパスがあれば作図できますが、同様の方法で超黄金矩形を作図することはできません。

まとめの一言

「黄金矩形」−「正方形」＝「黄金矩形」

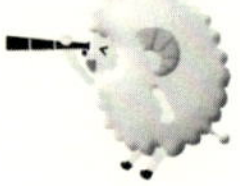

CHAPTER 13 〈パスカルの三角形〉

数の三角形には不思議がいっぱい?

1は重要な数ですが、11はどうでしょう?
この数にもまた興味深いものがあります。
たとえば
11×11＝121、11×11×11＝1331…
と11の累乗を並べると右のようになります。
これはパスカルの三角形になっています。
さて、どこに隠れているのでしょう?

11
121
1,331
14,641
*15,101,051

*数値計算では繰り上がりがあるため、11^5=161051であって、15101051にはならない。繰り上がりを分けて6=5+1(0)とすると、1510151になる(監訳者注)

timeline

B.C.500年頃
サンスクリット語の文献に
パスカルの三角形と同じ三角形に関する
断片的な知識が記される

1070年頃
ウマル・ハイヤームがこの三角形を発見する。
パスカルの三角形は、一部の国で
「ハイヤームの三角形」と呼ばれている

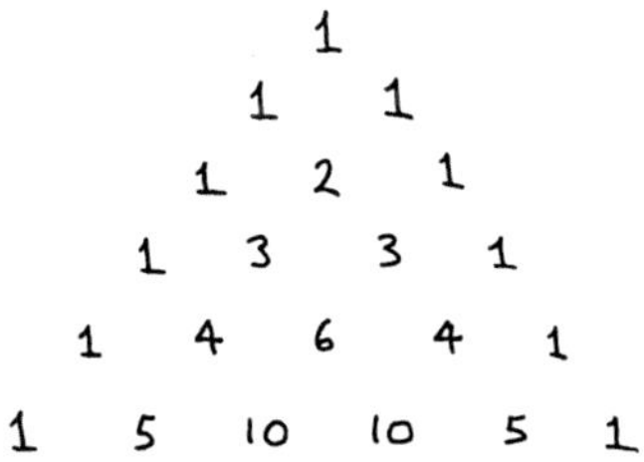

パスカルの三角形

まず、左ページの数字の列の最初の段に$11^0=1$を追加して、位取りの点を取り除き、それぞれの数字の間にじゅうぶんなスペースを開けて書きなおしてみてください(14,641は　1　4　6　4　1　というように)。

パスカルの三角形の対称性とそこに潜む特性は、数学の世界ではたいへんよく知られるものです。フランス数学者ブレイズ・パスカルはそのすべての特性を一枚の紙におさめることはできないと言いました。パスカルの三角形と数学のほかの分野との関わりは、れっきとした研究対象ですが、その起源は遠い古《いにしえ》にあります。実際、"パスカルの"と銘打たれてはいますが、この三角形を見出したのはパスカルではありません。13世紀には中国の学者がすでにその存在に気づいていました。

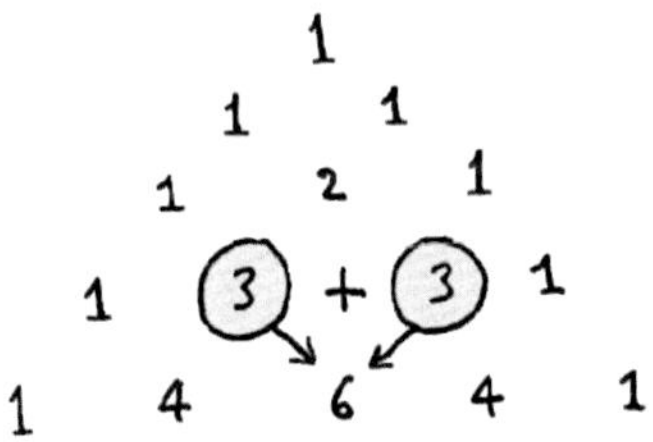

パスカルの三角形は最上段から書きはじめます。1段目に1を書いたら、1段下がって、その両側に1を書きます。3段目以降も、左端の1の左下に1、同じく右端の1の右下に1を書き、そのあいだに直前の段の右上の数と左上の数を足した数を書いていきます。たとえば5段目の中央には、4段目の3と3を合計した6がはいります(左の図を参照)。イギリスの数学者ゴッドフレイ・ハロルド・ハーディは「数学者は画家や詩人のようにパターンをつくる」と言っています。パスカルの三角形には間違いなくパターンがあります。

対称的特性を示すパスカルの三角形

パスカルの三角形は真の数学の上に成り立っています。たとえば、$(1+x)\times(1+x)\times(1+x)=(1+x)^3$を開くと、$1+3x+3x^2+x^3$となります。ここで注目すべきは、次のページに示すように、xの前の数(係数)がパスカルの三角形のそれぞれの段

1303
朱世傑が
この三角形を定義し、
任意の列の求め方を示す

1660年代
パスカルの論文が、
彼の死後、発表される

1714
ライプニッツが
調和三角形を
定義する

の数に一致していることです。

$(1+x)^0$	1
$(1+x)^1$	1 1
$(1+x)^2$	1 2 1
$(1+x)^3$	1 3 3 1
$(1+x)^4$	1 4 6 4 1
$(1+x)^5$	1 5 10 10 5 1

パスカルの三角形のそれぞれの段の数を総計すると、必ず2の累乗になっていることがわかります。たとえば5段目では、$1+4+6+4+1=16=2^4$というように。この数は、各段の数式を$x=1$で計算したものと同じになります。

パスカルの三角形の最もわかりやすい特性は、対称性です。中心に縦の線を引くと、その左側と右側が鏡面対称になっていることがわかります。そのおかげで、対角線(三角形の斜辺に一致する、もしくは平行な線)についての話が簡単になります。北東に向かう対角線と北西に向かう対角線の上には、同じ数字が並ぶことになるからです。いちばん上の対角線の上には1が並び、その次の対角線の上には1、2、3、4、5、6…と自然数が並びます。さらにその次の対角線の上には1、3、6、10、15、21…と三角数(正三角形を敷き詰めたときの点の総数)が並び、その次の対角線には1、4、10、20、35、56…と三角錐数(三角錐のかたちに積み上げられた球の総数)が並びます。では、桂馬飛びの線はどうなるでしょう?

図のように三角形を横切る線(横線でも対角線でもない線)の上に並ぶ数を合計すると、1、2、5、13、34…になります。いずれの数もひとつまえの数を3倍して、そこからふたつまえの数を引いたものになっています。たとえば、$34=3\times13-5$というように。これをふまえて34の次の数を計算すると、$3\times34-13=89$。図中の桂馬飛びの線は1列飛ばしになっています。その飛ばされたほうの合計は1、1+2、1+4+3…ということで1、3、8、21、55…となり、この数列もひとつまえの数を3倍してふたつまえの数を引くという規則に従っています。つまり、55の次の数は$3\times55-21=144$になるということです。そして、これらのふたつの桂馬飛びの数列を交互に並べていくと、次のようにフィボナッチ数列となります。

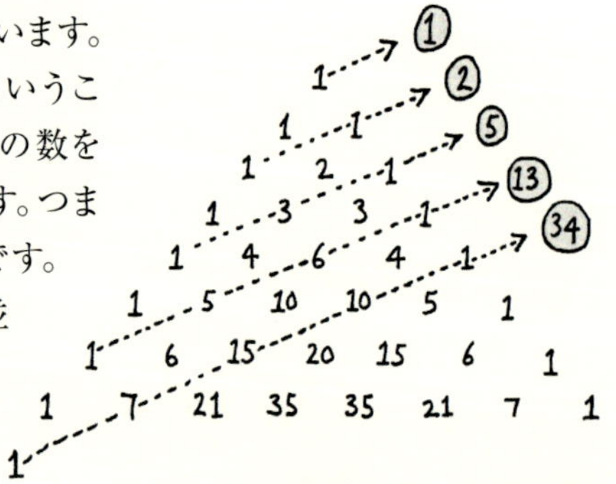

パスカルの三角形における桂馬飛び

1、1、2、3、5、8、13、21、34、55、89、144…

パスカルの三角形のさまざまな応用

パスカルの三角形は、数え上げの問題の解明にも使われています。ひとつの部屋に7人の人間(アリソン、キャサリン、エマ、ゲイリー、ジョン、マシュー、トマス)がいるとします。このなかから3人を選ぶとき、異なる組合せは何通りあるでしょう? (アリソン、キャサリン、エマ)を選んでもいいですし、(アリソン、キャサリン、トマス)を選ぶこともできます。数学の世界には、パスカルの三角形の n 段目の r 番目の数を*$C(n,r)$で表す便利な表記法があります(最初の段は0段目、最初の数は0番目として数えはじめます)。ここで知りたいのは7人から3人を選ぶ組合せの数は、$C(7,3)$、つまり7段目の3番目の数なので、35となります。3人を選ぶということは、4人を選ばないということでもあります。ならばということで $C(7,4)$ を見ると、それも35であることがわかります。パスカルの三角形は鏡面対象になっているため、通例、$C(n,r) = C(n, n-r)$ となるのです。

＊$C(n,r)$

nCr という表記のしかたもある(編集部注)

0と1を用いると……

パスカルの三角形の数字では、奇数と偶数の並び方にパターンがあります。奇数を1に、偶数を0に置き換えると、なんと、シルピンスキーのガスケットといわれる次のようなフラクタルな模様が出現します。

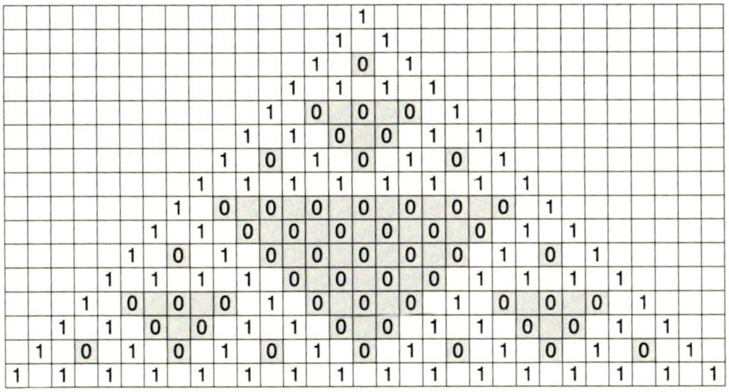

パスカルの三角形における奇数と偶数(奇数を1、偶数を0で表現)

シルピンスキーのガスケット

負号を使ってみると……

$(-1+x)$の累乗、すなわち$(-1+x)^n$の係数に対応するパスカルの三角形をつくることもできます。

この場合、三角形は左右対称にはなりませんし、それぞれの段の合計は2の累乗ではなく0になります。しかし、対角線上の数字の合計には興味深いものがあります。南西方向の対角線上の数字を見ると、一列目1、−1、1、−1、1、−1…は次の式の係数になっています。

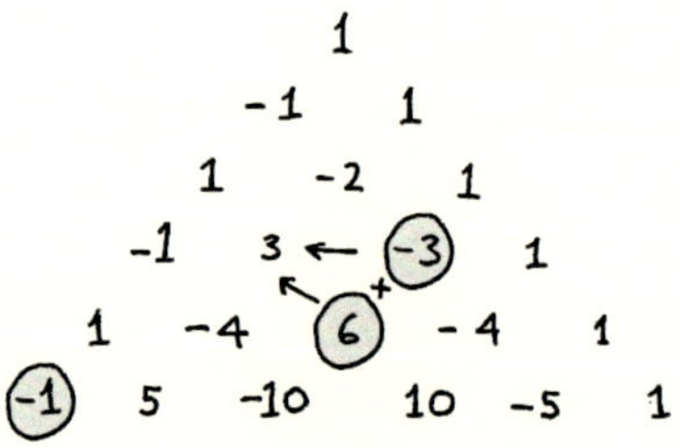

負号を使った
パスカルの三角形の一種

$$(1+x)^{-1}=1-x+x^2-x^3+x^4-x^5+x^6-x^7+\cdots$$

さらに、二列目1、−2、3、−4、5…は次の式の係数になっています。

$$(1+x)^{-2}=1-2x+3x^2-4x^3+5x^4-6x^5+7x^6-8x^7+\cdots$$

ライプニッツの調和三角形の規則性

同じように三角形をかたちづくる驚くべき数字の群のなかには、もうひとつ、ドイツの博学者ゴットフリート・ライプニッツが見出したものがあります(次のページの図を参照)。ライプニッツの三角形の数も左右対称に並んでいますが、パスカルの三角形と違って、それぞれの数が一段下の左右の数を足したものになっています。たとえば、$\frac{1}{30}+\frac{1}{20}=\frac{1}{12}$というように。この三角形をつくるには、最上段からはじめて、左から右へ引き算をしながら進んでいきます。$\frac{1}{12}$と$\frac{1}{30}$はわかっているので、$\frac{1}{30}$の隣には$\frac{1}{12}-\frac{1}{30}=\frac{1}{20}$がはいります。いちばん外側の対角線上の数は、次に示す有名な調和級数になっています。

$$1+\frac{1}{2}+\frac{1}{3}+\frac{1}{4}+\frac{1}{5}+\frac{1}{6}+\frac{1}{7}+\cdots$$

そのひとつ下の対角線上の数字は、ライプニッツ級数と呼ばれるものです。

$$\frac{1}{1\times 2}+\frac{1}{2\times 3}+\cdots+\frac{1}{n\times(n+1)}$$

これを計算すると、$\frac{n}{n+1}$になることがわかります。調和三角形の場合も、パスカルの三角形と同じようにn段目のr番目の数は$B(n,\ \mathrm{r})$と表すことができます。そして、両者の関係を式で表すと次のようになります。

$$B(n,r)\times C(n,r)=\frac{1}{n+1}$$

「膝の骨は腿の骨に、腿の骨は腰の骨につながっている」という古い歌があります。パスカルの三角形とその仲間は、数学のさまざまな分野――たとえば最新の幾何学、組合せ論、代数学など――につながっています。それ以前に、われわれの認識を裏打ちするパターンやハーモニーを探求するという意味で、この三角形の研究には数学的な取組みの基本ともいうべきものがあるのかもしれません。

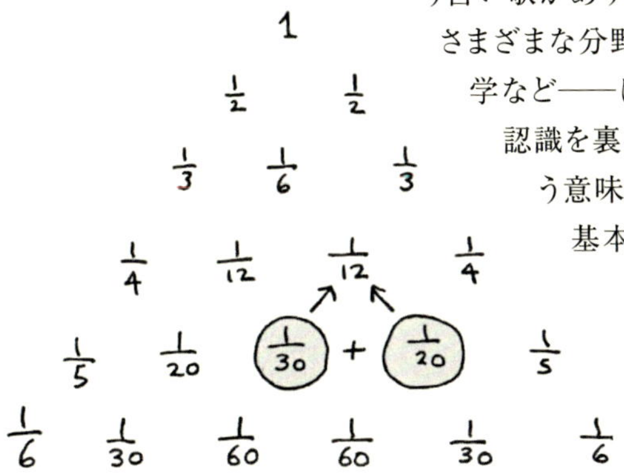

ライプニッツの調和三角形

まとめの一言

フィボナッチ数列やフラクタルが隠れた三角形

CHAPTER 14 〈代数〉 知ってる?

私の歳はいつ姪の歳の3倍になる?

代数は問題解決の筋道を明らかにするために生まれた
演繹の手法です。
そしてそこには“後退の思考”が使われています。
25に17を加えると42になりますが、
この考え方は“前進の思考”です。
あたえられた数を足せば答えがわかります。
いっぽうで、先に42という答えがあたえられ、
こう聞かれることがあります。
25を足して42になる数字は?
ここで“後退の思考”の登場となります。
知りたいのは$25 + x = 42$となるxの値です。
42から25を引けば、それが17であることがわかります。

timeline

B.C.1950年頃
古代バビロニアで
二次方程式が使われる

250年頃
アレクサンドリアの
ディオファントスが
『算術』を著す

825年頃
アル=フワーリズミーが、
代数学algebraの語源である
“アル・ジャブルal-jabr”を用いた本を著す

学校では、何百年もまえから、代数を使って文章題が解かれています。

「私の姪のミシェルは6歳です。私は40歳です。私の歳が彼女の歳の3倍になるのは何年後のことでしょう?」

その答えは、試行錯誤を繰り返して見つけてもかまいませんが、代数を使えば時間と労力の節約になります。x年後、ミシェルは$6+x$歳、私は$40+x$歳になっています。そして、私の歳がミシェルの歳の3倍になっているので、次の等式が成り立ちます。

$$3\times(6+x)=40+x$$

等号の左辺の掛け算をすると、$18+3x=40+x$となります。移項すると、$2x=22$となり、$x=11$であることがわかります。11年後、なんと私は51歳、ミシェルは17歳になっています。まるで魔法のようです。

では、私の歳がミシェルの歳の2倍になるのは何年後のことでしょう?　3倍のときと同じ考え方を使って式をつくります。

$$2\times(6+x)=40+x$$

$x=28$という答えを得ることができます。28年後の私は68歳、ミシェルは34歳。これらは一次方程式で、代数式のなかでも最も単純なものです。厄介なx^2やx^3を含む項はひとつもありません。ちなみにx^2を含む式は二次方程式(*quadratic equation*)、x^3を含む式は三次方程式(*cubic equation*)。x^2は

1591
フランソワ・ヴィエトが
未知数・既知数に用いる文字に
関するテキストを提案する

1920年代
エミー・ネーターが
近代的な抽象代数学の進歩に
貢献する論文を発表する

1930
バーテル・ファン・デル・ヴェルデンが
『現代代数学』を出版する

正方形を、x^3は立方体を意味しています。*quad*-(4つの)という呼び方は、正方形に4つの辺があることにちなむものです。

数学は算術から代数学へと移行するさい、大きな変化を遂げることになりました。数を文字に置き換えるのは頭の痛む話ですが、やってみるだけの価値があるものなのです。

方程式の発展

代数は9世紀のイスラム聖職者にとって、重要な仕事のひとつでした。アラビアの数学者アル＝フワーリズミーがアラビア語で著した数学のテキストには、一次方程式と二次方程式の練習問題が載っています。そして、今日使われている代数学(*algebra*)という言葉は、アル＝フワーリズミーが著書に用いた“アル・ジャブル”というアラビア語に由来するものです。また、

「酒とパンがあり、そばにあなたがいて、荒野で歌えば……」

という不朽の詩で知られる『ルバイヤート』の著者ウマル・ハイヤームは、三次方程式の解き方を研究し、1070年、22歳のときに代数の本を著しています。

1545年にイタリアの数学者ジェロラモ・カルダーノが著した『偉大なる術』は、三次方程式と四次方程式の解法が書かれているという点で、方程式の理論の転換点になったともいわれています。その研究によって、二次、三次、四次の方程式が、＋、−、×、÷、$\sqrt[q]{\ }$(q乗根)といった処理だけで解けることがわかったからです。たとえば、$ax^2+bx+c=0$という二次方程式は次の公式で解くことができます。

$$x=\frac{-b\pm\sqrt{b^2-4ac}}{2a}$$

たとえば、$x^2-3x+2=0$解は、上の式に$a=1$、$b=-3$、$c=2$を入れて計算するだけですぐにわかります。

これによって、三次方程式、四次方程式の解を表す公式は、長く、見苦しいものながら間違いなく存在することがわかりました。その後、数学者たちはx^5を含む五次方程式を解く公式に苦しめられることになります。五乗には何か特別なものがあるのでしょうか?

1824年、五次方程式にまつわるその難題に答えを見出したのは、ニールス・アーベルというノルウェーの短命な数学者でした。“できない”ことは、“できる”ことに較べて、証明が難しいものですが、彼は“できない”ことを証明しました。アーベルは、五次方程式に四則演算と累乗根だけで表せる解の公式が存在しないことを証明し、これ以上の聖杯探しは無駄であると結論づけました。アーベルはさっそく数学界の権威に説明したのですが、広く知られるまでには長い時間がかかりました。彼の結論を受け入れない者もいて、19世紀になってだいぶ経っても、存在しえない公式を発見したという論文の発表がつづいたようです。

代数の新たな展開

500年ものあいだ“方程式の解法”だった代数は、19世紀になると、あらたな局面に突入します。代数に使われる記号は単なる数だけでなく、論理学の研究で命題を表すことに使われるようになりました。また、行列代数(230ページを参照)の分野では高次の物体を表すことにも使われています。また、これは多くの非数学者から長らく疑われていることですが、何も存在しないことを表すこともできるし、ある種の(正式な)ルールに従って動きまわるただのシンボルになることもできます。

近代の代数学に起きた重要な出来事のひとつに、1843年にアイルランドの数学者・物理学者ウィリアム・ローワン・ハミルトンが成し遂げた四元数(クォータニオン)の発見があります。当初、ハミルトンは二次元の複素数(二元数)の考え方をより高次の複素数に拡張する方法を探っていました。何年も記号を使って三元数の演算を試していたのですが、どうしてもうまくいかなかったのです。ある日の朝食の席で、ハミルトンは息子たちにこう尋ねられます。「ねえ、パパ、三元数って掛け算できるの?」彼には、足し算と引き算しかできない、と答えることしかできませんでした。

成功は期待していたものとはいささか違うかたちでやってきます。ハミルトンは三元数の探索に行きづまり、仕方なく四元数に目を向けることにしたのです。それは、ダブリンのロイヤル運河沿いの道を妻と歩いていたときのことでした。そのひらめきに興奮し恍惚となったハミルトン——38歳の王立ダンシンク天文台長にしてナイト叙任者——は、ためらうことなくブルーム橋の石に四元数を定義する式を刻みつけるという、ある種の破壊行為を働きました。今日、橋にはその事実が書かれた記念のプレートが取りつけられています。以来、彼は四元数の問題に没頭し、毎年のように四元数の講義をおこない、“*西に向かって漂う、摩訶不思議な4の夢”について、ふたつの大著を執筆しました。

*西に向かって漂う〜

ハミルトンが残した『四元数《テトラクテュス》』という詩の一節(訳注)

四元数には重要な特性があります。四元数どうしの掛け算に特殊な規則を適用しなければならないというものです。1844年、劇的な物語もなしに別の代数系を発表したのは、ドイツの言語学者にして数学者でもあるヘルマン・グラスマンです。当

イタリア人の確執

三次方程式の解法が完成を見たのはルネッサンス時代のことだ。残念ながら、それにまつわるエピソードをひもとくと、数学がつねに“品行方正”ではなかったことがわかる。シピオネ・デル・フェロはある型の三次方程式で解を見出していた。それを聞いたヴェニスの数学教師ニッコロ・フォンタナ——またの名をタルタリア(吃音者の意)——も自分である型の三次方程式の解を見出すが、解法は明かさなかった。ミラノからやってきたジェロラモ・カルダーノは、誰にも言わないからとタルタリアを説得して解法を聞き出す。1545年、カルダーノが自著『偉大なる術』にその解法を示したため、タルタリアとカルダーノのあいだに確執が生じることになった。

初はさして注目されなかったその系は、のちに大いに見なおされることになり、今日、グラスマン代数は四元数とともに、幾何学、物理学、コンピュータ・グラフィックスに応用されています。

代数はどこまで発展するのか？

20世紀における代数学で中心的な役割を担ってきたのは公理的方法でした。これはユークリッド幾何学に使われてきたもので、代数学に使われるようになったのはごく最近のことです。

ドイツ出身の数学者エミー・ネーターがその発展に貢献したことで知られる抽象代数学は、抽象的な概念をもつ代数系に関して、その構造を知るための学問です。構造が同じでも表記法が異なる系は同型と呼ばれます。

最も基本的な代数の構造は群といわれるもので、その公理は一覧に示されています（228ページを参照）。わずかしか公理のない構造（亜群、半群、準群など）もあれば、多くの公理をもつ構造（環、斜体、整域、体など）もあります。こういった用語が数学の世界に登場したのは20世紀初頭、代数学が“現代の代数学”といわれる抽象的な科学に変容した頃のことです。

まとめの一言

未知のものを既知とする発想が鍵

CHAPTER 15 〈ユークリッドのアルゴリズム／互除法〉 知ってる？

17640と54054の最大公約数は？

代数学（*algebra*）という言葉は、
アル＝フワーリズミーが9世紀に著した
算術書のタイトルに由来するものですが、
アルゴリズム（*algorithm*）という言葉も、
彼の名前にちなむものです。
アルゴリズムとはなんなのでしょう？
ユークリッドの互除法を学べば、
その疑問に答えられるようになります。

timeline

B.C.300年頃
ユークリッドが
『原論』の第7巻に
互除法について記す

300年頃
孫子が
"中国の剰余定理"を
発見する

アルゴリズムとは手順、すなわち「まずはこれをおこない、次はあれをおこなう」といった一連の指示のことです。コンピュータがアルゴリズムを好むのは、彼らが指示どおりに動くことを得意としていて、けっして横道にそれないからです。数学者のなかには、反復的という理由でアルゴリズムを退屈に感じる者もいます。が、なんらかの数学的なアルゴリズムを何百行ものコンピュータ言語に翻訳するのは、簡単なことではありません。たったひとつの間違いですべてが台無しになることもしょっちゅうです。アルゴリズムの決定は創造的な挑戦です。仕事をやりとげる手順には、多くの場合、有効なものとそうでないものが含まれていて、そのなかから最適の方法を選ぶ必要があります。アルゴリズムのなかには目的にそぐわないものがあるかもしれません。遠まわりをする非効率的なものがあるかもしれません。そういう意味では、料理にも似ています。詰め物をした七面鳥の丸焼きのつくり方（アルゴリズム）は何百通りもあります。当日になってあわてて冴えないアルゴリズムを選ばないようにするためには、材料と調理の手順が必要です。基本的な手順は次のようになります。

・七面鳥のなかに詰め物をする
・七面鳥の外皮にバターをぬる
・塩、コショウ、パプリカで味つけをする
・170度のオーブンで3時間半焼く
・焼きあがった七面鳥を30分ほど休める

あとはこれらのアルゴリズムをひとつずつ順番に実施していくだけです。ありがたいことに、七面鳥の丸焼きのつくり方には、数学のアルゴリズムと違ってループという繰り返しの命令群がないので、1からやりなおしになることはありません。

810年頃
アル=フワーリズミーにちなむ“アルゴリズム”が数学用語として使われるようになる

1202
フィボナッチが『算盤の書』に合同についての研究を発表する

1970年代
中国の剰余定理が暗号に応用される

数学の場合、材料は数です。ユークリッドの互除法は、ふたつの整数の最大公約数（*gcd:greatest common divisor*）の計算法として考えられたアルゴリズムです。ふたつの整数の最大公約数とは、双方の数を割りきれる数のなかでいちばん大きなもののことです。ここでは“材料”に18と84を使って考えてみましょう。

最大公約数と最小公倍数の関係

18と84の最大公約数は、18と84の両方を割りきれる最大の数です。18と84はともに2と3で割りきれます。同様に、6でも割りきれます。18と84を割って剰余が出ない数で、それよりも大きなものはあるでしょうか？　9と18を調べてみましょう。いずれも84を割りきることはできません。したがって、18と84の最大公約数は6、$gcd(18,84) = 6$となります。

最大公約数の説明はタイルを使うとわかりやすくなります。幅が18、長さが84の長方形の壁にすき間なく並べられる正方形のうち、最も大きな正方形のタイルの1辺の長さが最大公約数です。ただし、タイルを切ることはできません。この場合は、6×6のタイルです。

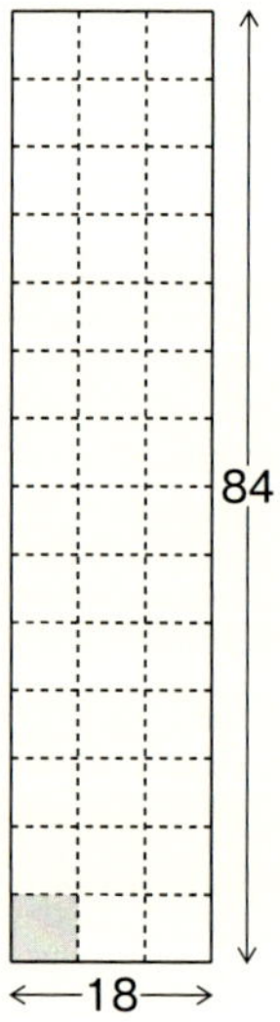

最大公約数は最高共通因子といわれることがあります。また、それに関連した数値に最小公倍数（*lcm:least common multiple*）があります。18と84の最小公倍数といえば、18と84の双方で割りきれる数値のうち、最も小さなもののことです。最大公約数と最小公倍数のあいだには注目すべき性質があります。それは、最小公倍数に最大公約数を掛けた数が、ふたつの数を掛けた数に等しくなるということです。$gcd(18,84) = 6$、$lcm(18,84) = 252$の場合、$6 \times 252 = 1512 = 18 \times 84$となっています。

幾何学的に説明すると、最小公倍数は18×84の長方形のタイルを並べてつくる正方形のうち、最も小さな正方形の1辺の

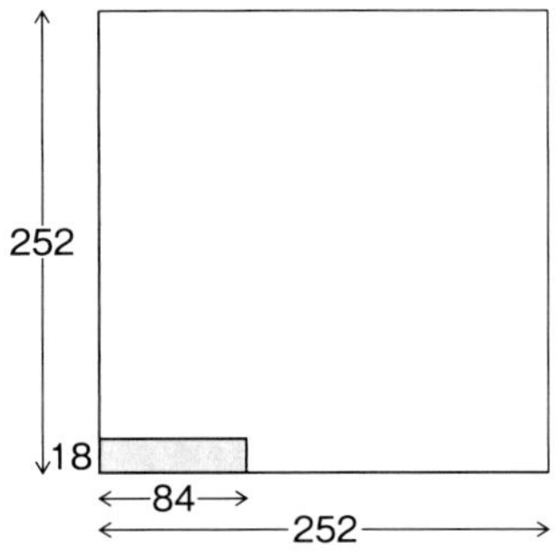

18×84の長方形のタイルを並べて、正方形をつくる

長さということになります。$lcm(a,b) = ab \div gcd(a,b)$なので、最小公倍数が知りたければ、まず、18と84の最大公約数を知る必要があります。

まず、それぞれの数を$18 = 2 \times 3 \times 3$、$84 = 2 \times 2 \times 3 \times 7$と、因数に分解します。両者を見較べると、双方に共通しているのは2がひとつと3がひとつ。したがって、$2 \times 3 = 6$が双方を割り切る最大公約数となります。この因数計算を省く手立てはないのでしょうか？　$gcd(17640,54054)$を知る必要が生じたときのことを考えてみてください。まずは双方の数を因数分解することが手はじめになりますが、もっと簡単な方法はないものでしょうか？

最大公約数の見つけ方

よりよい方法を紹介しましょう。このユークリッドのアルゴリズムは、『原論』の第7巻、命題2に、“素数ではない任意の2数の最大公約数の見つけ方”として登場するものです。

ユークリッドのアルゴリズムを用いると、簡単な割り算をおこなうことで因数を探す手間を省き、きわめて効率よく最大公約数を見つけることができます。

このアルゴリズムを使って$d = gcd(18,84)$を計算してみましょう。まず84を18で割ります。商が4、剰余が12なので

$$84 = 4 \times 18 + 12$$

84と18の双方の約数であるdは、12と18の約数$d = gcd(12,18)$でもあります。同じように18を12で割ると、商が1、剰余が6なので

$$18 = 1 \times 12 + 6$$

12と18の双方の約数であるdは、6と12の約数$d = gcd$

(6,12)でもあります。同じように12を6で割ると、商が2、剰余が0となります。0と6の双方を割りきることができる最大の数 $d = gcd(0,6)$ は6なので、これが18と84の最大公約数となります。

$d = gcd(17640,54054)$ で試してみると、一連の剰余は1134、630、504、126、0となり、$d = 126$ であることがわかります。

最大公約数のちょっとした使い方

方程式のなかには、最大公約数を使って求めることができるものがあります。この方程式は、アレクサンドリアのディオファントスという古代ギリシャの数学者にちなんで、ディオファントス方程式と呼ばれています。

バルバドスに行くことになったクリスティンは執事のジョンに頼んで空港までいくつかのスーツケースを運ばせます。スーツケースは18*kg*のものと84*kg*のものがあり、チェックインのさいに量った総重量は652*kg*ということでした。ジョンがベルグラヴィアに戻ると、9歳の息子ジェイムズに「そんなはずはないよ。だって、652は6で割りきれないもの」と言われました。

ジェイムズには、総重量 c が18と84の最大公約数6で割りきれるのであれば $18x + 84y = c$ に整数解が存在することと、整数解が存在するのは c が6で割りきれるときだけであることがわかっています。それで総重量は652*kg*ではないと言いきることができるのです。総重量が正しいかどうかの判断に、クリスティンがバルバドスにもっていくスーツケースの個数 (x,y) を知る必要は必ずしもないということです。

中国で発見された定理

ふたつの数の最大公約数が1のとき、それらを互いに素であるといいます。それぞれの数が素数でなくとも、1以外に公約数がなければ、互いに素ということになります。たとえば $gcd(6,35) = 1$ のように、6も35も素数ではありませんが、「互いに素」なのです。中国の剰余定理にはこの言葉が使われます。

別の問題で考えてみましょう。アンガスは手元にワインが何本あるかを把握していません。が、2本ずつ並べると1本余り、5本ずつ並べると3本余ることがわかりました。ワインは全部で何本あるでしょう？　ここでは、2で割ったときの剰余が1になること、5で割ったときの剰余が3になることがわかっています。最初の条件から考えて、偶数である可能性は除外されます。奇数を順に調べていくと、ふたつめの条件に合致する最初の数は13であることがわかります（3も条件は満たしていますが、とりあえずワインは4本以上あるものとします）。が、13、23、33、43、53、63、73、83…というように、条件を満足させる数はほかにいくらでもあります。

ここで、もうひとつ別の条件を追加することにしましょう。7本ずつ梱包すると3本余る、というものです。先ほどの数列13、23、33、43、53、63…を順に調べていくと、条件に合致する最初の数は73ですが、143、213など、70の倍数に3を足した数はいずれもあてはまります。

数学的にいうと、これは中国の剰余定理により解があることが保証されていて、ふたつの解の差は$2 \times 5 \times 7 = 70$の倍数になります。アンガスがもっているワインの本数が150～250のあいだとわかっていれば、この理論により、213本であることがわかります。発見されたのが3世紀であることを思えば、なかなかのものではないでしょうか？

まとめの一言

ユークリッドに従い、54054を17640で割ろう

CHAPTER 16 〈論理〉

スパニエルのなかにはテーブルがいる?

- 道路を走る車の数が減ると、大気汚染が緩和される。
- 車の数の減少と道路の有料化のいずれか、もしくは両方が起きる。
- 道路が有料化されると、夏の暑さが耐えがたいものになる。
- 実際にはかなり涼しい夏になるとわかっている。

結論:大気汚染は緩和される。

日刊紙の社説として掲載されたこの説は、論理として妥当でしょうか?
私たちが知りたいのは、道路交通に関する政策として、
あるいは、報道としてすぐれているかどうかではありません。
論旨に妥当性があるかどうかです。
その解明には、根拠の確認にうるさい
論理学の助けを借りるとよいでしょう。

timeline

B.C.335年頃
アリストテレスが
三段論法の論理をまとめる

1847
ブールが
『論理学の数学的分析』を
発表する

三段論法を考えてみよう

冒頭で紹介した新聞の社説は複雑すぎるので、まずはもっと単純な例でみていくことにします。古代ギリシャの哲学者で、論理学の創始者といわれるスタゲイラのアリストテレスの話です。彼は議論の筋道として、さまざまなかたちの三段論法——ふたつの前提と結論からなる推論の様式——を用いました。その一例をあげてみましょう。

すべての*スパニエルは犬である
すべての犬は動物である

すべてのスパニエルは動物である

*スパニエル

スペインに起源を持つ犬。アメリカン・コッカー・スパニエルやイングリッシュ・コッカー・スパニエルなどの犬種がある（編集部注）

線の上にあるのが前提、下にあるのが結論です。この例のなかの“スパニエル”、“犬”、“動物”の部分に何をあてはめようと、間違いなくこの結論にたどりつくことになります。では、ほかの言葉に置き換えてみます。

すべてのリンゴはオレンジである
すべてのオレンジはバナナである

すべてのリンゴはバナナである

妥当な論理

すべてのAはBである
すべてのBはCである

すべてのAはCである

この場合、普通の意味で言っているとすれば、いずれの文章も明らかに筋が通りません。しかし、ふたつの例は同じ構造をもち、三段論法としての不備は見あたりません。これは、前提は〈真〉（真実である）だが結論が〈偽〉（真実ではない）となる*A*や*B*や*C*は存在しないということでもあります。つまり、論

1910
ラッセルとホワイトヘッドが数学を論理学に帰着させようと試みる

1965
ロフティ・ザデーがファジー理論を提唱する

1987
日本の地下鉄がファジー論理を導入する

理に妥当性をあたえているのは何かということです。

「すべての*A*は*B*である」のほかに、「*A*のなかには*B*もある」、「*A*のなかには*B*でないものもある」、「すべての*A*は*B*ではない」といった限定的な表現が許されるのであれば、三段論法のバリエーションは豊富になります。たとえば、こんなふうに。

*A*のなかには*B*もある
*B*のなかには*C*もある

---

*A*のなかには*C*もある

これは論理として妥当といえるでしょうか？　あらゆる*A*、*B*、*C*にあてはまるでしょうか？　前提は〈真〉だが結論が〈偽〉となるような反例が、潜んではいないでしょうか？　*A*がスパニエル、*B*が茶色いもの、*C*がテーブルだとしたらどうなるでしょう？

スパニエルのなかには茶色いものがいる
茶色いもののなかにはテーブルがある

スパニエルのなかにはテーブルがいる

この反例により、この三段論法に妥当性はないということがわかります。三段論法にはさまざまな型式があるため、中世の学者たちによって、それらを憶えるための詩がつくられました。その詩の最初の単語*BARBARA*の場合、子音を取り除くと3つの*A*が残ります。これは前提と結論のすべてに「すべての○○は××である」という全肯定の文章が使われる*AAA*式を意味しています。この方法が論旨の妥当性の分析に使われるようになってすでに2000年以上が経ちます。19世紀も後半になるまで、アリストテレスの論理学――三段論法に関する彼の理論――は完璧とみなされていたため、中世の大学の学部では、三段論法を学ぶことに大きな力が注がれていました。

論理記号

∨	論理和（または）
∧	論理積（かつ）
¬	否定
→	含意
∀	すべての
∃	少なくともひとつの

「または」の真偽表

a	b	a ∨ b
真	真	真
真	偽	真
偽	真	真
偽	偽	偽

「かつ」の真偽表

a	b	a ∧ b
真	真	真
真	偽	偽
偽	真	偽
偽	偽	偽

「～ではない」の真偽表

a	¬ a
真	偽
偽	真

論理記号を使って考えてみよう

三段論法をはるかに超える発達を遂げた論理があります。この論理には、命題もしくは単純な言明、あるいはその組合せが使われます。冒頭の新聞の社説を分析するには、命題論理といわれるこの論理の知識が必要になるでしょう。この命題論理が代数の一種として扱えることに気づいたのが、ブール代数で知られるジョージ・ブールです。そのため、論理の構造を探る手がかりとなる代数、すなわち論理代数（*algebra of logic*）と呼ばれていたことがあります。1840年代には、ブールやオーガスタス・ド・モルガンなどの数学者によって、論理学の研究がさかんにおこなわれました。

ためしに、命題 a「フレディはスパニエルである」について考えてみましょう。命題 a は〈真〉かもしれないし、〈偽〉かもしれません。自分が飼っているフレディという名前のスパニエルのことを考えているのであれば、命題は〈真〉ですが、フレディという名前のいとこのことを考えているのであれば、命題は〈偽〉です。つまり、状況しだいということです。

もうひとつ、命題 b「エセルは猫である」があれば、ふたつの命題を組み合わせることができます。組合せはいくつか考えられますが、そのうちのひとつに $a \vee b$ があります。これは「a または b」という意味ですが、論理学における「または」は、日常言語の「または」とは、多少意味合いが異なります。論理学では、a と b のいずれか、あるいは双方が〈真〉であれば、「$a \vee b$ は〈真〉」となります。そして、a と b の双方が〈偽〉であるときに限って、「$a \vee b$ は〈偽〉」となります。これについては、左の「または」の真偽表にまとめました。

「a かつ b」は $a \wedge b$、「a ではない」は $\neg a$ と表します。a、b、c と論理記号を使ってこれらの命題を結びつけることで、論理代数は明解なものになります。たとえば、$a \wedge (b \vee c)$ というように。

さらに、「同一」であることを式で表すこともできます。

$$a \wedge (b \vee c) \equiv (a \wedge b) \vee (a \wedge c)$$

ここで使われている記号≡は、左右両側の論理的命題が同等であることを意味するものです。論理代数の∧と∨は、普通の代数の×と+と同じように機能するため、$x \times (y + z) = (x \times y) + (x \times z)$とパラレルの関係になります。とはいえ、パラレルの関係は厳密なものではなく、例外も存在します。

そのほかの論理記号も、基本的なものについては定義することができます。便利なのは「含意」の記号$a \rightarrow b$で、これは$\neg a \vee b$と同じことで、真偽表は右のようになります。

「含意」の真偽表

a	b	a → b
真	真	真
真	偽	偽
偽	真	真
偽	偽	真

それでは、これら記号を使って新聞の社説を整理してみることにしましょう。

C：道路の車が減る
P：大気汚染が緩和される
S：道路を有料化する
H：夏の暑さが耐えがたいものになる

$$\begin{array}{c} C \rightarrow P \\ C \vee S \\ S \rightarrow H \\ \neg H \\ \hline P \end{array}$$

この論理は筋が通っているでしょうか？　仮に、前提がすべて〈真〉で結論Pが〈偽〉であることが成り立たなければ、この論理は妥当なものになります。前提が〈真〉で結論が〈偽〉になることはありません。結論Pが〈偽〉なら、最初の前提$C \rightarrow P$のCが〈偽〉でなければなりません。$C \vee S$が〈真〉となるとき、Cが〈偽〉なら、Sは〈真〉。3つめの$S \rightarrow H$のSが〈真〉なので、Hも〈真〉です。となると、$\neg H$は〈偽〉ということになります。これは、すべての前提が〈真〉であるという仮定と矛盾しています。つまり、社説の見解は、物議を醸すことはあっても、論理としては筋が通っているということになります。

その他の論理にはどのようなものがある？

ゴットロープ・フレーゲ、チャールズ・サンダース・パース、エルンスト・シュレーダーは命題論理学に量化を導入し、述語論理を確立しました（述語を定数として扱うものを一階述語論理、変数として扱うものを二階述語論理、もしくは高階述語論理といいます）。ここでは、「すべての」を意味する全称記号∀や、「少なくともひとつの」を意味する存在記号∃が使われます。

論理学の世界に新たに生まれたもうひとつの論理体系が、ファジー論理といわれるものです。ファジー（ぼやけた）という言葉のせいか、思考の混乱を思わせるものがありますが、この論理の登場で、従来の論理学の境界は押し広げられようとしています。従来の論理学では、スパニエル、犬、茶色いものといった集合が根拠として扱われていたので、集合に含まれるものと、含まれないものがはっきりしていました。公園にいるローデシアン・リッジバックがスパニエルの集合に属していないことは、誰の目にも明らかだからです。

これに対して、ファジー論理で扱われる集合の定義は、一見、曖昧です。たとえば、「大きなスパニエル」というように。ファジー集合では、そこに含まれる要素の段階的な差異が考慮され、含まれるものと含まれないものの境界線が曖昧に設定されていますが、私たちがそういった曖昧さを厳密に扱えるのは、数学のおかげです。論理学はけっして無味乾燥な学問ではありません。アリストテレスに起源をもつ論理学は、今なお最新の研究と活用がさかんにおこなわれています。

まとめの一言

**妥当性のない
三段論法もあるので注意**

CHAPTER 17 〈証明〉

偶数の二乗が偶数であることを証明するには?

数学者は証明によって自分の主張を正当化します。
純粋数学の原動力は、
合理的な論証を追い求めることにあります。
彼らはすでに知られていること、あるいは
仮定されていることから演繹して結論を導き出し、
数学の宝庫におさめていきます。

timeline

B.C.300年頃
ユークリッドの『原論』に、
数学的な証明の模範が提供される

1637
デカルトが『方法序説』のなかで、
数学的な厳密性をあらゆる物事の
模範として推奨する

証明は楽なものではありません。果てしない試行錯誤が必要になることもしばしばです。数学者の生活は、証明に捧げられる努力を中心にまわっています。憶測やひらめきや思いつきでしかなかったものに証明という確固たる理論をあたえたとき、数学者は初めて信頼を獲得することになります。

証明は、厳格で透明性が高く、優雅とはほど遠いものです。なかにはないよりはましという程度の証明もありますが、優れた証明は人類を賢明にします。証明されていない事実をよりどころとして話を進めれば、砂のようにもろい土台の上に理論を構築することにもなりかねません。

とはいえ、証明は永久に不変ではありません。それにまつわる考え方の発展をふまえて、訂正されることもあります。

証明にはどんなものがあるの？

数学的な結論を聞いて、それを信じることにしたとします。あなたはなぜ、それを信じる気持ちになったのでしょう？　すでに認められている概念から、その命題に向かう議論の筋道が論理的に思えたからです。それが数学者に証明と呼ばれているもので、多くの場合、日常的な言語と厳格な論理の組合せで進められます。そして、あなたが納得できるか否かは、この証明の質にかかっています。

数学の証明には、主に、反証、直接法、間接法、数学的帰納法が使われています。

反証とは？

まずは懐疑的になることからはじめてみましょう（この方法は

1838
ド・モルガンが
数学的帰納法という用語を
導入する

1967
ビショップが
構成主義的な手法を使って
証明をおこなう

1976
イムレ・ラカトシュが
『証明と論駁』を出版する

命題が間違いであることを証明するものです)。すべての整数は二乗すると偶数になる、と言われたとします。あなたはこの説を信じられますか？　答えに飛びつくまえに、いくつかの例で確認してみましょう。6のときは6×6＝36で、たしかに偶数です。しかし、早合点は禁物。“すべての整数”というからには、そこに無限性がなければいけません。もう少しほかの数を試してみましょう。9のときは9×9＝81で、奇数になります。これで「すべての整数は二乗すると偶数になる」という主張が事実と異なることがわかります。このように、そもそもの主張に反する例を反証といいます。黒いスワンを一羽でも見つければ、「すべてのスワンは白い」という主張の反証となります。反証を探して偽りの定理を撃ち落とすのも、数学の楽しさのひとつです。

反証が見つからないと、その説が正しいように思えてくるものですが、数学者はさらに別のゲームをはじめなければなりません。数学の命題には必ず証明が要求されます。そして、その最も簡単な方法が直接法です。

直接法とは？

直接法とは、すでに立証済みのこと、あるいは当然とみなされていることから論理的に結論を導き出す方法で、これがうまくいけば、定理が手にはいります。「すべての整数は二乗すると偶数になる」という説は、すでに反証されてしまったので、証明はできません。が、なんらかの救済を与えることはできるかもしれません。最初の例である6と反例である9とのあいだには、6は偶数、9は奇数という違いがあります。仮説を変えて「すべての偶数は二乗すると偶数になる」ではどうでしょう？

まずは、いくつかほかの数で試してみます。仮説のとおりとなり、反例は見つかりません。そこで方針を変えて、証明に移りますが、まず何をすればいいでしょう？　偶数をnとおくこともできますが、話がいささか抽象的になるので、6という具体的な数字に着目して証明することにします。偶数は必ず2の倍数になっています。そして、$6 = 2 \times 3$です。$6 \times 6 = 6 + 6 + 6 + 6 + 6 + 6$なので、$6 \times 6 = 2 \times 3 + 2 \times 3 + 2 \times 3 + 2 \times 3 + 2 \times 3 + 2 \times 3$と書くことができます。これを括弧を使って書きなおすと、

$$6 \times 6 = 2 \times (3 + 3 + 3 + 3 + 3 + 3)$$

となります。これによって、6×6が2の倍数、つまり偶数になっていることがわかります。これを6に限定せず、$n = 2 \times k$ではじめると、つぎの式を得ることになります。

$$n \times n = 2 \times (k + k + \cdots + k)$$

かくして、$n \times n$は偶数である、という結論にたどりつくことができました。ユークリッドをはじめとする過去の数学者は、証明が完了したしるしに*QED*としたためています。これはラテン語の*quod erat demonstrandum*（"これが証明されるべきことであった"という意味）の頭文字です。現在、それと同じ意味で使われているぬり潰した四角形（■）は、その使用を提案したポール・ハルモスにちなんで、ハルモス記号と呼ばれています。

間接法とは？

間接法は、結論が〈偽〉であると仮定して、その仮定が前提と矛盾することを論理的に説明するものです。では、先ほどの命題を証明してみます。「nは偶数である」という前提のもので、「$n \times n$は奇数である」と仮定してみましょう。$n \times n$は$n + n + \cdots + n$と、nだけの和として書くことができます。これが奇数なら、nが偶数ということはありえません。（$n \times n$が偶数になってしまうので）。つまり、$n \times n$が奇数のとき、nは奇数となり、前提と矛盾することになります。

これは間接法としてはごく穏やかなものです。最強の間接法と

いえば、古代ギリシャ人がこよなく愛した背理法でしょう。アテネのアカデメイアでソクラテスやプラトンが好んで用いたのは、矛盾の網で反対者を包囲してそれを排除するという方法でした。「2の平方根は無理数である」という古典的な証明も、「2の平方根は有理数である」という逆の仮説を立てて、その矛盾を導き出すかたちでおこなわれました。

数学的帰納法とは?

数学的帰納法は一連の命題 P_1、P_2、P_3…がすべて〈真〉であることを証明する強力な方法で、1830年代にインド生まれのイギリスの数学者オーガスタス・ド・モルガンが確立したものです。彼はすでに数百年前から知られていたある法則を、この方法で証明しています。数学的帰納法(科学的帰納法と混同しないように)は、数に関する証明に広く使われています。なかでも、グラフ理論、数論、コンピュータ・サイエンスといった分野で、有用性が高いものです。ともあれ、奇数の足し算に関する問題で試してみることにしましょう。最初の2個の奇数の合計は$1+3=4=2^2$、最初の3個の奇数の合計は$1+3+5=9=3^2$、最初の4個の奇数の合計は$1+3+5+7=16=4^2$となります。もしや、最初の n 個の奇数の合計は n^2 になっているのではないでしょうか? ランダムに n を選んで計算してみます。$n=7$ では、$1+3+5+7+9+11+13=49=7^2$ となり、n^2 になっています。この仮説はすべての n にあてはまるものなのでしょうか? 無限に存在する奇数のそれぞれについて調べるわけにはいきません。どうすればいいでしょう?

ここで登場するのが数学的帰納法です。これは俗にドミノ倒し論法とも呼ばれています。一列に立てて並べたドミノの牌のひとつを倒すと、次々にすべての牌が倒れていくことにたとえて、そのように言われています。つまり、最初のひとつがわかればいいということです。命題 P_n は、最初の n 個の奇数の合計は n^2 になる、というものです。数学的帰納法は P_1、P_2、P_3…のすべてが真実となる連鎖反応を引き起こします。命題 P_1 は

$1 = 1^2$ なので明らかに〈真〉です。P_2 も $1 + 3 = 1^2 + 3 = 2^2$ で〈真〉、P_3 も $1 + 3 + 5 = 2^2 + 5 = 3^2$ で〈真〉、P_4 も $1 + 3 + 5 + 7 = 3^2 + 7 = 4^2$ で〈真〉です。このように、次の数の計算には、ひとつまえの結果が使われています*。この流れがあれば数学的帰納法をかたちづくることができるのです。

*ここでは次の公式が役に立つ
$x^2 + 2x + 1 = (x + 1)^2$
たとえば
$3^2 + 7 = 3^2 + 2 \times 3 + 1 = 4^2$
(監訳者注)

証明方法にも議論がある!!

証明の様式とサイズにはありとあらゆるものが揃っています。教科書では短いすっきりしたものが扱われますが、最新の研究に関する証明のなかには、専門誌一冊を埋め尽くすものや、数千ページに及ぶ膨大なものもあります。そのような証明を完全に把握できる人は、ごくわずかしかいません。

根本的な問題もあります。たとえば、背理法を認めたがらない数学者も少数ながら存在します。彼らが問題にしているのは、「方程式の解が存在しない」という仮説が矛盾につながるとしても、それが「解が存在する」ということの証明になるのか、ということです。この証明法の反対者は、背理法は詭弁にすぎず、具体的な解の求め方を示すものではないと主張します。彼らは構成主義者と呼ばれ、背理法に“数値的な意味”はあたえられないと主張し、背理法を数学に不可欠な武器と考える古典的な数学者に対する軽蔑を隠しません。それに対してより保守的な数学者は、背理法を追放すれば片手を縛られた状態で仕事をすることになるばかりか、間接法で証明された多くの説が否定され、数学のタペストリーがぼろ布のようになってしまう、と反論しています。

まとめの一言

「偶数の二乗は奇数」という矛盾した仮説の設定が鍵

CHAPTER 18 〈集合〉

知ってる?

床屋は
自分のひげをそる人?
そらない人?

『数学原論』を著した“ニコラ・ブルバキ”は、
数学を逆さから“正しく”書きなおそうとした
フランスの数学者集団の筆名です。
彼らは、大胆にも、あらゆるものの基礎は
集合論にあると主張しています。
『数学原論』の中核は*公理的方法にあり、
“定義、定理、証明”に厳格なスタイルが採用されています。
これは1960年代、数学の世界に起こった
ムーブメントの原動力にもなりました。

*公理的方法——公理系を基礎として演繹的に理論を展開していく方法(編集部注)

timeline

1872
カントールが
集合理論の構築に
試験的な一歩を踏み出す

1881
ヴェンが
集合を図式化した
ヴェン図を考案する

集合論は、確固とした実数の理論を打ち立てたいというゲオルク・カントールの熱意から生まれたものです。当初は偏見や批判にさらされましたが、20世紀がはじまる頃には、数学の一分野としての揺るぎない地位を確立していました。

集合の組合せ

集合はものの集まりと考えられています。その定義は正式とはいえないまでも、本旨ではあります。“もの”は、集合の定義では「要素」または「元」と呼ばれています。aが集合Aの元であるとき、それは、カントールが提唱したとおり、$a \in A$と書かれます。したがって、$A = \{1, 2, 3, 4, 5\}$という集合の場合、Aの元である1は$1 \in A$、Aの元でない6は$6 \notin A$となります。

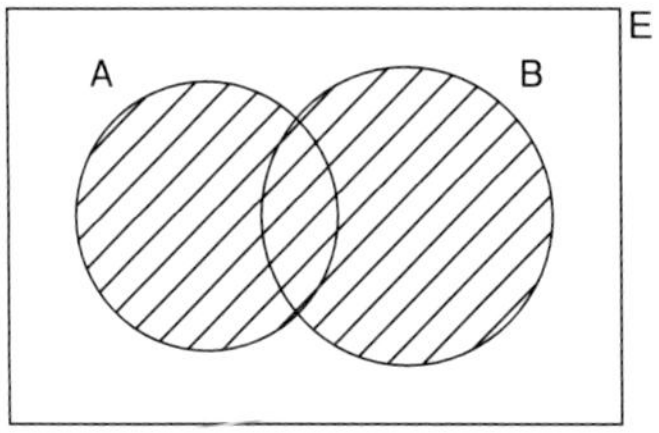

AとBの和集合

複数の集合を組み合わせる方法で重要なものはふたつです。AとBのふたつの集合の、いずれかいっぽう、もしくは両方に含まれる元の集合はAとBの和集合といい、$A \cup B$と表記します。和集合はヴェン図で表すこともできます。ヴェン図という名称は、ヴィクトリア朝時代の論理学者ジョン・ヴェンにちなむものですが、オイラーはそれ以前からこれと同じような図を用いていました。

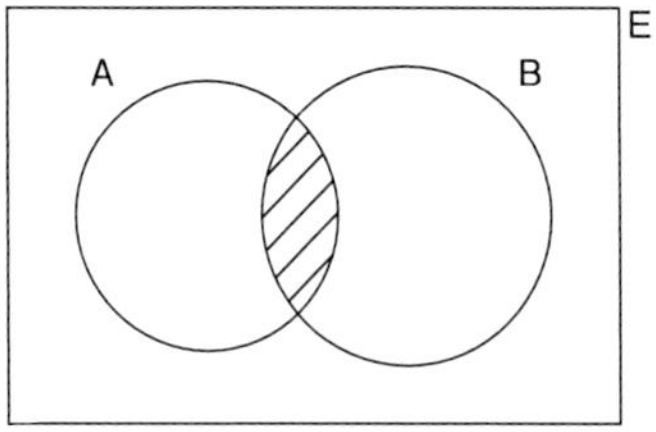

AとBの積集合

AとBのふたつの集合に共通して含まれる元の集合はAとBの積集合といい、$A \cap B$と表記します。

もし、$A = \{1, 2, 3, 4, 5\}$、$B = \{1, 3, 5, 10, 21\}$だとすると、和集合は$A \cup B = \{1, 2, 3, 4, 5, 10, 21\}$、積集合は$A \cap B = \{1, 3, 5\}$となります。また、集合$A$が全体集合$E$の一部となっている場合、$E$の要素のなかで$A$の要素ではないものの全体を$A$の補集合といい、$\neg A$と書きます。

1931
ゲーデルが
不完全性定理を
発表する

1939
フランスの数学者たちが
ブルバキという
筆名を使う

1964
コーエンが
連続体仮説の独立性を
証明する

集合における∪と∩は、代数における×と+に似ています。これらと補集合の演算¬を合わせたものが集合代数です。インド生まれのイギリスの数学者オーガスタス・ド・モルガンは、これら3つの演算の法則を公式にしました。現代の表記法でド・モルガンの法則を表すと、次のようになります。

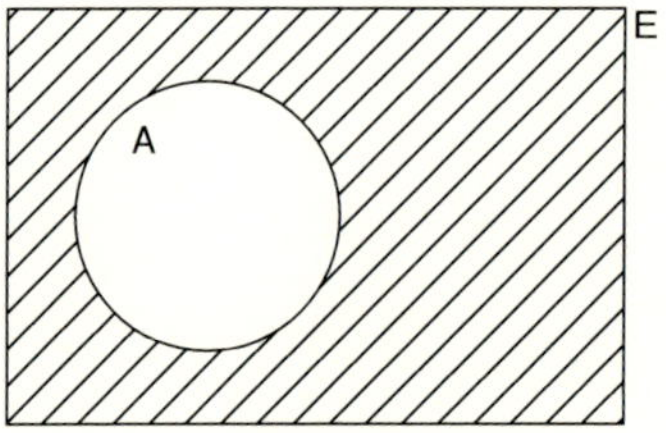

Aの補集合

$$\neg(A \cup B) = (\neg A) \cap (\neg B)$$
$$\neg(A \cap B) = (\neg A) \cup (\neg B)$$

床屋のパラドックス

ある集合が有限集合であれば、$A = \{1, 2, 3, 4, 5\}$というように要素を並べつくすことができます。しかし、カントールの時代には、無限集合は難題とされていました。

カントールは集合を特別な性質をもつ要素の集まりと定義しました。10よりも大きな整数の集合{11, 12, 13, 14, 15…}について考えてみましょう。これは無限集合なので、すべての元を並べて書くことはできません。が、すべての元に共通した性質があるので、それを説明して表すことはできます。カントールが定めたとおり、集合$A = \{x \mid x$は整数$>10\}$と書けばよいのです。

初期の集合論では、抽象的なものの集合$A = \{x \mid x$は抽象的なもの$\}$も扱われていました。この場合、集合A自体が抽象的なものなので、$A \in A$ということになります。しかし、この関係を認めてしまうと、深刻な問題が頭をもたげてきます。イギリスの哲学者バートランド・ラッセルは、「その要素に自分自身を含まない集合」ばかりを集めた集合Sについて考えました。記号で書くとすれば、$S = \{x \mid x \notin x\}$となります。

ラッセルはここで次のような疑問を投げかけます。「S自身はSの要素に含まれる($S \in S$)のか?」答えがイエスなら、SはSの定義($x \notin x$)を満たしていないので、SはSに含まれないことになります。逆に答えがノーなら、Sは$S = \{x \mid x \notin x\}$と定義された関係にあてはまり、$S \in S$となってしまいます。ラッセルの疑問は、“ラッセルのパラドックス”といわれる次の記述で締めくくられます。

$S \in S$が成り立つのは$S \notin S$のときで、しかも、$S \notin S$でなければ$S \in S$は成り立たない。

これに近い例として、“床屋のパラドックス”といわれるものがあります。ある村の床屋が「自分でひげをそらない村の男たちのひげだけをすべて私がそっている」と豪語しました。そこで謎が生まれます。床屋は自分のひげを自分でそっているのではないか、というものです。床屋が自分のひげをそらない人間なら、そのひげは床屋がそっているはずですし、床屋が自分のひげをそる人間なら、そのひげをそるのは床屋ではないはずです。このパラドックスは二律背反といって、絶対に避けなければいけないものです。二律背反を生み出すシステムは数学者の許容の範疇にありません。そこでラッセルは「型の理論」を構築し、$a \in A$はaがAより低い型のときに限って認めることにしました。そうすれば$S \in S$は排除されます。

もうひとつの方法が、集合論の形式化でした。そこで問題になるのは、集合そのものの性質ではなく、それを扱うルールを決定する公理です。古代ギリシャの人びとも彼らなりの問題でそれと似たようなことを試みています。彼らが説明しなければならなかったのは、直線とは何かということではなく、それがどう扱われるかということだったのです。

集合論の場合、出発点となったのは、ツェルメロ=フレンケルの公理系といわれるもので、この系では集合が大きくなりすぎることはありません。そこでは、集合全体の集合といった危険な集合が出現しないようになっています。

ゲーデルの不完全性定理

このパラドックスから公理系に逃れようとしていた人びとを打ちのめす強烈なパンチを繰り出したのが、オーストリアの数学者クルト・ゲーデルです。1931年、ゲーデルは自然数論を含む体系には必ず真偽がわからない命題が存在することを証明しました。わかりやすくいえば、体系の公理が及ばない命題が存在するということです。それらの命題は真偽を決することができません。そのため、ゲーデルの定理は不完全性定理と呼ばれています。

集合の大きさ（濃度）

有限集合の要素の数は簡単に数えることができます。たとえば、$A = \{1, 2, 3, 4, 5\}$には5つの要素があり、濃度は5、$card(A) = 5$と表記されます。大雑把にいえば、濃度とは集合の"大きさ"です。

カントールの集合論によると、有理数の集合Qと実数の集合Rでは濃度が異なります。集合Qは可算無限集合ですが、集合Rは可算無限集合ではありません（41ページを参照）。いずれも無限集合ですが、濃度はQよりRのほうが大きくなります。数学者はQの濃度を$card(Q) = \aleph_0$（アレフ・ゼロ）と表します。そして、$card(R) = c$のとき、$\aleph_0 < c$となります。

連続体仮説

1878年、カントールが提唱した連続体仮説とは、有理数の集合Qよりも大きな集合のなかで、最小のものは実数の集合Rであるというものです。それは、$\aleph_0$の次に大きな濃度はcで、その中間の濃度をもつ集合は存在しないことを意味しています。これについてはカントールも懸命に証明を試みましたが、結局、失敗に終わりました。逆に、$\aleph_0 < card(X) < c$となる集合Rの部分集合Xを見つけて反証することもできませんでした。

この問題は、1900年、ドイツの数学者ダフィット・ヒルベルトが、パリで開催された国際数学者会議で発表した20世紀にもちこされる23の未解決問題の筆頭にあげたほど、重要な問題です。

ゲーデルは、連続体仮説は間違いと固く信じていましたが、証明には至りませんでした。彼は連続体仮説がツェルメロ＝フレンケルの公理系と矛盾しないことを証明しています（1938年）。が、その四半世紀後、アメリカの数学者ポール・コーエンが、連続体仮説はツェルメロ＝フレンケルの公理系から演繹できないことを証明して、ゲーデルや論理学者を驚かせました。その結果、連続体仮説の否定についてもツェルメロ＝フレンケルの公理系と矛盾がないことがわかりました。コーエンは、これと1938年のゲーデルの証明を組み合わせて、連続体仮説が既存の集合論の公理から独立したものであることを示しました。

この事態は、幾何学の平行線公準（158ページを参照）がユークリッドのほかの公理から独立したものであることと、本質的に似たところがあります。平行線公準への疑念に端を発した非ユークリッド幾何学は、のちに、アインシュタインの相対性理論へと発展していきます。連続体仮説もまた、集合論のほかの公理とは無関係に肯定／否定されうるものです。コーエンが連続体仮説の独立性の証明に用いた技法は、この画期的な発見ののち多くの数学者に採用され、まったく新しい数学の領域を切り開く力となりました。

まとめの一言

自分自身を含む集合は
パラドックスを含む

CHAPTER 19 〈微積分学〉

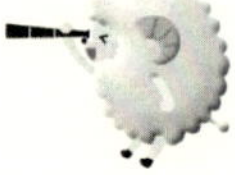

微分と積分はコインの裏表の関係?

*calculus*は計算法を意味する単語で、
“論理演算(*calculus of logic*)”や
“確率の計算(*calculus of probability*)”のような
使われ方をします。
しかし、*Calculus*と大文字で綴られたとき、
それが微積分学を意味することに
異議を唱える者はいないはずです。

timeline

B.C.450年頃
ゼノンが無限小が関わるパラドックスを唱える

1660~70年代
ニュートンとライプニッツが微積分学の第一歩となる概念を発見する

1734
バークレーが微積分学の基礎的な脆弱性を指摘する

微積分学は数学の大黒柱です。今日、このツールに出会ったことのない科学者、エンジニア、数量経済学者などはひとりもいないはずで、それほどに汎用性があります。その歴史は、アイザック・ニュートンとゴットフリート・ライプニッツが微積分学の世界を開拓した17世紀にさかのぼります。ふたりの理論はよく似ていたため、微積分を発見したのは誰かという論争を引き起こすことになりました。実際のところ、彼らはまったく違った方法で、それぞれに結論を見出しています。

以来、微積分学は重要な学問と位置づけられ、つねに次世代の人間が学ぶべき技法と考えられてきました。最近では、さまざまな余談に彩られた分厚いテキストブックが使われています。しかし、どれほど多くのトピックがつけくわえられても、ニュートンやライプニッツが見出した微分(*differentiation*)と積分(*integration*)という“双子の山”がはずされることはありません。この用語はライプニッツが用いた*differentialis*(細かく分けること)と*integralis*(集めること)に由来するものです。

専門的にいえば、微分は変化の測定に、積分は面積の測定に関わるものです。しかし、微積分学のすばらしさは、たがいに正反対の概念である微分と積分がコインの裏表のように合わさっているという点にあります。微積分学はまぎれもなくひとつの理論で、両面を知ることが求められます。ギルバート&サリヴァンのオペラ『ペンザンスの海賊』に登場する“現代の少将の鑑”が自慢げにこう歌うのも無理からぬことです。

「直角三角形の斜辺の二乗にまつわる愉快な事実をたくさん知っているおかげで、おれは微分や積分の計算が得意ときている」

1820年代
コーシーが
微積分学に厳密な
理論づけをおこなう

1854
リーマンが
リーマン積分を
考案する

1902
ルベーグが
ルベーグ積分の理論を
発表する

微分法を使ってみよう

科学者は思考実験が大好きです。わけても、アインシュタインはそれをこよなく愛しました。深い峡谷に渡された橋の上から石を落とすことを想像してください。何が起きるでしょう？

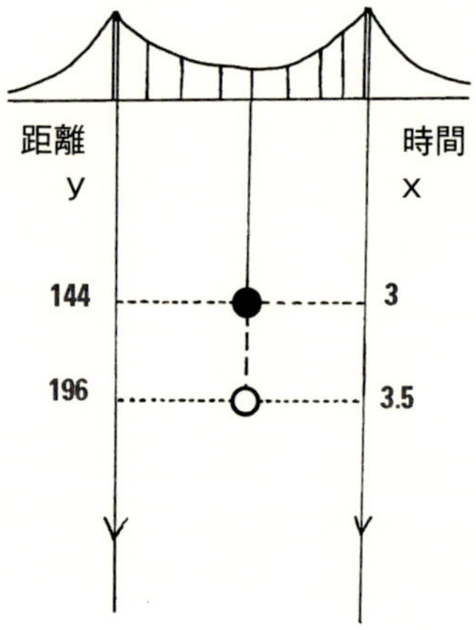

思考実験の利点は、実際にその場に出かける必要がないことにあります。また、落下中の石を空中で止めたり、短い間隔にわけてスローモーションで観察したりできるのも思考実験ならではの長所です。

石はニュートンの万有引力の法則に従って落下します。これはごくあたりまえのことです。石は地球に引き寄せられ、その落下速度は、われわれが手にしたストップウォッチが時を刻むごとに大きくなっていきます。思考実験の利点は、空気抵抗のように事を複雑にする要因を無視できることにもあります。

任意の瞬間、たとえば、石を落としてからきっかり３秒経過したときの石の落下速度は、どうやって求めればいいのでしょう？　平均速度を求めることはできますが、ここで知りたいのはその瞬間の速度です。思考実験の利点を使って、空中で石の落下を止め、一秒、あるいはそれより小さな間隔でコマ送りのように動かしてみてはどうでしょう？　そうやって細分した距離を細分した時間で割れば、短い間隔における平均速度がわかります。そして、間隔を小さくすればするほど、平均速度は石を止めた時点での瞬間速度に近づいていくはずです。そして、この限定プロセスが、微積分法の基本概念です。

細分した時間をゼロにしたくなるかもしれませんが、思考実験では、時間がゼロになれば石はまったく動かなくなります。動く距離も、進む時間もゼロになるからです。これは、アイルランドの哲学者で聖職者でもあるジョージ・バークリーが“死んだ数量の亡霊”と呼んだことで知られる平均速度$\frac{0}{0}$の状態です。これは成立しえない——事実上、意味をもたない式で、この道をたどると、われわれは数値の泥沼のなかに引き込まれることになります。

先に進むためには、いくつか記号を使わなければなりません。落下した距離 y とそれにかかった時間 x の関係は、ガリレオが見出した次の式に表すことができます。

$$y = 16 \times x^2$$

係数の16は、測定単位に*フィートと秒を使うときのものです。3秒で石がどれくらい落下するかを知りたければ、x に3を代入すれば求められます。$y = 16 \times 3^2 = 144$ フィート。では、$x = 3$ のときの落下速度はどうすれば求められるのでしょう？

*フィート
1フィートは30.48センチメートル（編集部注）

さらに0.5秒が経過したとき、石は3秒後の位置からどれくらい落下しているでしょう？
3.5秒で石が落下する距離は、$y = 16 \times 3.5^2 = 196$ フィートなので、$196 - 144 = 52$ フィートです。速度は距離を時間で割ったものなので、この0.5秒間の平均速度は $\frac{52}{0.5} = 104$ フィート／秒。これは $x = 3$ のときの瞬間速度に近い値ですが、0.5秒では長すぎるかもしれません。さらに小さな時間差について調べていくと、たとえば0.05秒で石が落下した距離は $148.84 - 144 = 4.84$ なので、平均速度は $\frac{4.48}{0.05} = 96.8$ フィート／秒。こちらのほうが、3秒後（$x = 3$）の瞬間速度に近い値になっているはずです。

ここでいよいよ x 秒からその一瞬あとの $x + h$ 秒までのあいだの石の平均落下速度を計算するという難問に挑みます。x と $x + h$ を代入して平均速度を計算して整理すると、

$$16 \times 2x + 16 \times h$$

h の値を0.5から0.05にしたようにどんどん小さくしていくと、h が含まれていない最初の項は影響を受けず、2番目の項はどんどん小さくなることがわかります。そのため、x 秒後の平均落下速度 v は、

$$v = 16 \times (2x)$$

たとえば、1秒後($x = 1$)の平均落下速度は、$16 \times (2 \times 1) = 32$フィート/秒、3秒後($x = 3$)の平均落下速度は$16 \times (2 \times 3) = 96$フィート/秒ということです。

この式とガリレオの式$y = 16 \times x^2$との基本的な違いは、x^2が$2x$になっていることにあります。$u = x^2$から$\dot{u} = 2x$を導き出せるのが微分の効能です。ニュートンは、$\dot{u} = 2x$を"流率"、変数xを"流量"と呼びました。これは彼が微積分を流体の問題と考えていたことにちなむものです。今日、流量は関数、流率は導関数と呼ばれ、通常、$u = x^2$、$\frac{du}{dx} = 2x$と書かれます。この表記法はもともとライプニッツが使いはじめたもので、この方法の普及により、ニュートンが用いたドット式表記法(uの導関数を$\dot{u}$とする方法)にこだわる人びとは隅に追いやられることになりました。

u	du/dx
x^2	$2x$
x^3	$3x^2$
x^4	$4x^3$
x^5	$5x^4$
...	...
x^n	nx^{n-1}

石の落下速度はひとつの例であり、関数uを表す別の式があれば、異なる文脈のなかで有用な導関数を求めることができます。導関数にはあるパターンが存在します。x^kという形の式の場合、その式の指数を掛けて、もとの式の指数から1を引いた数を指数にすると、導関数になるというものです。

積分を求めてみよう

当初、積分は面積の計算に使われていました。曲線下の面積は、指定された領域を幅dxの細い短冊に区切って、すべての短冊(長方形)の面積を合計して求めます。ライプニッツは積分の記号として、合計(*sum*)の頭文字Sを縦に引き延ばしたもの($\int$:インテグラル)を考案しました。それぞれの短冊の面積はudxで、曲線下の0からxまでの部分Aの面積は次のように表されます。

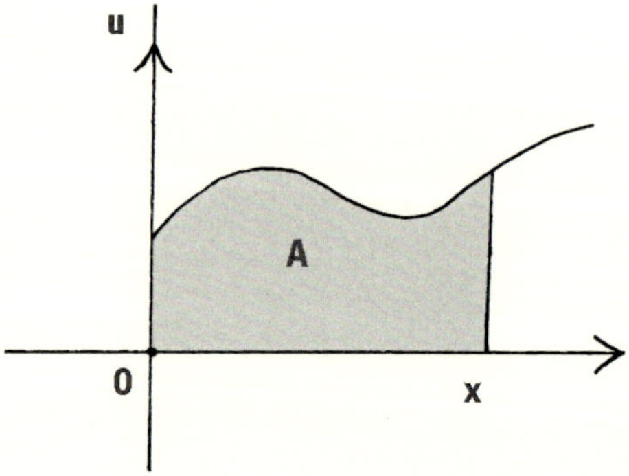

u	$\int_0^x u\,dx$
x^2	$x^3/3$
x^3	$x^4/4$
x^4	$x^5/5$
x^5	$x^6/6$
...	...
x^n	$x^{n+1}/(n+1)$

$$A = \int_0^x u\,dx$$

曲線の式がどんなものであれ、細く区切った短冊の面積を足せば近似値を求めることができますし、短冊の幅を極限まで細くすれば、それは正確な値になります。たとえば$u = x^2$の場合、積分値(面積)は次のようになります。

$$A = \frac{x^3}{3}$$

導関数と同じように、積分値にもxの指数に応じたパターンが存在します。もとの式の指数に1を足したものを指数にして、もとの式の指数に1を足した数で割ると積分値になるというものです。

微積分法の基本とは?

$A = \frac{x^3}{3}$を微分すると、$u = x^2$というもとの式になります。また、$\frac{du}{dx} = 2x$を積分すると、やはり$u = x^2$というもとの式になります。このように微分が積分の逆になっていることは、微積分法の基本定理であり、数学の世界で最も重要な性質のひとつです。

微積分学がなければ軌道上の衛星も経済の理論も存在しないはずですし、統計学はまったく異なる学問になっていたでしょう。どの時点で違うものになったにしろ、そこに微積分学の発見が関わっていることに疑いの余地はありません。

まとめの一言

積分したものを微分するともとに戻る
その逆もまた成り立つ

CHAPTER 20 〈作図〉

知ってる?

円と同じ面積の正方形はどう作図する?

否定命題の証明はえてして難しいものですが、
数学の偉業のなかには
否定命題によって成し遂げられたものがあります。
そこでは、ある命題に可能性がないことを
論理的に説明しなければなりません。
円積問題が解決できないことは
いったいどのように証明されたのでしょう?

timeline

B.C.450 年頃
アナクサゴラスが牢獄で円積問題に取り組む

1672
モールがユークリッド図形はいずれもコンパスだけで描けることを示す

古代ギリシャ人は定規とコンパスによる作図にまつわる4つの大きな問題に悩まされていました。

- **角の三等分問題**(あたえられた角を3等分する)
- **倍積問題**(あたえられた立方体の体積の2倍の体積の立方体をつくる)
- **円積問題**(あたえられた円と同じ面積をもつ正方形を描く)
- **多角形**(すべての辺とすべての角が等しい正多角形を描く)

ロープ、酸素、携帯電話や他の道具をももたずに山登りをするのが好きな人々にとって、この問題は間違いなく魅力的に映るはずです。最新式の測定器具の力を借りることなく、この手の疑問の答えを見出すには高度な知識が必要となります。実際、これらの古典的な作図問題が解明されたのは、19世紀、近代的な解析学や抽象代数学の技法が使えるようになってからのことです。

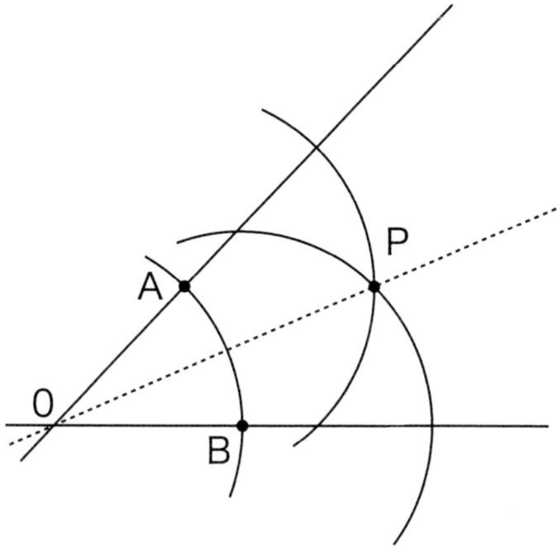

角は本当に三等分できるの?

ある角を二等分する線を作図するにはどうすればいいでしょう? まず、コンパスの針を2本の直線の交点Oに刺して適当な半径の円弧を描き、直線と円弧の交点をそれぞれA、Bとします。コンパスの針をAに移して円弧を描き、Bに移して同じ半径で円弧を描きます。ふたつの円弧の交点をPとして、PとOを通る直線を引きます。三角形AOPとBOPは同じ大きさなので、角AOPと角BOPも同じ大きさとなります。こうすれば角AOBの二等分線OPを得ることができます。

1801
ガウスが『整数論』を発表し、そのなかで定規とコンパスだけを使って正十七角形を作図する方法を詳述する

1837
ワンツェルが倍積問題と角の三等分問題は定規とコンパスでは解決できないことを証明する

1882
リンデマンが円積問題について解決不可能であることを証明する

こういった一連の手順で任意の角を三等分することはできるのでしょうか？　これが角の三等分問題です。

あたえられた角が90度の場合は、30度ずつに分割する線を引くことができます。しかし、60度の角を三等分することはできません。20度ずつに分割する線を引けばいいとわかっていても、直線定規とコンパスだけでその線を描くことはできないのです。要約すると、次のようになります。

・角はいかなる大きさのものも二等分できる
・大きさによっては三等分できる角もある
・しかし、どんな角も三等分できるわけではない

立方体をもとの２倍の体積にするには？

倍積問題はデロス島の問題といわれることがありますが、それは、疫病に苦しむギリシャのデロス島の人びとが神託を求めたところ、新しい祭壇を、現在ある祭壇の二倍の大きさでつくるように言われたという話に由来するものです。

仮に、デロス島の祭壇が縦・横・奥行の長さがすべてaの立方体であるとしましょう。彼らが知りたいのは、体積がその2倍となる立方体の縦・横・奥行の長さbです。それぞれの体積はa^3とb^3で、両者のあいだには、$b^3 = 2a^3$、あるいは$b = \sqrt[3]{2} \times a$という関係があります。この$\sqrt[3]{2}$は三乗すると2になる数（2の立方根）です。もとの立方体の1辺の長さaが1だったとすると、デロス島の人びとは$\sqrt[3]{2}$の長さを求める必要がありますが、残念ながら、いかに創意工夫の才を結集しても、直線定規とコンパスだけではできないのです。

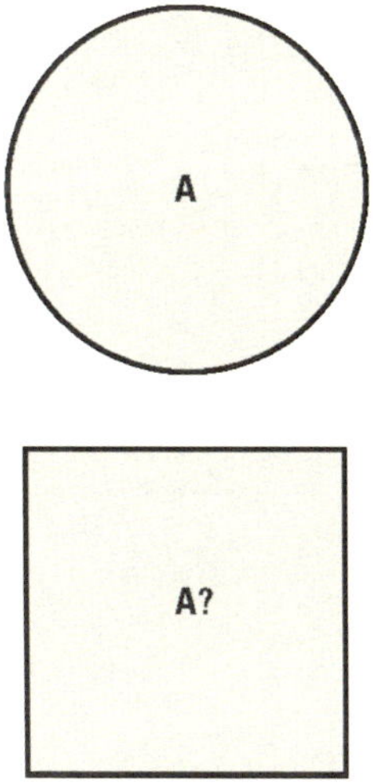

あたえられた円と同じ面積をもつ正方形を描く

円を同じ大きさの正方形にできるの？

円積問題は、作図に関する問題のなかではやや特殊な、そして最も重要なものです。

英語で“*squaring the circle*（丸を四角にする）”といえば、それは不可能を意味する慣用句です。代数方程式 $x^2-2=0$ の解は、$x=\sqrt{2}$ と $x=-\sqrt{2}$。これらは無理数（分数にならない数）ですが、丸（円）が四角（正方形）にならないことを示すには、π が代数方程式の解にならないことを証明すればじゅうぶんです。こういった性質をもつ無理数は超越数といって、同じ無理数の仲間である $\sqrt{2}$ よりも不合理性が大きいものです。

大半の数学者は、π を超越数と信じていましたが、この“積年の謎”は、ほかの問題の証明のためにフランスの数学者シャルル・エルミートが考案したある技法に、フェルディナント・フォン・リンデマンが改良を加えて、ようやく証明のはこびとなりました。その技法とは、自然対数の底 e は超越数である、というやや難易度が低い問題の証明でエルミートが用いたものです（35ページを参照）。

リンデマンによって π が超越数と証明されたことで、それまでさかんにおこなわれていた円積問題の研究はぴたりと止んだと思われるかもしれませんが、とんでもありません。彼の証明の論理を認めない者、あるいは聞いたことがない者は、いまだに数学の周囲で踊りつづけています。

正多角形は作図できるの？

ユークリッドは正多角形の作図法についての問題も提起しています。正多角形とは、正方形や正五角形のように、すべての辺の長さと、隣り合う辺がつくる角の大きさが等しい左右対称の図形のことです。ちなみに『原論』の第四巻には、コンパスと直線定規という基本的な用具だけで辺の数が3、4、5、6の正多角形を作図する方法が示されています。

正三角形は簡単に作図することができます。まず、描きたい正三角形の1辺の長さになるよう、点 A と点 B を定めます。コンパスの針を点 A に刺して半径の長さが AB となる円を描きます。次に、針を端点 B に移して同じ半径で円を描きます。ふたつの円弧の交点を P とすると、$AP = AB$、$BP = AB$、$AP = BP$ なので、直線定規でそれぞれの点をつなぐ線を引けば、三角形 APB は正三角形となります。

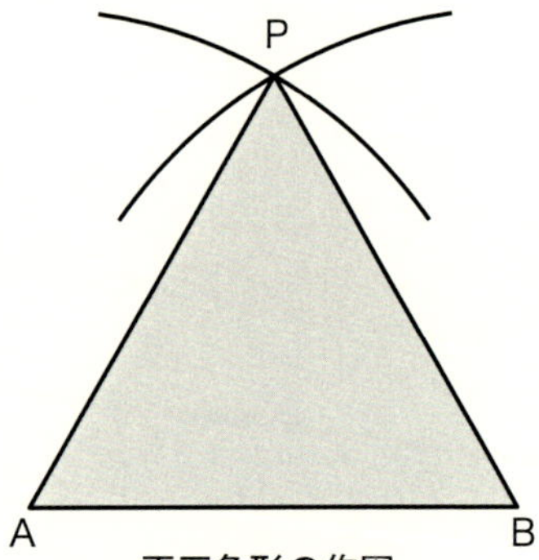

正三角形の作図

わざわざ直線定規を使わなくてもいいのではないかと考えるのは、あなただけではありません。デンマークの数学者ゲオルグ・モールも、同じことを考えました。正三角形の点 P を見つけるときに、コンパスが必要になるのはわかります。しかし、直線定規は点と点のあいだに線を引くという物理的な作業にしか使われていません。モールは直線定規とコンパスだけで描ける図形を、コンパスだけで描いてみせました。その125年後、イタリアの数学者ロレンツォ・マスチェローニがそれを証明していますが、ナポレオンに捧げられた彼の著書『コンパスの幾何学』(1797年)の斬新さは、むしろそれが韻文で書かれていることにあります。

辺の数が p の正多角形の作図で特に重要度が高いのは p が素数のときといわれています。すでに $p = 3$ については作図がすんでいますし、$p = 5$ についてはユークリッドが確かめています。しかし、ユークリッドは $p = 7$、つまり正七角形を作図することができませんでした。調べてみると、ドイツの数学者カール・フリードリヒ・ガウスが17歳のときに、正七角形が作図で

王子の誕生

正十七角形が作図可能であることに感銘を受けたカール・フリードリヒ・ガウスは、言語学の研究者になるという計画を棄てて数学者になった。ご存じのとおり、彼は“数学界の王子”と呼ばれるようになる。その並外れた才能を讃えて、ドイツのゲッチンゲンに建てられた彼の記念碑には、正十七角形の基礎が使われている。

きないことを証明し、さらに、$p=11$、13が作図できないことについても推論しています。

しかし、ガウスは正十七角形は作図できることを証明しています。それどころか、正多角形の辺の数pが次の式にあてはまる素数であれば、作図は可能であることを突き止めました。

$$P=2^{2^n}+1$$

この数はフェルマー数といわれるもので、$n=0$、1、2、3、4について確かめてみると、$p=3$、5、17、257、65,537といった素数になります。つまり、辺の数がこれらの数に一致する正多角形は、作図できるということです。

$n=5$のときのフェルマー数は$p=2^{32}+1=4{,}294{,}967{,}297$です。フランスの数学者ピエール・ド・フェルマーはこの式で求めた数はすべて素数（フェルマー素数）になると推測しましたが、残念ながら$n=5$のときのフェルマー数は、$4{,}294{,}967{,}297=641\times 6{,}700{,}417$で、素数ではありません。$n=6$、$n=7$で計算した巨大な数も、$n=5$のときと同じように素数ではないことがわかっています。

フェルマー素数はほかにもあるのでしょうか？　一般的にはないといわれていますが、確かなことはわかっていません。

まとめの一言

定規とコンパスだけで円積問題は解決不可能

CHAPTER 21 〈三角形〉

知ってる？

三角形には3つの中心がある？

三角形にまつわる何より明白な事実といえば、
それは3つの辺と3つの角があることです。
三角法とは、角の大きさにしろ、
辺の長さにしろ、面積にしろ、
“三角形を測る”ための理論です。
この図形——あらゆるかたちのなかで最も
単純なもののひとつ——には、
はかりしれないおもしろさがあります。

timeline

B.C.1850 年頃
古代バビロニアで
三平方の定理（ピタゴラスの定理）が
使われる

1335
ウォリンフォードのリチャードが
斬新な三角法の論文を書く

三角形の物語

三角形の内角の和が180度になる理由は、簡潔明瞭に説明できます。

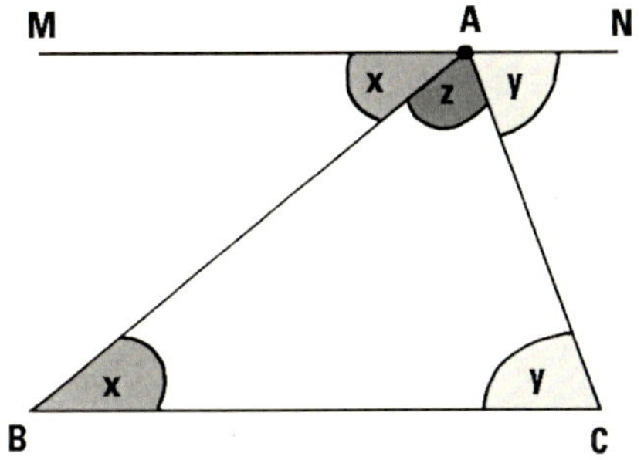

三角形の頂点Aを通り、底辺BCに平行な直線MANを引きます。BCとMNは平行なので、錯角である角ABCと角BAMは同じ大きさです。この角度をxとします。同様に角ACBと角CANも同じ大きさになります。この角度をyとします。頂角BACの大きさをzとすると、$x + y + z$、つまり、三角形の内角の和は180度(360度の半分)となります。これはユークリッドも証明していることですが、当然ながら、このときの三角形は平らな紙の上に描かれていることが前提です。ボールの上に描かれた三角形(球面三角形)の内角の和は180度にはなりません。そこにはまた別の物語があります。

ユークリッドは三角形に関する定理を、演繹的な方法で多数証明しています。たとえば、三角形の2辺の長さの和は残りの1辺の長さよりも大きい、というものもそのひとつ。今でいう"三角不等式"のことで、数学の世界では重要性の高いものです。現実的な快楽主義者は、ロバでもわかるほど明白なことなので証明の必要はないと言いました。もし、三角形の頂点のひとつに干草の俵があり、別の頂点にロバがいるとします。ふたつの辺を経由して空腹を満たしにいくロバは、いないはずだ、と。

ピタゴラスの定理をバースカラの証明で見てみよう

最も偉大な三角形の法則といえばピタゴラスの定理で、ピタゴラスが最初に発見したという説に疑問をもつ者がいることはさておき、現代の数学にも広く応用されています。ピタゴラスの定

1571
フランソワ・ヴィエトが
三角法と三角関数表に関する
著書を出版する

1822
カール・ホイエルバッハが
三角形の九点円について
解説する

1873
ブロカールが
三角形を徹底研究する

理は $a^2+b^2=c^2$ という代数式で有名な定理ですが、ユークリッドは実際に正方形を描いて、「直角三角形の斜辺の長さの二乗は、直角をかたちづくるふたつの辺の二乗の和に等しい」と説明しています。

『原論』第1巻の命題47に示されているユークリッドの証明は、いつの世の学生たちにとっても、暗記や理解に苦労させられる鬼門です。証明の方法はすでにわかっているだけで数百種類ありますが、紀元前300年に見出されたユークリッドの証明よりも、12世紀に見出されたインドの数学者バースカラの証明のほうがよく知られています。

この証明には言葉が使われていません。$(a+b)$ を1辺とする正方形を、右の図のように2種類の異なる方法で分割します。

この両方の図に現れる4つの三角形(濃い色の部分)はすべて同じなので、それぞれの正方形から取り除いても、残った部分の面積は等しくなります。双方の面積を計算して等号で結ぶと、次のおなじみの式になります。

$$a^2+b^2=c^2$$

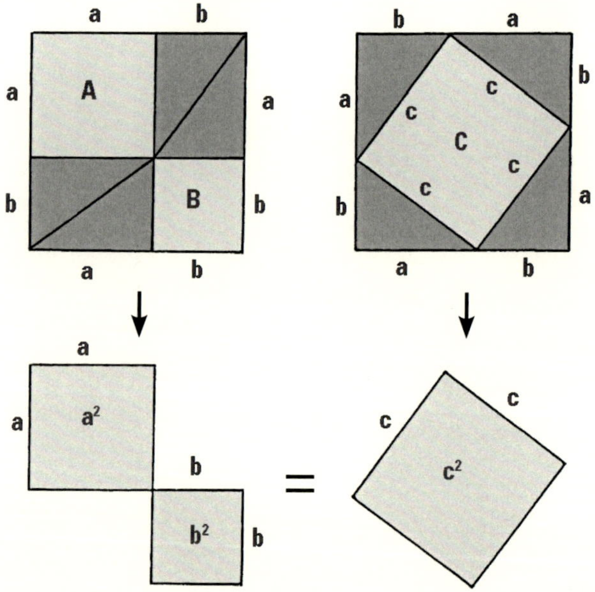

三角形の重心、垂心、外心はどこ? ——オイラー線

三角形には数百に及ぶ定理があるといわれています。まず、各辺の中点について考えてみましょう。三角形 ABC の各辺の中点を DEF とし、B と F、C と D を結ぶ線を引き、その交点を G とします(次のページの図を参照)。ここで A と E を結ぶ線を引くと、それも G を通過するのでしょうか? なんらかの根

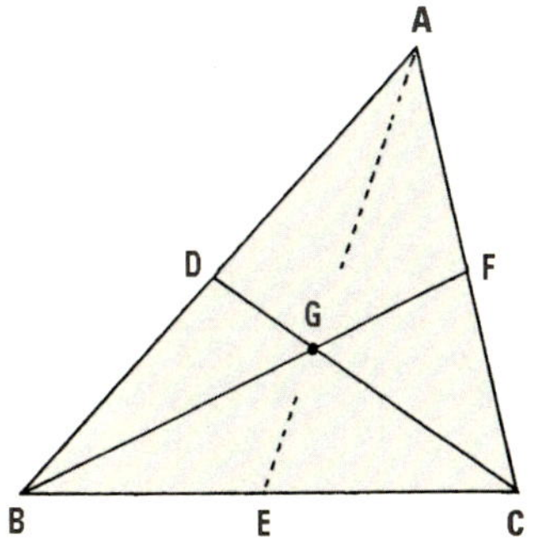

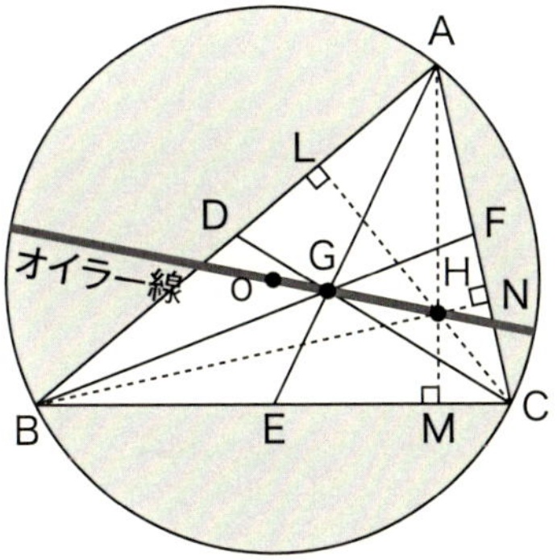

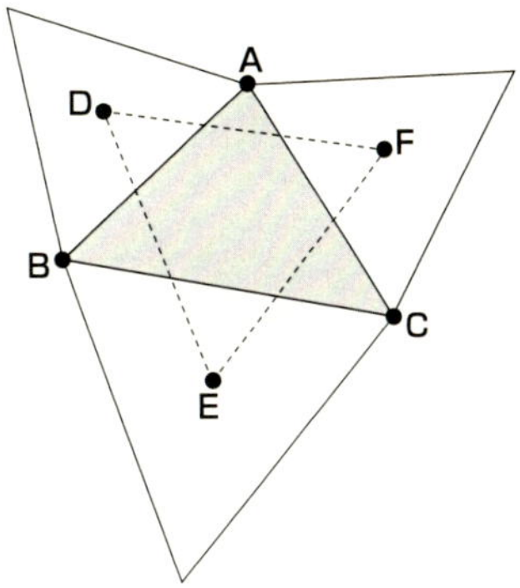

ナポレオンの定理

拠がなければ明らかとはいえませんが、実際には通過します。実はこの点 G は三角形の重力の中心、すなわち重心です。

三角形にはけっして大げさでなく数百種類の異なる中心が存在します。点 A を通る辺 BC の垂線、点 B を通る辺 AB の垂線、点 C を通る辺 BC の垂線（左の図中、点線で示される線）が交わる点 H もそのひとつで、垂心といいます。また、各辺の中点を通る垂線（左の図には示されていません）が交わる点 O は外心と呼ばれ、三角形の3つの頂点を通る外接円の中心となっています。さらにいえば、任意の三角形 ABC の重心、垂心、外心は、一本の直線上に並びます。この直線はオイラー線と呼ばれています。

ナポレオンの定理とは？

三角形 ABC の外側に、その各辺を1辺とする正三角形を描き、それらの重心を線で結ぶと、三角形 EFD ができます（左下の図を参照）。そして、三角形 ABC がどんなかたちをしていようと、三角形 EDF は必ず正三角形になり、これをナポレオンの定理といいます。

ナポレオンの定理がイギリスの雑誌に発表されたのは1825年、ナポレオンがセント・ヘレナ島で1821年に死去した数年後のことです。ナポレオンは学校での数学の成績が優秀だったことで、士官学校砲兵科への入学を果たし、後年、皇帝となってからは一流の数学者と交流があったといわれています。数学の定理の名前にはよくあることですが、ナポレオン自身がこの定理の発見や証明に深く関わったという証拠は、残念ながら見つかっていません。

三角形のかたちは基本的に1辺の長さとふたつの角度によって決まります。そして、それ以外の数字はすべて三角法によって知ることができます。

地図づくりのために土地を測量する場合、便宜上、地球は球体ではなく平面と考えます。長さがわかっている底辺 BC からはじめて、その線上にない点 A（三角測量点）を定め、経緯儀で角 ABC と角 ACB を測ります。三角法によって三角形 ABC についてはわかるので、新たな底辺を AB か AC にして、新たな三角測量点を定め、三角形の網目をつくりつづけていきます。この方法の利点は、湿地、沼地、流砂、河川などに阻まれて人が立ち入れないところの地図をつくれることにあります。

1800年代から約40年をかけておこなわれたインドの大三角測量では、この方法を使って、南はコモリン岬から北はヒマラヤ山脈まで、南北1500マイルの地図がつくられました。極力正確な角度を測定するために、イギリスの探検家ジョージ・エベレストがロンドンでつくらせた2基の経緯儀は、重量が合わせて1トン、搬送に12人を要する巨大なものになりました。測定値の精度は申し分のないものとなり、多くのことがわかりましたが、この事業の鍵を握っているのはなんの変哲もない三角形

建築物に使われる三角形

三角形は建築物に不可欠な存在だ。三角形がつくりだす強度は、三角形は3辺の長さを決めればかたちが決まる、という事実に基づいている。正方形や長方形の枠組みは押すとかたちがゆがむが、三角形の枠組みは押してもゆがまない。建築物には、屋根の部材などに三角形を組み合わせたトラスといわれる構造が使われている。この革新的な技術が最初に使われたのは橋の設計だった。

ワーレントラス構造には、自重よりも大きな加重を支える強度がある。この技術は1848年にジェイムズ・ワーレンが特許を取得し、その2年後、ロンドンブリッジ駅の橋の設計に初めて採用されることになった。同じ三角形でも、2辺の長さが等しい二等辺三角形よりすべての辺の長さが等しい正三角形を使ったほうが、強度が増すことがわかっている。

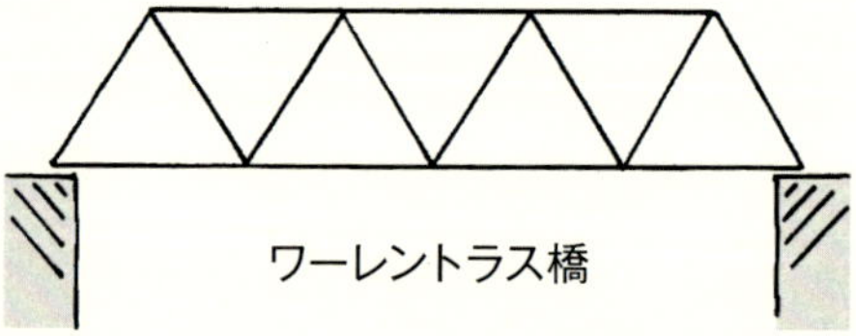

です。いかんせんヴィクトリア朝時代のことですので、*GPS*（全地球測位システム）は使われていませんが、コンピュータは使われています。ただし、そのコンピュータは「計算係」という意味で、人間です。三角形のすべての辺の長さを計算すれば、面積は簡単に計算することができます。ここでも、単位は三角形です。面積 A を求める式はいくつかありますが、最も驚くべきものは、次にあげるアレクサンドリアのヘロンの公式でしょう。

$$A = \sqrt{s \times (s - a) \times (s - b) \times (s - c)}$$

この公式はいかなる三角形にも適用でき、角度を測る必要がありません。a、b、c は三角形の各辺の長さ、s は全周の半分の長さを意味しています。仮に3辺の長さが13、14、15の三角形なら、全周は $13 + 14 + 15 = 42$ なので $s = 21$。したがって、面積は $A = \sqrt{(21 \times 8 \times 7 \times 6)} = 84$ となります。

三角形はなじみ深い図形です。子供たちはその単純なかたちで遊び、抽象数学の研究者たちは、日々、三角不等式と格闘しています。三角法は三角形に関する計算の基本であり、サイン、コサイン、タンジェントは三角形を語るツールとして実務に適応され、正確な計算を可能にしています。長年にわたって多くの関心を集めてきた三角形ですが、驚くなかれ、3本の線がかたちづくるこの単純な図形には、今もさまざまな発見が待たれています。

まとめの一言

三角形の重心、垂心、外心は同一直線上に並ぶ

CHAPTER 22 〈曲線〉

円、楕円、放物線は同じ図形から取り出せる?

曲線を描くのは難しいことではありません。
画家はつねに曲線を描いているし、
建築家は三日月形の線や流線を
新築ビルの設計に採用しています。
野球のピッチャーはカーブを投げます。
サッカーやホッケーの選手は曲線を描きながら
ピッチを駆け抜け、曲線的な弾道のシュートを放ちます。
しかし、「曲線とは何か?」と聞かれたとき、
それに答えるのは
けっして簡単なことではありません。

timeline

B.C.300年頃
ユークリッドが
円錐曲線を定義する

B.C.250年頃
アルキメデスが
らせんについて研究する

B.C.225年頃
ペルガのアポロニオスが
『円錐曲線論』を著す

数学者は何世紀ものあいだ、見晴らしの利くさまざまな場所から曲線を研究してきました。その歴史は古代ギリシャにさかのぼり、彼らが研究した曲線は、今日、“古典的な”曲線と呼ばれています。

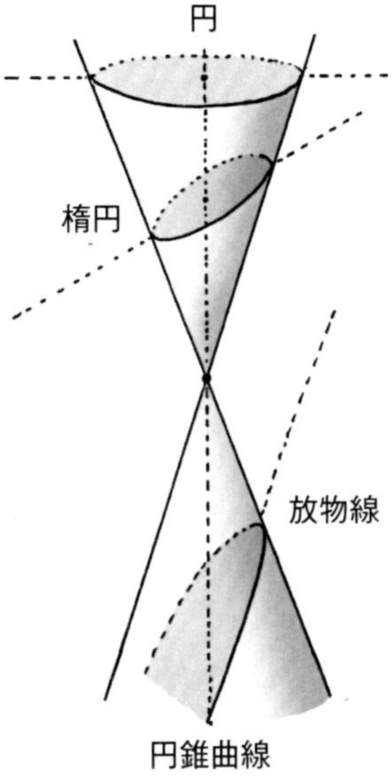

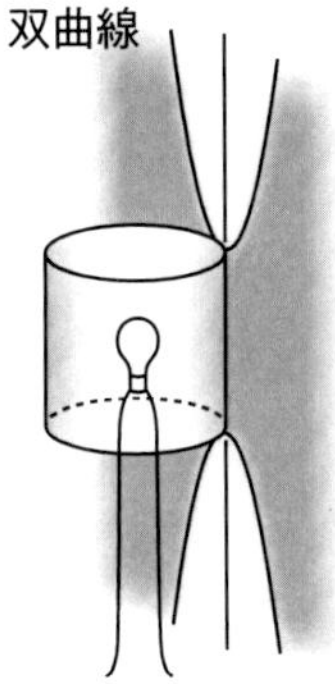

18世紀までに研究されてきた曲線

古典的な曲線のなかで最も有名なものといえば、それは円錐曲線と呼ばれるもので、そこには円、楕円、放物線、双曲線が含まれます。円錐曲線はふたつの円錐の頂点と頂点をくっつけた立体を切断してつくることができます。円錐を平面で切断したとき、断面の外周の曲線は円、楕円、放物線になります。また、上下の円錐の両方に交わる面で切断すると、断面には双曲線が現れます。

円錐曲線はスクリーンに投影することもできます。円筒形のシェード（かさ）を被せたテーブルランプから放射される光は、シェードの上下の円形の縁を投影して、ふたつの円錐をかたちづくります。天井に映し出される光は円になりますが、ランプを傾けて壁に光を当てると、円は楕円になります。いっぽう、シェードの縁を壁につけて置くと、曲線はふたつにわかれて、双曲線になります。

円錐曲線は平面上の点の動きによっても説明できます。これは軌跡法といって古代ギリシャ人に好まれたもので、投影による説明と違って、長さが関係します。ひとつの点が定点との距離を一定に保ちながら動くと、その軌跡は円を描き、ひとつの点がふたつの定点からの距離の合計を一定に保ちながら動くと、その軌跡は楕円を描きます（このときのふたつの定点は焦点といい、ふたつの焦点が一致すると、軌跡は円になります）。

1704
ニュートンが
三次曲線を分類する

1890
ペアノがぬり潰された正方形が
曲線であることを証明する
（平面を埋める曲線）

1920年代
メンガーとウリゾーンが位相幾何
学の一部として曲線を定義する

楕円は惑星の動きの鍵を握るものでもあります。1609年、ドイツの天文学者ヨハネス・ケプラーは、惑星が太陽を周回する軌道が楕円であることを突き止め、それまでの正円説を否定しました。

ちょっとわかりにくいのが、ある点（焦点 F）までの距離と、ある線（準線）までの距離（垂線の長さ）とが等しくなる点の軌跡で、それは放物線となります。放物線には多くの特性があります。焦点 F に電球などの光源を置いた場合、放出される光線は例外なく線分 PM に平行となります。いっぽう衛星から届くテレビの電波信号は、パラボラアンテナの放物面に当たって焦点 F に集まり、そこから受像機に送られています。

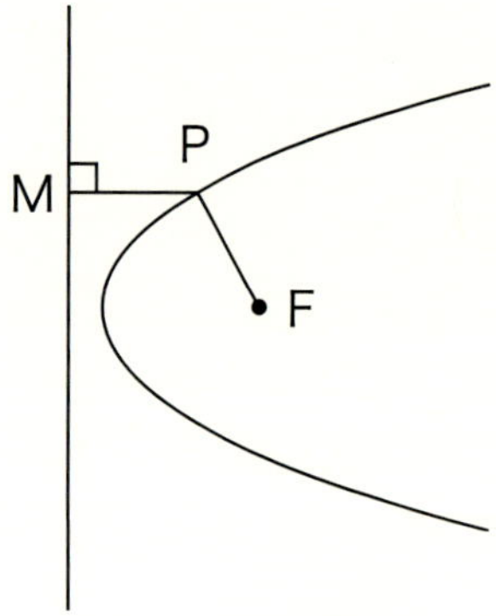

放物線

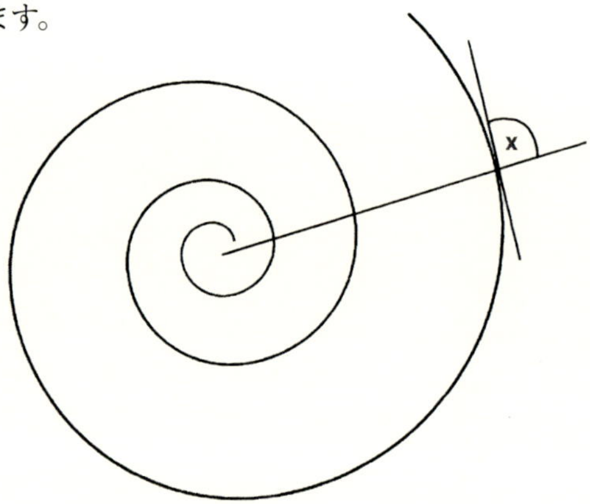

対数らせん

棒をある一点 O を中心に回転させると、棒上の任意の点Aの軌跡は円を描きます。点 A を棒上の外側に移動させながら回転させると、軌跡はらせんになります。ピタゴラスはらせんをこよなく愛しました。また、後年、レオナルド・ダ・ヴィンチもさまざまなタイプのらせんの研究に10年を費やし、ルネ・デカルトもらせんに関する論文を書いています。対数らせんは、らせんの半径と接線がつくる角度がつねに変わらないことから、等角らせんともいわれます。

優秀な数学者を多数輩出したスイスのベルヌーイ一族のひとりヤコブ・ベルヌーイは、対数らせんに夢中になったことで知られ、バーゼルにある彼の墓標には、対数らせんが彫られています。ルネッサンス人であるエマヌエル・スヴェーデンボリは、らせんを何よりも完璧な図形と考えました。円筒のまわりを這う三次元的ならせんをヘリックスといいます。これが二重になっているもの――二重らせん(ダブルヘリックス)――は、*DNA*の基本構造をかたちづくるものです。

古典的な曲線には、リマソン(蝸牛線)、レムニスケート(連珠形)、いろいろなオーバル(卵形)など、さまざまなものがあります。カージオイドという曲線の名前は、その*心臓のようなかたちに由来するものです。カテナリー曲線(懸垂曲線)は18世紀にさかんに研究され、鎖などの両端をもってたるませたときにできる曲線と定義づけられました。カテナリー曲線は吊り橋の2本の主塔のあいだにも見ることができます。

*心臓のようなかたち

ギリシャ語で*kardia*は心臓の意(訳注)

19世紀、曲線の研究は、機械部品の運動の分野で、新たな局面を迎えました。この問題は、スコットランドのエンジニア、ジェイムズ・ワットが、円運動を直線運動に変換する、継ぎ目のある棒を設計してほぼ解決された問題の延長線上にあるものです。曲線の研究は蒸気の時代の到来とともに目覚ましい進歩を遂げていきます。

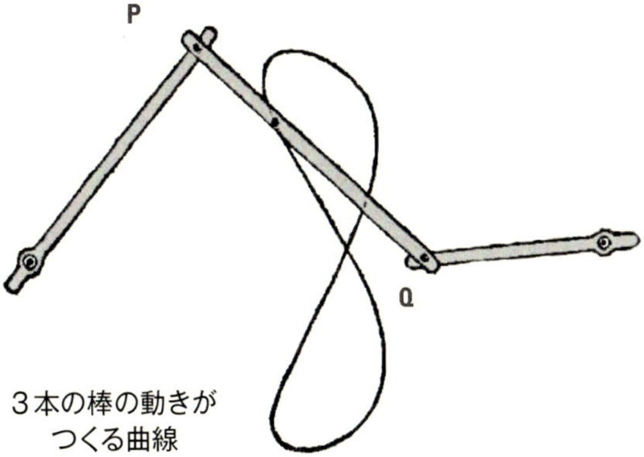

3本の棒の動きがつくる曲線

そういった装置のなかで最も単純なもののひとつが、3本の棒の端と端をつないだもので、ふたつの接合部は任意の角度に曲げられるようになっています。その両端を固定し、真ん中の連結棒*PQ*を任意の方向に動かすと、*PQ*上の点の軌跡は六次曲線になります。

曲線を代数式で表すのは簡単ではない

今日、円錐曲線を代数として研究できるのは、$x\,y\,z$ 座標系を考案して幾何学に革命を起こしたルネ・デカルトのおかげです。たとえば、半径1の円を数式で表すと $x^2+y^2=1$ になりますが、ほかの円錐曲線も同じように二次方程式で表すことができます。この新しい幾何学は、やがて代数幾何学と呼ばれるようになります。

この分野における重要な研究のひとつに、アイザック・ニュートンによる三次曲線(三次方程式で表現される曲線)の分類があります。円錐曲線には4つのタイプしかありませんが、三次曲線には78のタイプがあり、5つのグループに分類されます。四次曲線になると、その種類は爆発的に増えますが、分類はまだ終わっていません。

代数幾何学としての曲線の研究は今も完結をみていません。カテナリー曲線、サイクロイド(円を転がしていったときにその円周上の点が描く軌跡)、らせんをはじめとする多くの曲線を代数方程式で表すのは、けっして簡単なことではないのです。

曲線を定義する

曲線を研究する数学者はなぜ、具体的な例だけでなく、その定義を見出そうとするのでしょう？　フランスの数学者カミーユ・ジョルダンは、動点によって曲線を定義する理論を提唱しました。

その一例を紹介します。$x=t^2$、$y=2t$ という方程式の t の値を変えていくと、たくさんの (x, y) の組合せができます。たとえば、$t=0$ のときは $(0, 0)$、$t=1$ のときは $(1, 2)$ というように。この組合せを $x\,y$ 座標上に点として書き、それをつなげていくと、放物線がかたちづくられていきます。ジョルダンはこの点の連なりという考え方を洗練させていきました。それこそが、彼が考える曲線の定義なのです。

ジョルダンの単純閉曲線

ジョルダン曲線は、円と同じように“単純”（自分自身と交差しない）で“閉鎖的”（末端をもたない）なものですが、非常にこみいったなものになりえます。ジョルダンの有名な定理——単純閉曲線は平面を内側と外側にわける——には深い意味があります。明々白々なことに思えるかもしれませんが、それは錯覚です。

1890年代にはいると、イタリアの数学者ジュゼッペ・ペアノが方眼を曲線で埋めてセンセーションを巻き起こしました。彼は方眼のマス目の内部の点をひとつ残らずひと筆描きでつないで、その線がジョルダンの定義に合致することを示しています。これは空間充填曲線といわれるもので、慣習として正方形（周だけでなく内部の点も含む）は曲線ではないとみなしていたジョルダンの定義に、穴をうがつことになりました。

空間充填曲線やそれ以外の“病的な”曲線の実例が示されると、数学者たちはあらためて製図板に向かい、曲線理論の基本に取り組むようになりました。曲線に関するより的確な定義を見出すという包括的な課題が提起されたことで、20世紀初頭には、数学に位相幾何学という新しい分野が切り開かれました*。

＊空間充填曲線は“単純”という条件を破っているため、ジョルダンの定義は変更の必要がない。病的な曲線も“単純”という条件で排除できる。その後の位相幾何学は曲面の分類に進んだ（監訳者注）

まとめの一言

円錐を切断すると、その断面に円、楕円、放物線が現れる

CHAPTER 23 〈位相幾何学〉

知ってる？

ドーナツから コーヒーカップが つくれる？

位相幾何学は幾何学の一分野で、
長さや角度の値とは無関係に、面と形状の特性を扱う学問です。
研究の中心となるテーマは、
ある立体を別のかたちに変えたときにも
変わることのない性質です。
押したり引っ張ったりして変形できることから、
“ゴム膜の幾何学”と呼ばれることもあります。
そして、位相幾何学者には
ドーナツとコーヒーカップの違いが
説明できません。

timeline

B.C.300 年頃
ユークリッドが
正多面体には5つの種類が
あることを示す

B.C.250 年頃
アルキメデスが
多面体を研究する

1752
オイラーが
正多面体の頂点、辺、面の
数の関係式をつくる

ドーナツは穴がひとつある立体です。コーヒーカップも取っ手の部分に穴がひとつある立体です。では、ドーナツがコーヒーカップに変形する過程を見てみることにしましょう。

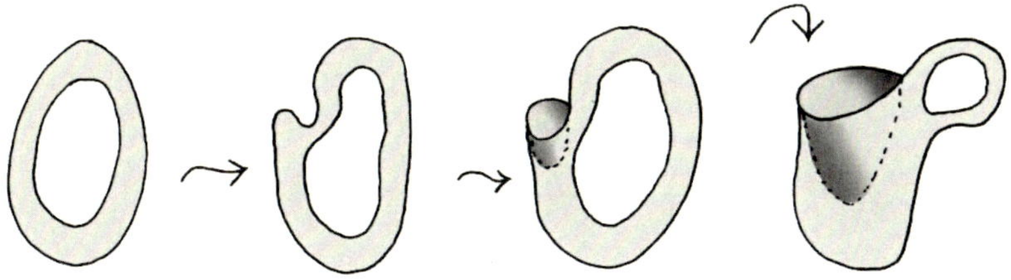

多面体にはどんなものがあるの？

立体幾何学で扱われる最も単純な形状は、多面体です。立方体は、6つの面、8つの頂点、12の辺で構成される多面体です。立方体は次の理由で正多面体でもあります。

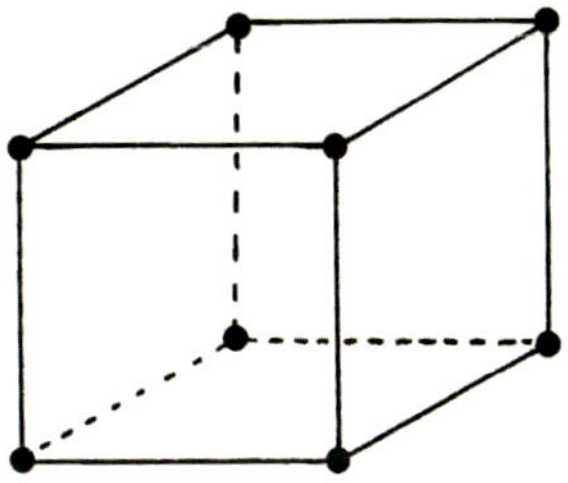

- すべての面が同じ正多角形である
- 頂点で辺と辺がつくる角度がすべて等しい

位相幾何学は比較的新しい学問ですが、その歴史は古代ギリシャにさかのぼり、ユークリッドの『原論』には、正多面体は5種類しかないという結論が示されています。正多面体、すなわち“プラトンの立体”には以下の5種類があります。

- 正四面体（4個の正三角形からなる）
- 立方体（6個の正方形からなる）
- 正八面体（8個の正三角形からなる）
- 正十二面体（12個の正五角形からなる）
- 正二十面体（20個の正三角形からなる）

1858
メビウスとリスティングが
メビウスの帯を発見する

1961
ステファン・スメールが
四次元を超える次元で
ポアンカレ予想を証明する

1982
マイケル・フリードマンが
四次元でポアンカレ予想を
証明する

2002
ペレルマンが
三次元でポアンカレ予想を
証明する

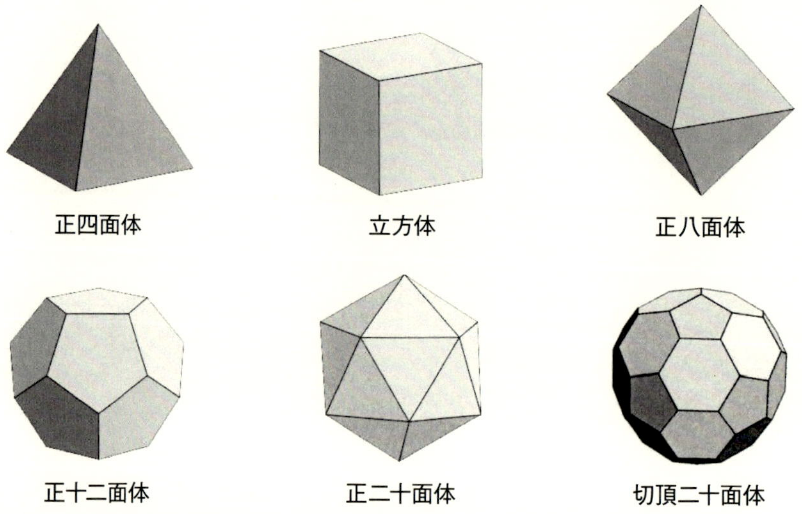

すべての面が同じ正多角形という条件から“同じ”をはずすと、それは半正多面体、すなわち“アルキメデスの立体”となります。アルキメデスの立体はプラトンの立体からつくることができます。正二十面体の角を切り取ると、サッカーボールのように、12個の五角形と20個の六角形からなる三十二面体になり、90本の辺と、60個の頂点ができます。この切頂二十面体は分子構造にも見られるもので、*ジオデシック・ドームを設計した前衛建築家リチャード・バックミンスター・フラーにちなんで、バックミンスターフラーレン（バッキーボール）と呼ばれています。バックミンスターフラーレンは炭素原子60個からなる分子で、頂点のそれぞれに炭素原子が配置しています。

*ジオデシック・ドーム
正三角形を球状に並べた構造をもつドーム建築（編集部注）

オイラーの多面体定理

オイラーは、多面体における頂点の数V、辺の数E、面の数Fの関係を表す次の式を見出しました。

$$V - E + F = 2$$

たとえば立方体の場合、$V = 8$、$E = 12$、$F = 6$なので$V - E$

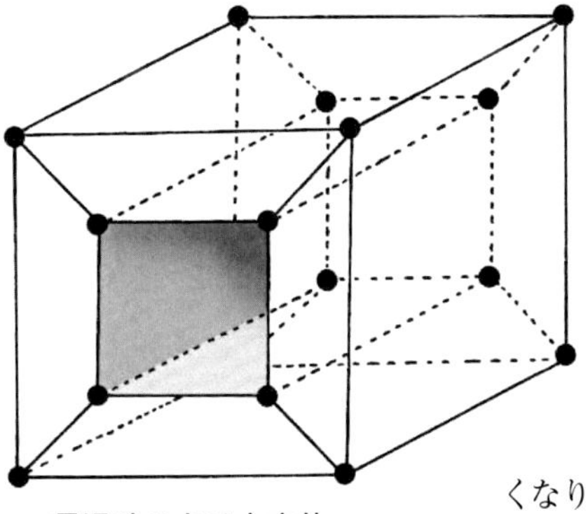

貫通孔のある立方体

$+ F = 8 - 12 + 6 = 2$に、バックミンスターフラーレンの場合、$V - E + F = 60 - 90 + 32 = 2$になっています。この理論はこれまでの多角形の概念に一石を投じることになりました。

もしも立方体に左の図のような貫通孔があるとしたら、それは多面体といえるのでしょうか？　この場合$V = 16$、$E = 32$、$F = 16$なので、$V - E + F = 16 - 32 + 16 = 0$となり、オイラーの公式は成り立たなくなります。式が正しいと言いたければ、貫通孔がないことを条件にうたわなければなりません。しかし、オイラーは特殊な形状の多面体にもあてはまるよう、この式を一般化することにしました。

穴の開いた多面体の定理は？

位相幾何学の世界ではドーナツとコーヒーカップを同種の立体と考えますが、ドーナツとは種類が異なる立体にはどんなものがあるでしょう？ そのひとつが、ボールです。ドーナツはいくら変形してもボールにはなりません。なぜなら、ドーナツには穴があり、ボールには穴がないからです。ふたつの立体の基本的な違いはこの事実にあります。つまり、位相幾何学的に立体を分類する基準は、そこに開いている穴の数ということなのです。

そこで、r個の穴がある多面体の表面にいくつかの頂点を置き、それらを結ぶ辺で表面をいくつかの領域(面)に分けると、どのような分け方をしても、$V - E + F$は同じ値になります。

$$V - E + F = 2 - 2r$$

もし多面体に穴がひとつもなければ($r = 0$)、それはごく普通の多面体であり、$V - E + F = 2$となりますし、上図の立方体のように穴がひとつのときは($r = 1$)、$V - E + F = 0$となります。

面がひとつしかない曲面とは？

面には、普通、ふたつの面があります。ボールの外面は内面とは別の面で、外面から内面に行くにはボールに穴をあけるしかありません。が、切るという操作は位相幾何学では許されていないのです（引き伸ばすことはできても、切ることはできません）。紙にもふたつの面があります。表面から裏面に行くには、紙の縁がかたちづくる境界線を越えなければなりません。

単側曲面（面がひとつしかない）という考え方には強引な印象があるかもしれません。が、19世紀に、ドイツの数学者にして天文学者でもあるアウグスト・メビウスによって有名な例が発見されています。帯状の紙を半回転だけひねって両端を貼り付けます。こうしてできあがったものが境界のある単側曲面で、"メビウスの帯"といわれるものです。鉛筆で帯の中央に線を引いていくと、なんと、引きはじめたところに戻ります！

メビウスの帯

境界が存在しない単側曲面もあります。ドイツの数学者フェリックス・クラインにちなんで"クラインの壺"と呼ばれているものです。この立体の驚くべき点は、自己交差をもたないことです。しかしながら、三次元空間で物理的な交差なしにクラインの壺の模型をつくることはできません。この立体は本来、四次元で実現される交差のない単側曲面なのです。

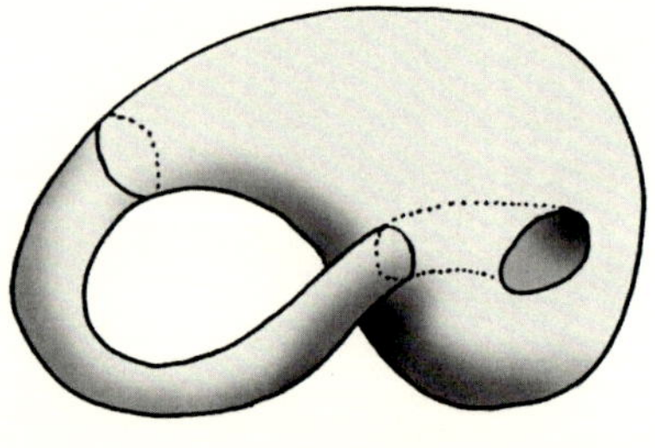

クラインの壺

これらの曲面はいずれも、位相幾何学者が"多様体"と呼ぶもので、一部分だけを見ると二次元の紙きれのように見えます。境界をもたないクラインの壺は、二次元閉多様体ということになります。

ポアンカレ予想を証明したペレルマン

1世紀以上にわたって数学者を悩ませた問題のひとつにポアンカレ予想があります。フランスの数学者アンリ・ポアンカレによって提示されたこの予想は、代数学と位相幾何学の関連性のうえに成り立つ問題です。

一部が未解決のままになっていたポアンカレ予想は、ごく最近、三次元閉多様体について証明されたことで全面的に解決しました。1次元高いクラインの壺を想像してもらえればわかるように、この問題が複雑なものであることに疑いの余地はありません。ポアンカレは、三次元の球体の代数的特徴をそなえた三次元閉多様体は球にほかならないと予想しました。たとえていうなら、巨大なボールの上を歩いているとき、それが球だという手がかりを示されていても、全体像を見ることができないために、本当に球かどうかがわからないのと同じことです。

三次元多様体についてのポアンカレ予想を証明できる者はなかなか現れませんでした。彼の仮説は〈真〉なのか？　〈偽〉なのか？　ほかの次元についてはすでに証明がすんでいましたが、三次元はくせものでした。多くの証明が提出されましたが、いずれにも誤りが見つかり、却下されました。しかし、2002年、サンクト・ペテルブルクのステクロフ数学研究所のグレゴリー・ペレルマンが、ついにその証明に成功します。ポアンカレ予想の解法は、ほかの数学上の重要問題の解法と同じように、少し離れたところ——熱拡散に関わる方程式——に隠されていたのです。

まとめの一言

ドーナツからコーヒーカップはつくれるがボールはつくれない

CHAPTER 24 〈次元〉

三次元よりも多い高次元空間がある?

レオナルド・ダ・ヴィンチは手稿にこう書き残しています。
「科学的な絵画は点にはじまり、2番目に線、3番目に面、そして4番目には面の重なりである立体がつづく」
彼が考える階層では、点が零次元、線が一次元、面が二次元、立体が三次元となっています。
これ以上に明らかなことがあるでしょうか?
点、線、面、立体の幾何学は古代ギリシャの幾何学者ユークリッドによってさかんに研究されたテーマで、レオナルドは彼の言葉を踏襲しているのです。

timeline

B.C.300年頃
ユークリッドが
三次元世界を説明する

1877
カントールが
次元論に見出した
自らの説に驚く

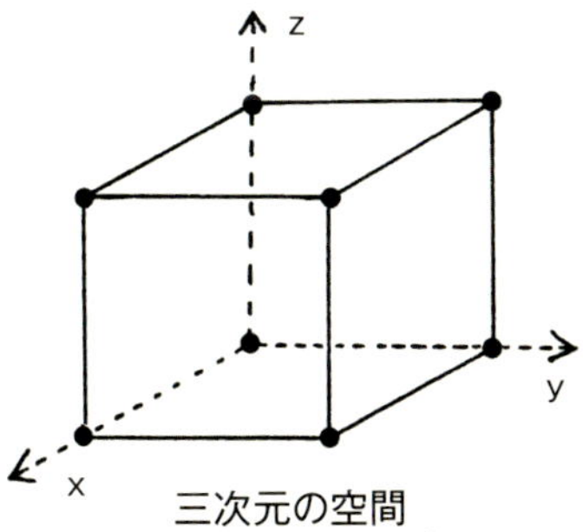

三次元の空間

物理的な空間は1000年ものあいだ三次元と考えられていました。物理的な空間のなかで、私たちは、x軸に沿って動くことも、平面上で直交するy軸に沿って動くことも、立体的に直交するz軸に沿って動くこともできます。さらに、それらを組み合わせて動くこともできます。移動先の点の原点との関係は、空間座標x、y、zの値で特定され、(x, y, z)というかたちで表されます。

立方体は明らかに三次元です。学校の数学では、まず二次元の平面図形を、それから三次元の立体図形を学び、通常はそこでおしまいになります。

数学者が四次元、あるいはその上のn次元の数学に興味をもちはじめたのは19世紀初頭のことで、より高い次元が存在するかどうかという問題は、多くの哲学者、数学者のあいだで議論の的となりました。

物理的な次元とは？

当時は、一流の数学者のほとんどが、四次元の世界など想像もできないと考えていました。四次元の存在には疑問がいだかれていたのです。そして、その存在を説明できる者はなかなか現れませんでした。

四次元の存在をわかりやすく説明するために、いったん二次元に立ち戻ることを考えてみましょう。1884年、イギリスの教師で神学者でもあるエドウィン・アボットが著し、人気を博した『フラットランド』という本には、二次元世界に暮らす人びとが描かれています。平面に住む人びとには、三角形も、正方形も、円も見ることができません。なぜなら、三次元世界に登って、

1909
ブラウエルが
これまでの次元の概念を
変える論文を発表する

1919
ハウスドルフが
“ハウスドルフ次元”という
分数次元の概念を提唱する

1970年以降
ひも理論によって
宇宙の10次元、11次元、
26次元構造が見出される

平面を見渡すことができないからです。彼らの視界はひどく限られています。彼らが考える三次元の世界は、われわれが思い描く四次元の世界に通じるものがあります。この本を読むと、四次元の存在を受け入れる心の準備になるかもしれません。

アインシュタインの出現によって、四次元空間の実在を考える必要性は、より差し迫ったものとなりました。四次元幾何学が妥当性を獲得し、理解しうるものになったのは、アインシュタインのモデルにおける4つ目の次元が“時間”だったからです。アインシュタインは四次元の時空連続体のなかで空間を結びつけているものは時間だと気づきました。ニュートンの説との違いはそこにあります。アインシュタインはわれわれが四次元世界——4つの座標(x, y, z, t)で表される世界で、tは時間を意味します——を生きていると言明しました。

アインシュタインの四次元世界も、今やどちらかといえば控えめなものになりつつあります。最近の物理的な時空連続体のモデルは“ひも理論”にもとづいて考えられています。それは、電子をはじめとするおなじみの素粒子を、非常に小さなひもの振動としてとらえる理論で、四次元の時空連続体がより高次のものにとって代わられることを示唆するものです。最新の研究によると、ひも理論を満足させる時空連続体の次元は10次元、11次元、あるいは26次元ともいわれています。

スイスのジュネーブにある*CERN*(欧州合同原子核研究機関)の*加速器には高速で素粒子の衝突を引き起こすために重量2000トンの巨大磁石が使われています。この加速器の本来の目的は物質の構造解明にありますが、その副産物として、次元に関するより優れた理論と“正しい”答えが見つかるのではないかと期待されています。専門家のあいだでは、宇宙は11次元と考えられているようです。

*加速器

物理学の分野で用いられる実験装置。加速した素粒子を互いに衝突させて素粒子の構造や性質などを調べる(編集部注)

数学には無限次元もある

物理的な高次元空間と違って、数学的な高次元空間には何ひとつとして問題が生じません。数学的空間の次元の数には制限がないため、数学者たちは19世紀の初頭から次元の変数nを常用しています。ノッティンガムのパン屋に生まれ、電気関係の数学を研究したジョージ・グリーンも、純粋数学者のオーギュスタン=ルイ・コーシー、アーサー・ケイリー、ヘルマン・グラスマンも、みなn次元の超空間を使ってそれぞれの研究対象を説明しています。これは数学に限ったことではありませんが、無意味な制限を加えることで、優雅さや透明性をあきらめる必要など、どこにもないのです。

n次元とは、三次元の座標(x, y, z)における3種類の要素をn種類に拡大したものにすぎません。二次元の円の方程式が$x^2 + y^2 = 1$、三次元の球の方程式が$x^2 + y^2 + z^2 = 1$なら、四次元の超球の方程式は$x^2 + y^2 + z^2 + w^2 = 1$になると考えみてはどうでしょう。

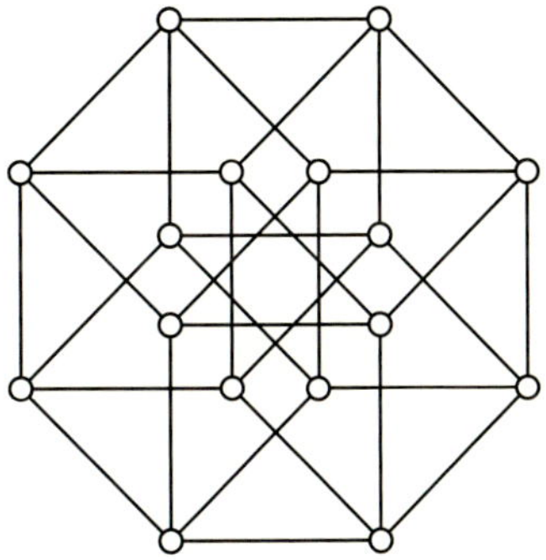

四次元立方体

8つの頂点の座標(x, y, z)が、0もしくは1だけで表せる三次元の立方体があります。立方体には6つの面があり、そのそれぞれが正方形で、頂点の数は$2 \times 2 \times 2 = 8$個です。では、頂点の座標(x, y, z, w)が0もしくは1だけで表せる四次元の立方体ではどうなるでしょう？　この場合、頂点の数は$2 \times 2 \times 2 \times 2 = 16$個、面の数は8つで、それぞれが立方体をかたちづくると考えられます。四次元の立方体を実際に見ることはできませんが、そのイメージを紙の上に表現することは可能です。数学者がイメージする四次元立方体を投影すると、左の図のように立方体の面影をかすかに残したものになります。

数学的な高次元空間は、純粋数学の研究者にとってきわめて普遍的なものです。プラトン的理想世界での話ではありますが、その存在に異議を唱える者はいません。有限単純群の分類のなかで発見された“モンスター群”(229ページを参照)は、196883次元という数学的空間の対称性を表すものです。このような高次元空間は、われわれがつね日頃目にしている三次元空間のように見えるものではありません。が、想像することはできますし、最新の代数学を駆使して厳密に扱うこともできます。

数学者の次元への関心は、物理学者の次元解析へのこだわりとはまったく別のものです。物理学者が次元として扱うのは、主として、質量 M、長さ L、時間 T です。したがって、次元解析によって式が正しいかどうかを確かめることができます。正しければ、その両辺が同じ次元になっているはずです。

たとえば、力＝速度にはなりません。速度は長さを時間で割ったものなので、次元は L/T、あるいは LT^{-1} となります。いっぽう、力は質量に加速度を掛けたもので、加速度は速度を時間で割ったものなので、力の次元は MLT^{-2} となります。

位相幾何学と次元との関係

次元の概念はそのほとんどが種々の抽象的な空間のなかで独立して定義されていますが、次元論は一般位相幾何学の一部です。一般位相幾何学における次元論の主な役割は、互いの関係をいかに説明するかにあります。その立役者となったアンリ・ルベーグ、ライツェン・エヒベルトゥス・ヤン・ブラウワー、カール・メンゲル、パベル・ウリゾーン、レオポルド・ヴィエトリスらは、それぞれの分野で次元の意味を徹底的に調べた数学者です（ヴィエトリスは2002年に110歳で亡くなったとき、オーストリアの最高齢者でした）。

座標の上に“置かれた”人間

人類は多くの次元から成り立っている。ひとりの人間には、とても3つではおさまらない座標軸がある。その座標を仮に（a,b,c,d,e,f,g,h）として、年齢、身長、体重、性別、靴のサイズ、目の色、髪の毛の色、国籍を表しているものとすると、われわれは人間を幾何学的な点として表すことができる。この八次元の“空間”で、ジョン・ドゥは（43歳、165㎝、83㎏、男、9、青、茶、デンマーク）、メアリー・スミスは（26歳、157㎝、56㎏、女、4、茶、ブルネット、イギリス）というふうに、座標点に置き換えられる。

この分野で最も重要な書籍といえば、1941年にヴィトルト・フレヴィッツとヘンリー・ウォルマンが上梓した『次元論』で、次元の概念に重大な転機をあたえた1冊という位置づけは今も変わりません。

3次元から無限次元へ

古代ギリシャ人によって3つの次元が見出されて以来、次元の概念は批判にさらされながら発展をつづけてきました。

空間と時間(4つめの次元)や、10次元、11次元、26次元を必要とする最新のひも理論をよりどころとする物理的な次元に較べて、数学的なn次元の空間は、さほどの苦労もなく受け入れられるようになりました。すでにさまざまな分野で、フラクタル(146ページを参照)の分数次元への進出がはじまっていますし、純粋数学の基本的な枠組みには、ドイツの数学者ダフィット・ヒルベルトが提唱した無限次元という数学的空間が使われています。今や次元は、一次元、二次元、三次元しかないユークリッド幾何学から遠く離れたところにやってきているのです。

まとめの一言

数学の世界では無限次元の空間も研究されている

知ってる?

CHAPTER 25 〈フラクタル〉

部分と全体が相似になる世界とは?

1980年3月、ニューヨーク州ヨークタウン・ハイツの
*IBM*研究センターにある最新式の大型汎用コンピュータが、
テクトロニクス社製の古い印刷機に指示を送りました。
印刷機は指示に従って白紙の上の興味深い位置に
点を打っていきました。印刷の音が止むと、そこには
インクで汚してしまったかのような紙が残りました。
ブノワ・マンデルブローは信じられない思いで目をこすりました。
彼にはその重要性がわかっていたのです。
それはいったいなんなのでしょう?
印刷機がゆっくりと打ちだした像は、
現像液のなかで印画紙に浮かび上がってくる
白黒写真のようにも見えますが、
実は世界初のフラクタルの象徴、
マンデルブロー集合だったのです。

timeline

1879
ケイリーが
フラクタルの
先駆け的な研究に取り組む

1904
フォン・コッホが
雪片曲線を考案する

それは高度な実験数学で、ちょうど物理学や化学のように、実験台の上でおこなわれる取組みでした。実験は今もつづいていますが、そこに開けたのは、文字どおり、新しい展望でした。いずれ筋の通った議論がおこなわれ、厳密さを取り戻すことになるとはいえ、それは、“定義、定理、証明”といった味気ない世界からの解放でした。

この実験的な取組みの弱点は、理論的な証明に較べて視覚的なイメージが先行することにありました。実験主義者は地図をもたずに道を進みます。マンデルブローはフラクタルという言葉を使いました。それはいったいなんなのでしょう？　通常の数学的な技法で厳密に定義されているのでしょうか？　当初、マンデルブローは定義したがりませんでした。定義に磨きをかけることで実験の魔法が損なわれると考えていたのです。彼にはそれが不適切なこと、限定的なことに思えました。フラクタルの概念は、上質なワインのように、壜詰めのまえにいくらか熟成させる必要がある——マンデルブローはそう考えていました。

マンデルブロー集合

マンデルブローと彼の仲間たちは、とりたてて難解な数学を扱う学者ではありません。彼らは最も単純な公式に取り組んでいました。基本となる考え方は反復——ひとつの式を繰り返し使う——にもとづくもので、マンデルブロー集合を生み出した式も、$x^2 + c$ という、ごく単純なものでした。

まずは、c の値を決めなければなりません。$c = 0.5$ でやってみることにします。そして、x を 0 として計算すると、$x^2 + 0.5 = 0 + 0.5 = 0.5$ となります。x を 0.5 として計算すると、$x^2 + 0.5 = (0.5)^2 + 0.5 = 0.75$ となります。x を 0.75 として計算すると、x^2

1919
ハウスドルフが
分数次元（ハウスドルフ次元）
の概念を提唱する

1919
ジュリアとファトゥが
複素平面における
フラクタル構造を研究する

1975
マンデルブローが
フラクタルという言葉を
使いはじめる

$+ 0.5 = (0.75)^2 + 0.5 = 1.0625$となります。すべて電卓でできる計算です。これをつづけていくと、答えは次第に大きくなっていきます。

今度は$c = - 0.5$で試してみましょう。先ほどと同じ要領で計算すると、$x = 0$のときは$- 0.5$、$x = - 0.5$のときは$- 0.25$、$x = - 0.25$のときは$- 0.5625$、そして$x = - 0.5625$のときは$- 0.18359375$というように、答えは上下しながら、最終的に$- 0.3660\cdots$のあたりに近づいていきます。

したがって、$c = 0.5$として$x = 0$からはじめたときの数列が無限に広がっていくのに対して、$c = - 0.5$として$x = 0$からはじめたときの数列は$- 0.3660\cdots$のあたりに収束していくことがわかります。このように、$x = 0$からはじめたときに無限大に逃れていくことのないcの値の集合をマンデルブロー集合といいます。

話はここで終わりではありません。というのも、一次元の実数——任意の一次元のマンデルブロー集合について考えただけでは、じゅうぶんとはいえないからです。私たちが考えなければならないのは、$z^2 + c$という式についてです。かたちは同じですが、zとcは二次元の複素数(45ページを参照)です。これによって、われわれは二次元のマンデルブロー集合を手に入れることになります。

マンデルブロー集合における$z^2 + c$の値は、zの変化に伴って踊っているかのような不思議な動きを見せますが、無限大に逃れようとしません。このマンデルブロー集合は、もうひとつのフラクタルの特性として、自己相似性を有しています。この集合を拡大したものを見ても、その拡大のレベルがどの程度のものかは見極めることはできません。なぜなら同じかたちのマンデルブロー集合を繰り返し見ることになるからです。

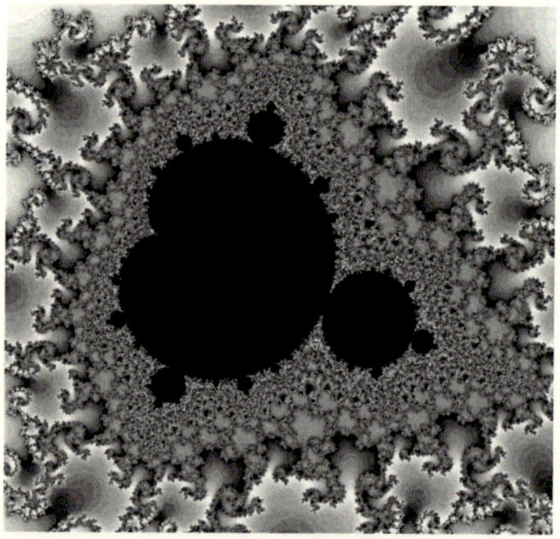

マンデルブロー集合

歴史を振り返ってみると……

数学の定理や法則の発見が、正真正銘の新発見であることはめったにありません。歴史をひもとくと、アンリ・ポアンカレやアーサー・ケイリーは、マンデルブローよりも100年早く、その手の集合の存在にほぼ気づいていたことがわかります。不幸にも、彼らはその事実をより詳しく調べるための計算のパワーをもち合わせていなかったのです。

初期のフラクタル研究者によって発見された曲線には、それ以前は顧みられることもなかったおかしな形状のものが含まれていました。そういった奇怪なかたちの曲線は、数学者の戸棚のなかにしまわれたまま、ほとんど人目につくことがありませんでした。当時、曲線といえば、微分学で扱われる“なめらかな”正規曲線だったのです。フラクタルが注目を集めたことで、あらためて自分の研究ができるようになったのがガストン・ジュリアとピエール・ファトゥで、彼らは第一次世界大戦後、数年間にわたって複素平面上に現れるフラクタル構造の研究に取り組みました。むろん、当時はフラクタルという言葉は使われていませんでしたし、そのかたちを確かめるための装置もありませんでした。

それ以外の有名なフラクタルは？

よく知られるフラクタルのひとつに、スウェーデンの数学者、ニールス・ファビアン・ヘルゲ・フォン・コッホが発見したコッホ曲線があります。そのかたちからコッホ雪片とも呼ばれますが、実質的に最初に発見されたフラクタル曲線です。それは、正三角形の各辺を要素として、それを3等分し、その中央を「大きさが3分の1の正三角形の2辺に置き換える」という作業を無限に繰り返すことでつくりだされます。

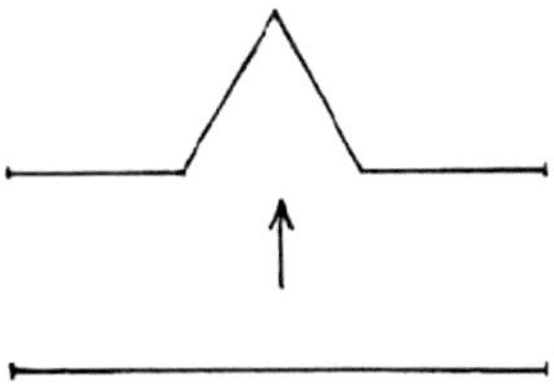

コッホ曲線のつくり方

コッホ雪片の興味深い特性は、ひとつの円のなかにおさまる限られた領域をもちながら、辺の長さの合計は、前述の作業を繰り返すたびに増大していくということです。つまり、コッホ雪片は有限領域を囲む曲線でありながら、無限の長さをもつことになります！

もうひとつの有名なフラクタルにも、発見者であるポーランドの数学者にちなむ名前がつけられています。ヴィツワフ・シルピンスキーのガスケットは、ひとつの正三角形から、半分の大きさの正三角形を抜き取るという作業を繰り返すことでつくりだされるものです（異なる方法は77ページを参照）。

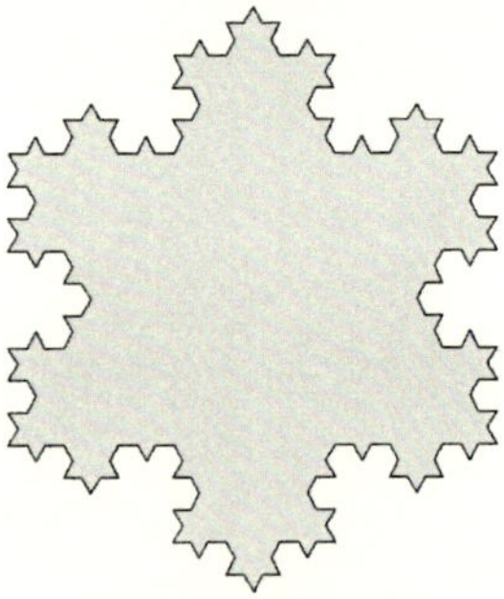

コッホ雪片

シルピンスキーのガスケット

次元は整数（1次元、2次元…）だけとは限らない？

革新的な視点で次元をとらえたのがドイツの数学者フェリックス・ハウスドルフです。それは尺度に関するものです。ある線分を倍率3で拡大すると、線分の長さは3倍になります。$3 = 3^1$ なので、線分の次元は1ということです。正方形を倍率3で拡大すると、正方形の面積は9倍になります。$9 = 3^2$ なので、正方形の次元は2です。立方体を倍率3で拡大すると、体積は27倍になります。$27 = 3^3$ なので、立方体の次元は3です。これらはハウスドルフ次元といって、その数はわれわれが考える線分、正方形、立方体の次元数と一致しています。

コッホ曲線の基本単位を倍率3で拡大すると、長さはそれまでの4倍になります。前述の方法で計算すると、$4 = 3^D$ で、この式の D がハウスドルフ次元です*。この式を書き換えると、

*「まったく同じ図形が4つ現れる」という意味で、その大きさは4倍になる、と考えられる。それが $4 = 3^D$ の根拠（監訳者注）

$$D = \frac{log4}{log3}$$

になり、コッホ曲線の次元 D の近似値は1.262であることがわかります。コッホ曲線の通常の次元（位相次元）は1ですが、フラクタルではハウスドルフ次元が通常の次元よりも大きくなることが多いようです。

ハウスドルフ次元はフタクタルについてのマンデルブローの定義——整数ではない次元 D の点集合——を具現化する鍵となるもので、フラクタルを理解するうえで欠かすことのできない重要な概念となっています。

フラクタルはどこに応用されているの？

フラクタルには潜在的に幅広い利用価値があります。フラクタルを応用すれば植物の成長や雲の形成といった自然現象をモデル化する数学的な手段になるかもしれません。

フラクタルはすでに、珊瑚、海綿といった海洋生物の成長の理解に役立てられており、また、都市の拡張とフラクタルの成長には類似性があることがわかっています。医薬品の世界では、脳の活動のモデル化にフラクタルの応用法が見出されています。さらに、株価や為替相場の変動に見られる特性をフラクタルととらえる研究も進められています。このように、マンデルブローの実験によって開かれたこの新しい領域では、今も新たな発見がつづいています。

まとめの一言

フラクタルの世界の次元は整数とは限らない

CHAPTER 26 〈カオス〉

混沌《カオス》にも秩序がある?

カオスは理論化できるのでしょうか?
そもそも、理論がないからカオスというのではないでしょうか?
話は1812年にさかのぼります。
ナポレオンがモスクワに侵攻した頃、
彼の同国人であるピエール=シモン・ラプラス侯爵が、
決定論的世界に関する論文を発表しました。
そのなかでラプラスは、ある特定の瞬間の物体の位置と速度、
さらにはそこに働く力がすべてわかれば、
その後の任意の瞬間についてもそれらの値を
正確に算出することができる、と言っています。
宇宙とそこに存在するすべての物体のゆくすえは
すっかり決まっている、というわけです。
カオス理論は、宇宙にはそれをしのぐ複雑さがあるとことを
示すものです。

timeline

1812
ラプラスが
決定論的世界にまつわる
論文を発表する

1889
ポアンカレが「三体問題」の研究のなかで
カオスに出会う。彼はこの研究で
スウェーデン国王、オスカル二世から
賞を授与される

現実的な問題として、すべての物体の位置、速度、力を把握することは不可能ですが、フランスの数学者ラプラスは、ある瞬間におけるそれらの近似値しかわからなかったとしても、宇宙がまるで違うものになることはないと推論しました。これは当然のことです。スタートのピストルが撃たれた0.1秒後に走り出したランナーは、いつもより0.1秒遅いタイムでゴールすることになるのと同じで、初期条件のずれが小さければ、結果に現れるずれも小さなものになるというのが、彼の推論です。

蝶が羽ばたくと気象が変化する?

バタフライ効果とは、初期設定における小さなずれが、どれほど予想外の結果を生み出すかということを物語るものです。ヨーロッパで一日じゅう好天が予想されているとしても、南アメリカで蝶が羽ばたけば、それが引き起こすかすかな気圧の変化で気象のパターンががらりと変わり、遠く離れたヨーロッパに予想外の嵐を引き起こす可能性があるということです。

その考え方を、簡単な装置を使った実験で説明してみましょう。鉛直面にたくさんの釘が打たれた箱の上部中央から小さな玉を落下させます。玉は釘に当たるたびに右下·左下のいずれかに進路を変えながら、底のスロット(すき間)におさまります。まったく同じ玉を、まったく同じ位置から、まったく同じ速度で落とせばラプラス侯爵の言うとおり、同じ進路をたどって同じスロットにおさまるはずで、最初の玉が右から3番目のスロットにはいったら、2個目の玉も右から3番目のスロットにはいると予想することができます。

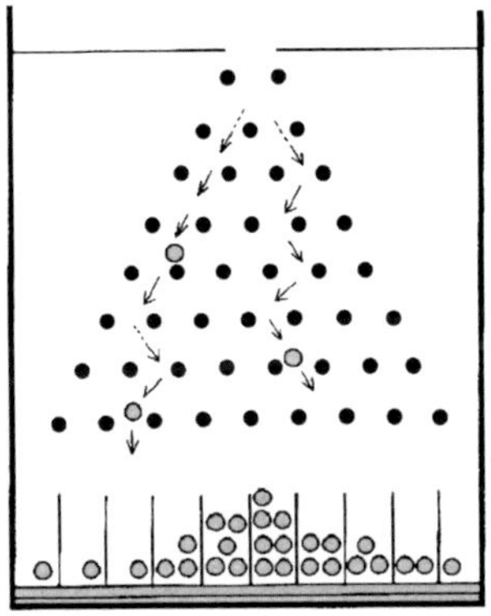
玉はどこに落ちる?

しかし、当然ながら、つねに同じ位置から、同じ速度、同じ力で玉を落とすことはできません。現実の世界では、そこには、

1960年頃
ローレンツが
バタフライ効果を
発見する

1970年頃
ロバート·メイが
集団モデルにおける
カオスを研究する

2004
カオス理論が
映画『バタフライ·エフェクト』の題材として
大衆文化に浸透する

計測できないほどわずかな違いが存在します。その結果、玉はまったく違うルートで落下し、違うスロットにおさまることになります。

二重振り子はランダムに動く？

最も分析しやすい装置のひとつに単振り子があります。振り子は前後に揺れるうちにエネルギーを失っていきます。おもりの動きの角変位と角速度はしだいに小さくなり、最後には静止します。

振り子の動きは相図というグラフ上に表すことができます。水平軸を角変位、鉛直軸を角速度として、その相関を表します。おもりは水平軸上の正の側の点Aで落下をはじめ、鉛直軸上の点 B を通過するとき（この点で角変位はゼロ）、速度は最大となります。水平軸上の負の側にある点 C で、角速度はゼロとなりおもりは引き返します。おもりは鉛直線上の点 D を通って引き返し（このときは反対に向かうため、速度は負の値）、点 E で1回ぶんの動きが完了します。これが相図上には360°の回転となって現れますが、振幅は減衰するので、点 E は点 A の内側になります。振り子の揺れは次第に小さくなり、やがて止まりますが、そのあいだ、相図の線はらせんを描きながら原点を目指します。

これは、単振り子をふたつつなげた、二重振り子にはあてはまりません。角変位が小さいときの二重振り子の動きは、単振り子のそれとさほど変わりませんが、角変位が大きくなると、二重振り子のおもりには揺れ、回転、ふらつきといった動きが見られるようになります。このとき、接続部のおもりはランダムに動いているようにしか見えません。外力を加えずに放っておけばおもりはやがて静止しますが、相図に現れる曲線は単振り子のときの行儀のいいらせんとは、似ても似つかないものになります。

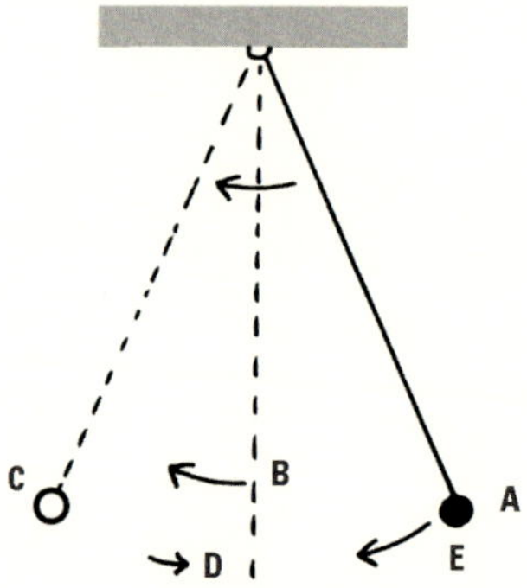

単振り子

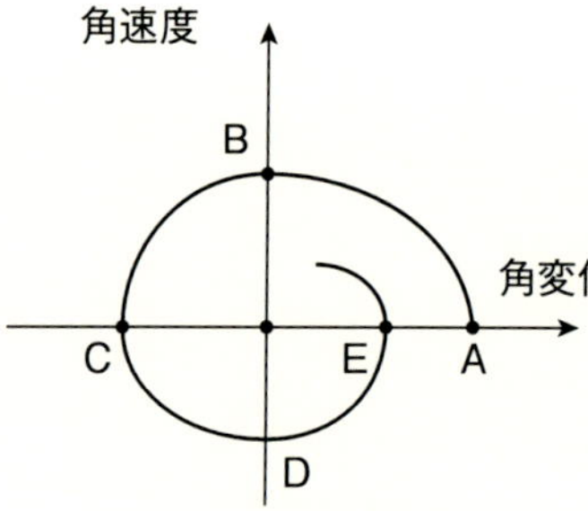

単振り子の相図
（図中のA～Eは
上の図のA～Eに対応）

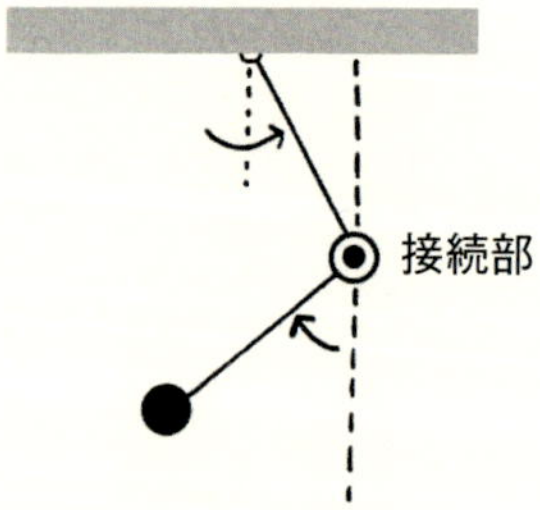

二重振り子の動き

人口に見るカオス的動き

カオスの特質はランダムな結果を生み出すように見える決定論的な体系にあります。繰り返し（反復）のもうひとつの例として、$a \times p \times (1 - p)$ という式を考えてみましょう。p はなんらかの人口（*population*）で、この式は0から1の範囲の値をとるものとします。p が0から1の範囲にあるためには、定数 a の値は0と4のあいだになければなりません。

まず、$a = 2$ のときの人口を見てみます。とりあえず、スタート地点（時間＝0）の p の値が0.3だとすると、$a \times p \times (1 - p) = 2 \times 0.3 \times (1 - 0.3) = 0.42$ になります。こうして得た0.42を p の値として計算すると、結果は0.4872になります。この計算をつづけていくと、今後の人口を知ることができます。この場合、p はほどなくして0.5に落ち着きます。この収束は a が3より小さいときに必ず起きるものです。

今度は a の値を上限に近づけて、$a = 3.9$ で計算してみましょう。スタート地点（時間＝0）の p の値を先ほどと同じように0.3としても、人口は収束せず、大きく揺れ動くことになります。この現象は a の値がカオス領域（$a > 3.57$）にあるために起きるものです。さらに、スタート地点の p の値を0.29にして計算をつづけると、最初の数段階は0.3のときと似たようなパターンをとりますが、ある時点から完全に離れていきます。この現象は1960年頃、エドワード・ローレンツによって発見されたものです（次ページコラムを参照）。

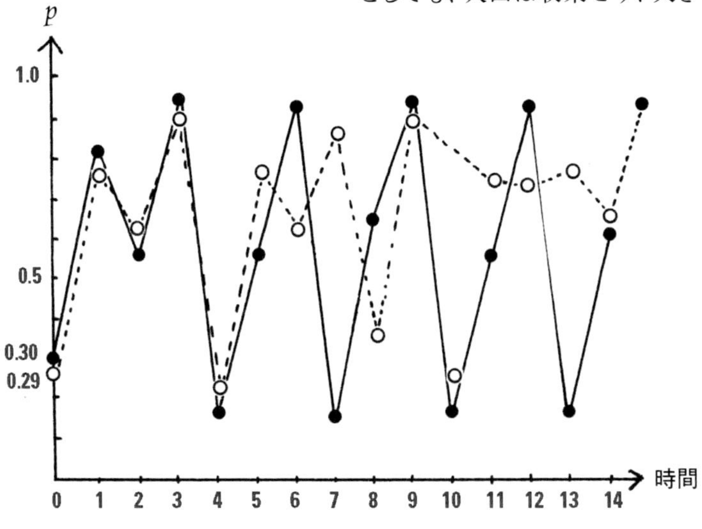

時間の経過に伴う人口の増減

天気を予測する方程式

どれほど性能のいいコンピュータを駆使したところで、天気予報は数日先までがせいぜいといわれています。私たちが数日をほんの少し超えた時点の天気を予想できずにいる原因は、天候を支配する方程式が非線形である――二次以上の項が含まれる――という点にあります。

天気予報には、1821年頃にフランスの技師クロード・アンリ・ナヴィエが、また1845年にイギリスの数理物理学者ジョージ・ガブリエル・ストークスが、それぞれ独自の方法で導き出した方程式が使われています。このナヴィエ–ストークス方程式は、多くの科学者の注目を集めます。マサチューセッツ州ケンブリッジのクレイ数学研究所は、この式に隠された数学的な理論を解き明かした者には、誰であれ賞金100万ドルを贈呈すると呼びかけています。この式を流体力学の問題に適用すると、上空で観察される定常的な流体の動きについてはかなりのことが予測できますが、混沌(カオス)は、なんらかの理由で地表付近の大気に発生する乱流によって引き起こされています。線形方程式の理論についてはさまざまなことが判明していますが、非線形の項が含まれるナヴィエ–ストークス方程式は、その扱い

気象学から数学へ

バタフライ効果の発見(1960年頃)はたまたまのことだった。マサチューセッツ工科大学の気象学者エドワード・ローレンツは、旧式のコンピュータにデータ処理を命じてコーヒーを飲みに行くが、戻ったところで予想外の結果が現れていることに気づいた。彼が入力したのは過去に一度処理させたことがあるデータだったが、そこに現れたのは、見憶えのない処理結果だった。わけがわからなかった。同じ初期値を入力したのだから、同じ処理結果になるはずだった。古いコンピュータを売り払って、もっと信頼性の高いマシンを手に入れる潮時だろうか?

しばらくして、彼は初期値の入力方法に違いがあったことに気づいた。前回入力したときには、小数点以下6桁まで入力したが、今回は3桁までしか入力しなかったのだ。彼はこの差異を説明するために、"バタフライ効果"という言葉をつくりだした。この発見以来、彼の知的好奇心は数学へと向かっていった。

が容易ではありません。解を求めるには、処理能力の高いコンピュータを使って、近似値を計算するよりほかないのです。

ストレンジ・アトラクター

力学系は、その相図のなかに“アトラクター”をもっている可能性があります。単振り子の場合のアトラクターは、最終的におもりが向かっていく原点ただひとつです。二重振り子の場合、話はこみいったものになりますが、やはり相図はある規則性を示し、1組の点にひきつけられていきます。この1組の点は、“ストレンジ”アトラクターと呼ばれる明確な数学的構造を持つフラクタルをかたちづくります。このことからも、すべてのカオスが混沌をきわめているわけではないことがわかります。最新のカオス理論の研究では、“混沌をきわめたカオス”ではなく“秩序あるカオス”が扱われています。

まとめの一言

混沌《カオス》には文字どおりの混沌《カオス》と秩序ある混沌《カオス》がある

CHAPTER 27 〈平行線公準〉 知ってる？

見方が変わると平行線の数も変わる？

このドラマティックな物語は、単純な幾何学の話で幕を開けます。
直線 l と点 P があります。点 P は直線 l 上にはないものとします。
点 P を通る直線のうち、直線 l と平行な直線は何本あるでしょう？
点 P を通る直線のうち、双方の側にいくら延長しても
直線 l と交わらないものは、明らかに1本しかありません。
これは自明の理であり、常識として疑いようがない事実です。
ユークリッドは、幾何学の基礎を論じた『原論』のなかで、
これを公準（仮定）のひとつとして扱っています。

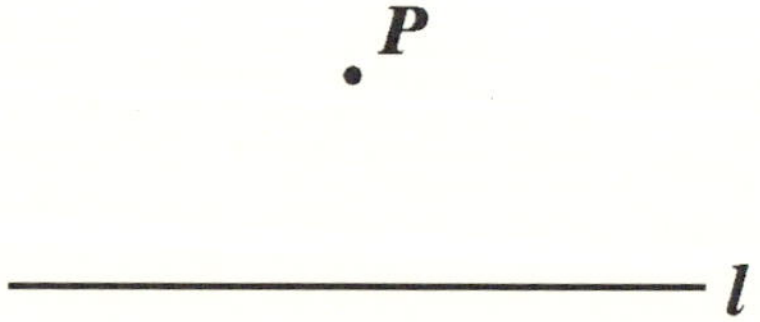

timeline

B.C.300年頃
ユークリッドが『原論』で
平行線公準について
述べる

1829~31
ロバチェフスキーとボヤイが
彼らの専門である双曲幾何学に
ついての著書を出版する

常識がいつも信頼できるという保証はどこにもありません。ユークリッドの公準に数学的合理性があるかどうかを見ていくことにしましょう。

幾何学の集大成——ユークリッドの『原論』

ユークリッド幾何学は、紀元前300年頃に書かれた全13巻からなる『原論』に説明されています。『原論』はこれまでに書かれた数学書のなかで最も影響力の大きなもののひとつで、古代ギリシャの数学者のあいだでは、幾何学の集大成として読まれてきました。今現在も残っているその手稿は、後世の数学者たちによって研究され、翻訳され、世界じゅうに伝えられ、幾何学のあるべき姿として高く評価されてきました。

『原論』は学校にまで浸透し、“聖典”として読まれるようになります。とはいえ、幼い子供たちには不向きであることもわかってきました。詩人のA.C.ヒルトンはこんな気の利いたことを言っています。「規則どおり(*rote*《ロート》)に書いた(*wrote*《ロート》)からといって、正しく(*right*《ライト》)書いた(*write*《ライト》)ことにはならない」。もちろん、ユークリッドは子供のために『原論』を書いたわけではない、という意見もあるでしょう。19世紀のイギリスの学校で子供たちがぜひとも学ぶべき課題と位置づけられていたユークリッド幾何学は、今日、数学者の試金石となっています。

『原論』の特筆すべき点はそのスタイルにあります。ユークリッドは、一連の証明された命題を使って幾何学を解説しました。シャーロック・ホームズがそれを知れば、自明の前提(公準)をもとに論理を展開するその演繹的方法を賞賛するに違いありません。そして、「情の感じられない冷徹な方法」として理解を示さないワトソンを非難することでしょう。

1854
リーマンが
幾何学の基礎について
講演する

1872
クラインが
群論によって
幾何学を統一する

1915
アインシュタインが
リーマン幾何学を基礎に据えて
一般相対性理論を発表する

ユークリッド幾何学は公準にもとづいて構築されていますが、公準だけでじゅうぶんとはみなされませんでした。ユークリッドはそこに定義と共通概念（公理）を加えています。定義には、「点とは部分をもたないものである」「線とは幅のない長さである」といったものがあり、共通概念には、「全体は部分よりも大きい」「あるひとつのものと等しいふたつのものは、たがいに等しい」といったものがあります。そして、ユークリッドの公準に不足があることがわかったのは、19世紀も終わろうとする頃のことでした。

ユークリッドの第５公準を証明しようとしたが……

ユークリッドの5番目の公準は、2000年以上にわたって議論されてきました。スタイルひとつをとっても、まわりくどい言い回しや体裁の悪さが、場違いな印象をあたえているからです。ユークリッドも不満を感じていたはずですが、それは命題を証明するためにどうしても必要なもの、はずすわけにはいかないものでした。彼はほかの公準を使ってそれを証明しようとしましたが、どうしてもできませんでした。

後年、これをよりすっきりしたものに置き換えようという数学者が現れます。1795年、イギリスの数学者ジョン・プレイフェ

ユークリッドの公準

数学の特性のひとつは、公準のなかに、さまざまな定理をつくりだすものがあることだ。ユークリッドの公準はまさしくその一例で、のちの公理系のモデルとなった。以下に『原論』に書かれているユークリッドの5つの公準を示す。

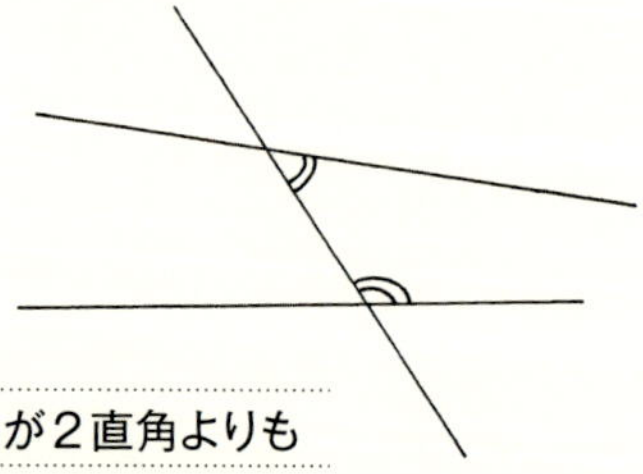

1. 直線は任意の点から任意の点へ引くことができる
2. 直線はどこまでも伸ばすことができる
3. 円は任意の中心と任意の半径で描くことができる
4. すべての直角は等しい
5. ２本の直線に１本の直線が交わっていて、その片側での内角の和が２直角よりも小さいとき、２本の直線は、内角の和が２直角より小さくなるほうの側で交わる

アは次のようにより扱いやすいかたちに書き換えました。「直線 l と直線 l 上にはない点 P があるとき、点 P を通って直線 l と平行になる直線は1本しかない」というものです。同じ頃、フランスの数学者アドリアン＝マリ・ルジャンドルも、内角の和が180度になる三角形の存在を強調する別の方法で、同じ公準の言い換えをおこなっています。新たに整えられた第5公準は、しばらくのあいだ、できすぎているという非難にさらされますが、それは、ユークリッドの不格好な記述に較べてわかりやすいというだけのことです。

第5公準を証明しようとする者もいました。それはユークリッド幾何学にとって魅力的な話です。証明が見つかれば公準は定理となり、これ以上の非難にさらされずにすむのですから。残念ながら、その試みは循環論法、つまり、証明しようとしていた結論を前提として用いる論法に陥ることがわかりました。

ユークリッド幾何学は崩壊した？

突破口を開いたのは、カール・フリードリヒ・ガウス、ヤノシュ・ボヤイ、ニコライ・イワノヴィッチ・ロバチェフスキーです。ガウスは自分の研究成果を公にしませんでしたが、1817年には間違いなくその結論に到達していました。ボヤイは1831年に、ロバチェフスキーは1829年に、それぞれ独自に論文を発表し、どちらが発見者かということが論争になりましたが、いずれ劣らぬ卓越した数学者であることに疑いの余地はありません。彼らは第5公準がほかの4つの公準から独立したものであることをうまく説明してみせました。ほかの4つの公準に第5公準の否定をつけくわえても理論体系に矛盾が生じないことを示したのです。

ボヤイとロバチェフスキーは、点 P を通り直線 l と交わることのない直線が複数存在しうる新しい幾何学を構築しました。どうすればそんなことができるのでしょう？
次のページの図の2本の点線は直線 l に交わっています。その主張を受け入れるとすれば、無意識のうちにユークリッドの視点になっているということです。しかしながら、ボヤイとロバチェフスキーが提唱した、「ユークリッド幾何学の常識が通用しない新種の幾何学」では、点線はいずれも直線lに交わらないという不思議なことがおきます。というのも、ユークリッド幾何学が平面上の幾何学であるのに対し、彼らの非ユークリッド幾何学は擬球と呼ばれる曲面の上の幾何学だからです。

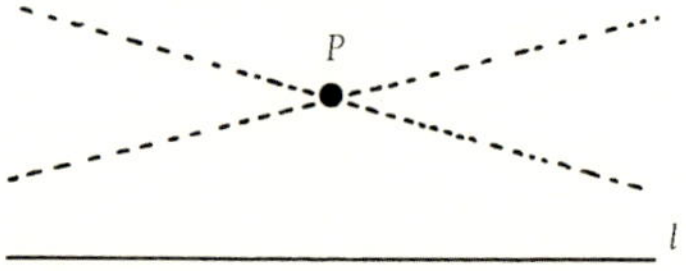

擬球の場合、2点を結ぶ曲面上の最短コースが、ユークリッド幾何学の直線と同じ役割を果たします。この非ユークリッド幾何学でおもしろいのは、三角形の内角の和が180度より小さくなることです。この幾何学は双曲幾何学と呼ばれています。

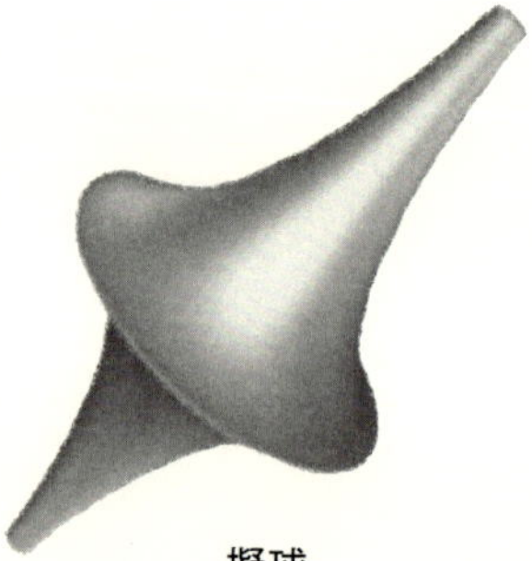

擬球

第5公準にはもうひとつ、点Pを通る直線はすべて直線lと交わる、という代案があります。つまり、点Pを通る、直線lと“平行な直線”は1本も存在しない、ということです。この幾何学は、ボヤイやロバチェフスキーが提唱した双曲幾何学とは別の種類ですが、正真正銘の幾何学、しかも、球面上の幾何学です。そこでは、大きな円(球体そのものと同じ大きさの外周をもつ)がユークリッド幾何学の直線と同じ役割を果たしています。この非ユークリッド幾何学では三角形の内角の和が180度よりも大きくなります。これは楕円幾何学といって、1850年代にこれを研究したドイツの数学者ベルンハルト・リーマンにゆかりのある幾何学の一分野です。

その昔、ユークリッド幾何学は、たったひとつの真の幾何学——イマヌエル・カントが言うところの「人間に深く根ざした幾何学」——と考えられてきましたが、その土台はすでに崩壊しています。現在、ユークリッド幾何学は双曲幾何学と楕円幾何学とのあいだに存在するさまざまな体系のひとつと考えられています。それらの体系は、1872年、フェリックス・クラインによってひとつの傘の下に統合されました。非ユークリッド幾何学の登場は、数学界を揺るがす大事件であり、アインシュタインの一般相対性理論への道を開くきっかけとなりました（284ページを参照）。一般相対性理論は、新しい種類の幾何学——ゆがんだ時空に通用する幾何学、あるいはリーマン幾何学がなければ成立しえないものです。現在、物体が落下する理由はニュートンが見出した万有引力ではなく、この非ユークリッド幾何学によって説明されています。たとえば太陽や地球のような巨大な物体が空間に存在すると、時空にはゆがみが生じます。これは、薄いゴムのシート上に小さな丸石を置いても小さなへこみができるだけですが、そこにボウリングの球を置くと大きなゆがみが生じるのと同じことです。

リーマン幾何学を用いてこのゆがみを測れば、天体の存在でゆがんだ巨大な宇宙空間（時空）における光の屈曲の度合いを予測することができます。時間を独立成分として扱う通常のユークリッド空間——ゆがみは存在しない——は、一般相対性理論では使えません。テーブルの上に紙が一枚置いてあるところを想像してください。この紙の上で、ゆがみはゼロとなります。リーマン空間——連続的に変化するゆがみを時間と考える——では、しわの寄った布のように、点から点への変化が生じます。ちょうど遊園地の凹面鏡や凸面鏡のようなもので、そこに見えるものは、どこから見るかによって違ってくるのです。

1850年代、若きリーマンの研究に感銘を受けたガウスは、宇宙の基本原理はリーマンの洞察によって革命的な変化を遂げることになる、と予言しています。

まとめの一言

**平行線の数や位置づけは
着目する幾何学によって異なる**

CHAPTER 28 〈離散幾何学〉

7つの点だけで成り立つ幾何学とは？

幾何学（*geometry*）は、文字どおり、
土地（*geo*）を測る（*measuring*）ことに根ざしたものです。
通常の幾何学では、調べようとする実線や立体があり、
それらはいずれもすき間なく並ぶ点からなると考えられています。
そのいっぽうで、離散数学では
すき間なく並ぶ実数の対極にあるものとして
整数が扱われます。
離散幾何学は、有限個の
点や線、格子状に並ぶ点を扱うもので、
「連続性」は「孤立性」に置き換えられます。

timeline

1639
パスカルが弱冠16歳にして、
パスカルの定理を発見する

1806
ブリアンションが、
パスカルの定理と
双対な定理を発見する

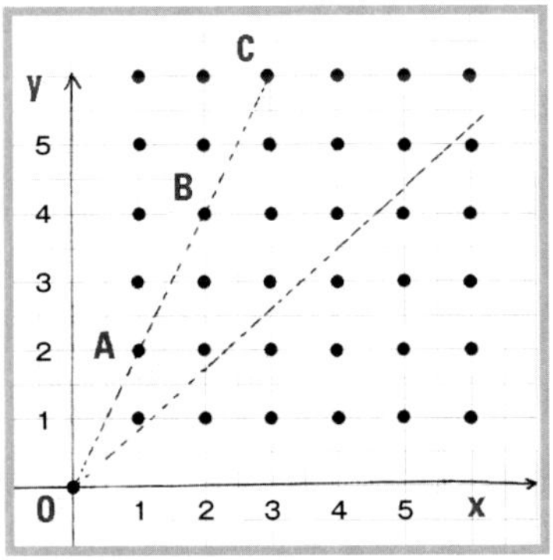

x-y 座標における格子点

離散幾何学における格子とは、一般に、座標の数値がすべて整数である点（格子点）が並ぶ空間のことです。この幾何学は興味深い問題を提起するもので、すき間だらけの空間は符号理論や実験計画法などにも応用されています。

一条の光を海に向かって放つ灯台を上空から眺めたとしましょう。原点 O（灯台）から放たれる光は、水平軸 x と垂直軸 y のあいだを照らしています。どの格子点（港に一定間隔でつなぎとめられた船と考えてください）に光が当たるかは、その位置どりから知ることができます。

光線の式を $y = mx$ とします。この式は原点を通る傾き m の直線を表すものです。たとえば $y = 2x$ だとすると、光は座標 $x = 1$、$y = 2$ に当たることになります。なぜなら、それらは式を成立させる値だからです。光線が格子点 $x = a$、$y = b$ に当たっているとすれば、傾き m は $\frac{b}{a}$ という分数になります。したがって、m が有理数でない場合（たとえば、$\sqrt{2}$ のように）は、光が当たる格子点はひとつも存在しないことになります。

$y = 2x$ の光線は座標が $x = 1$、$y = 2$ の点 A にぶつかります。が、座標が $x = 2$、$y = 4$ の点 B には届かず、A の影に隠れるほかの点（座標が $x = 3$、$y = 6$ の点 C など）もすべて闇のなかです。原点に立って、そこから見える点を確認すれば、B、C、は見えないことがわかるはずです。

座標が $x = a$、$y = b$ の点が原点から見えるとき、a と b は互いに素となっていることがわかります。たとえば $x = 1$、$y = 2$ のとき、1と2のあいだには1より大きな公約数が存在しません。この点の背後に隠れている点は、$x = 2$、$y = 4$、というように

1846
カークマンが
シュタイナーの三重系の
発見を予想する

1892
ファノが
射影幾何学の最も単純な例である
ファノ平面を発見する

1899
ピックが
多角形の面積に関する
定理を発表する

倍数になっています(右の図を参照)。

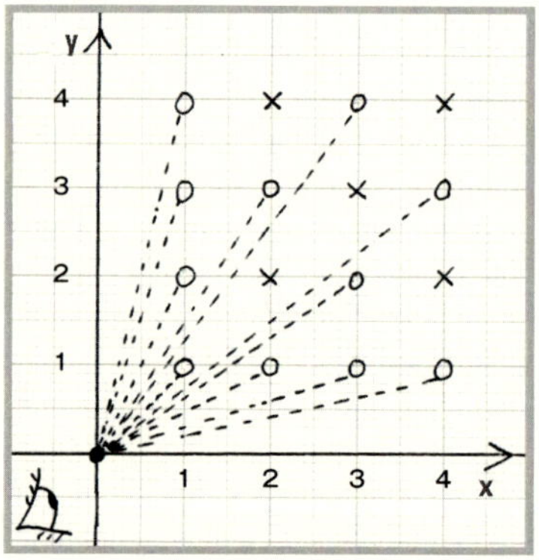

原点から見える点:○
原点から見えない点:×

格子点の数で多角形の面積を求める——ピックの定理

オーストリアの数学者ゲオルク・ピックには自慢の種がふたつあります。ひとつはアルバート・アインシュタインの親しい友人で、1911年に若かりし日のアインシュタインをプラハ大学に招く手助けをしたこと、もうひとつは1899年に"網目の幾何学"に関する短い論文を発表したことです。生涯を通して数学の幅広い分野を研究したピックは、ピックの定理にその名を残すことになりました。では、その驚くべき定理をみてみましょう!

ピックの定理は、格子点をつないでできる多辺形(多角形)の面積を求めるもので、まるでピンボールの数学です。

面積は、境界線上の格子点(●)の数bと、図形内部の格子点(○)の数cを数えることで求められます。右の例の場合、境界線上の格子点が$b=22$、図形内部の格子点が$c=7$です。これさえわかれば、あとは次のピックの定理にあてはめるだけです。

$$面積=\frac{b}{2}+c-1$$

この例でいえば、面積は$\frac{22}{2}+7-1=17$、つまり面積は単位正方形17個ぶんということになります。ピックの定理は整数座標の点を線でつないだ図形であれば、線に交差がない限り、どんな図形にも適用することができます。

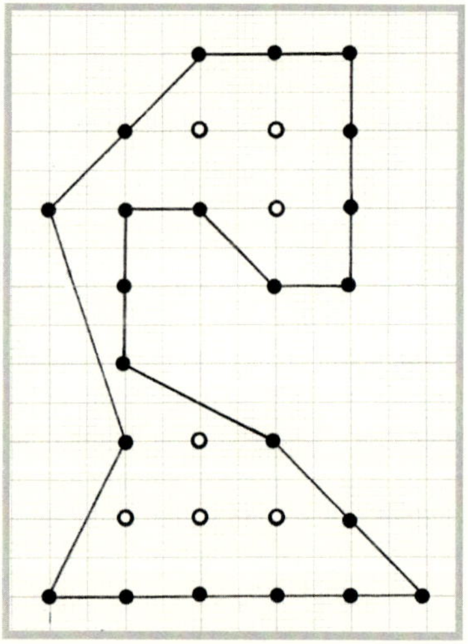

多辺形(多角形)

7つの点と7本の"線"が織り成す幾何学——ファノ平面

ファノ平面の幾何学はピックの定理と同時期に発見されたものですが、計測に関わるものではありません。ファノ

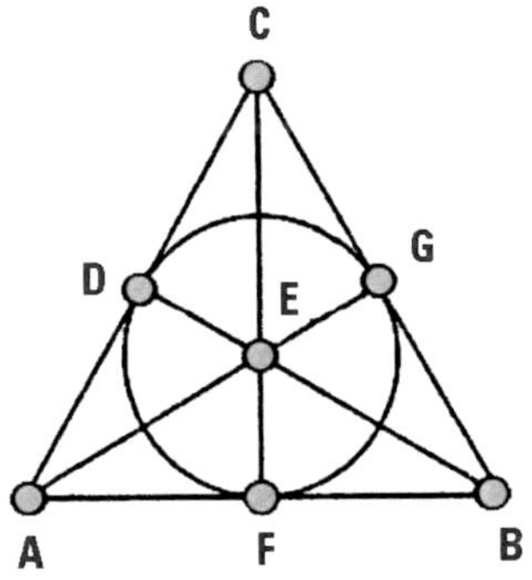

ファノ平面

平面という名は、有限幾何学のパイオニアであるイタリアの数学者ジーノ・ファノにちなむものです。ファノ平面は、有限射影幾何学の最もシンプルな例で、そこにあるのは7つの点と7本の“線”だけです。

7つの点をそれぞれ、*A*、*B*、*C*、*D*、*E*、*F*、*G*とします。7本の線のうちの6本はすぐにわかりますが、7本目はどこにあるのでしょう？　この幾何学の特性と図形の構成から考えて、*DFG*を通る円を7本目の線として扱うことになります。離散幾何学の線は、従来の幾何学の線と違って、まっすぐである必要はありません。

この小さな幾何学には多くの特性があります。たとえば、

- 任意の2点は同じ1本の線上にある
- 任意の2線は共通の1点をもつ

このふたつの特性は、この種の幾何学に生じる驚くべき双対性を説明しています。言い換えれば、この第二の特性は第一の特性のなかの「点」と「線」という言葉を入れ替えたもので、このふたつの特性は互いに双対の関係にあるといいます。

真実が述べられた文章のなかの、ふたつの言葉を入れ替えて、語法にちょっとした修正を加えれば、もうひとつ別の真実を述べることになります。射影幾何学にはゆるぎない対称性があります。さほどの対称性をもたないユークリッド幾何学で平行線といえば、けっして交わることのない直線のことです。ユークリッド幾何学の平行線の概念は気楽に語れます。しかし、射影幾何学ではそうはいきません。なぜなら、すべての2線は1点で交わっているからです。これは数学者にとって、ユークリッド幾何学がある種“劣った”幾何学であることを意味しています。

ファノ平面から“線”を1本取り除くと、そこにはまたしても、平行線が存在しうる、非対称なユークリッド幾何学の世界が現

れます。"円に見える線"*DFG*を点もろとも取り除くことで、それはユークリッド図形になるからです。

その理由はこうです。線を1本取り除くと、*AB*、*AC*、*AE*、*BC*、*BE*、*CE*の6線が残ります。そこには互いに"平行"となる2線、*AB*と*CE*、*AC*と*BE*、*BC*と*AE*があります。ここで「平行」とは、*AB*と*CE*のように、「共通の点がない」という意味です。

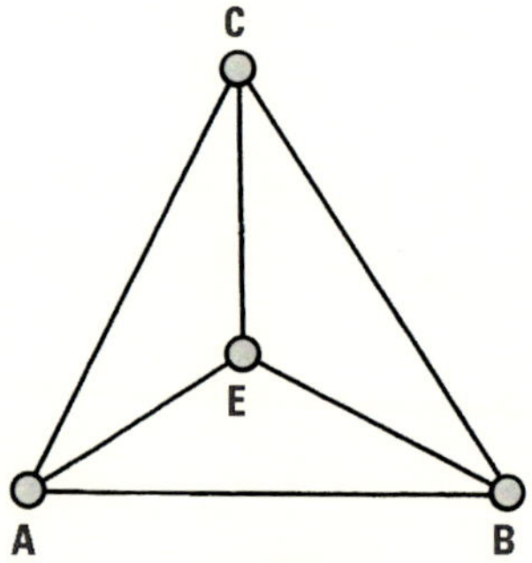

ファノ平面から
ユークリッド図形をつくる

ファノ平面はさまざまな分野で使われるため、数学の世界では特別な地位があたえられています。たとえば、トマス・カークマンの女生徒の問題(246ページを参照)を解く手がかりにもなります。ファノ平面は実験計画の理論のなかに、シュタイナーの三重系(*Steiner Triple System=STS*)として、さまざまなかたちで登場します。*STS*とは、*n*個(*n*は有限数)のものから「3個ずつのブロック」をつくるしかたのうち、その*n*個からどの2個を選んでも、そのペアを含むブロックが必ず1つだけあるようなもののことです。

互いに関係するふたつの定理

パスカルの定理とブリアンションの定理は連続幾何学と離散幾何学のあいだにある"境界線上"に位置しています。両者はべつの定理ですが、互いに関連があります。パスカルの定理は1639年、ブレイズ・パスカルが16歳のときに発見したものです。右の図のように楕円の外周上に並ぶ6つの点を、A_1、B_1、C_1、A_2、B_2、C_2と呼ぶことにします。A_1とB_2、B_1とA_2を結ぶ線の交点をP、A_1とC_2、A_2とC_1の交点をQ、B_1とC_2、B_2とC_1の交点をRとします。このとき、点P、Q、Rは同一直線上に並ぶことになります。これがパスカルの定理です。

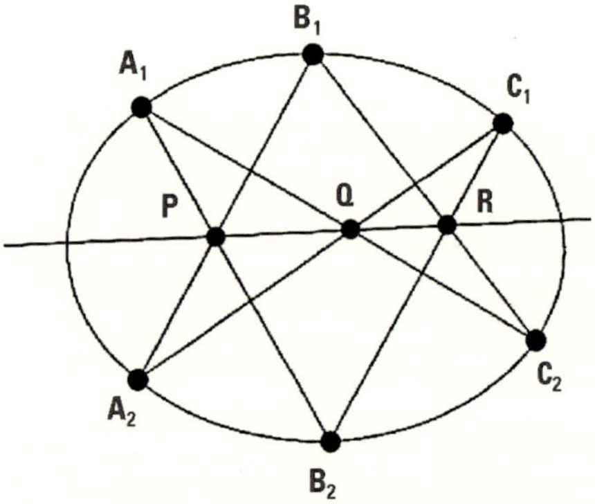

パスカルの定理

パスカルの定理は、楕円の外周上の異なる6点がどの位置にあっても成立します。そればかりか、楕円の代わりに双曲線、円、放物線といったほかの円錐曲線や、平行な２本の直線を使っても同様の結果になります(平行線の場合、そのかたちから“あやとり”と呼ばれています)。

パスカルの定理の発見から167年を経て、フランスの数学者で化学者でもあるシャルル・ジュリアン・ブリアンションが、ブリアンションの定理を発見します。左図のように楕円の外周に接する6つの接線からなる六角形を描き、それぞれの辺をa_1、b_1、c_1、a_2、b_2、c_2とします。次に、対角線を３本引きます。a_1とb_2の交点とa_2とb_1の交点を結ぶ線をp、a_1とc_2の交点とa_2とc_1の交点を結ぶ線をq、b_1とc_2の交点とb_2とc_1の交点を結ぶ線をrとします。このとき、p、q、rは1点で交わります。これがブリアンションの定理です。

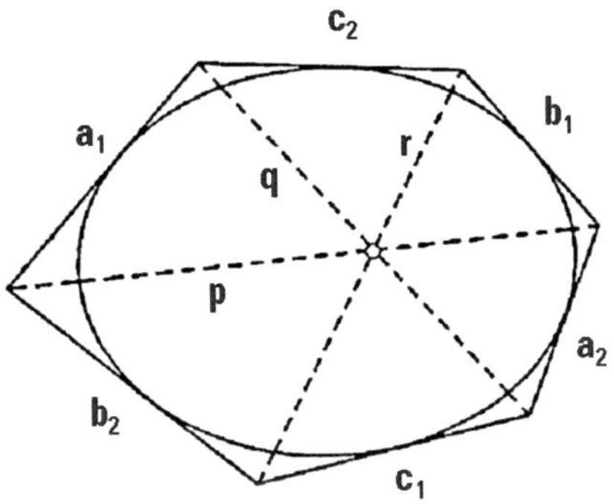

ブリアンションの定理

このふたつの定理は互いに双対となっていて、ふたつ1組となる射影幾何学のもうひとつの例ということができます。

まとめの一言

数個の点だけでも
幾何学は立派に成り立つ

CHAPTER 29 〈グラフ〉

知ってる？

ひと筆描きができる条件は？

数学の世界には
ふたつのタイプのグラフがあります。
ひとつは学生時代に描いた
変数 x および y の関係を示すグラフ、
もうひとつは、無秩序に広がる点と
それらを結ぶ線からなる
新種のグラフです。

timeline

1735
オイラーが
ケーニヒスベルクの橋の問題を
解決する

1874
カール・ショルレンマーが
“木”を使って
化学とグラフを関連づける

*1 ケーニヒスベルク

現在のロシア領
カリーニングラード（訳注）

*2 プレーゲル川

現在のプレゴリャ川（訳注）

[*1]ケーニヒスベルクは[*2]プレーゲル川にかかる7つの橋で知られる東プロイセンの都市です。傑出した哲学者イマヌエル・カントの生地でもあるその町と7つの橋は、有名な数学者レオンハルト・オイラーとも結びつきがあります。

18世紀、ひとつの興味深い問題が提示されました。ケーニヒスベルクの7つの橋をそれぞれ一度だけ渡って町を一巡することはできるか（“ひと筆描き”で回れるか）、というものです。出発地点に戻る必要はありませんが、いずれの橋も一度しか渡れないものとします。

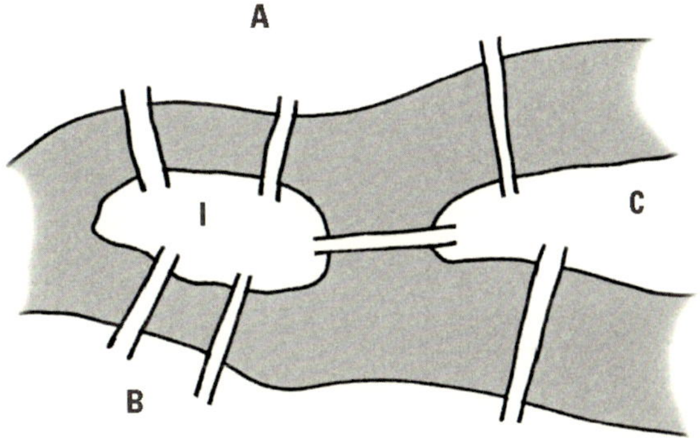

1735年、オイラーがロシア科学アカデミーに提出したその答えには、今日のグラフ理論のはじまりを見てとることができます。この半抽象的な図形では、川の中州を*I*、*C*、両岸を*A*、*B*というアルファベットで表しています。日曜日の午後、橋を一回ずつ渡るルートで*A*、*B*、*C*、*I*を一順することはできるでしょうか？　鉛筆をもって試してみましょう。ここで肝要なのは、半抽象的な絵から余計な線を消して完全に抽象的な絵にするこ

1930
クラトフスキーが
平面的グラフに関する自身の定理
（クラトフスキーの定理）を証明する

1935
ジョージ・ポリヤが
グラフを関数として数える
技法を開発する

1999
エリック・レインズと
ニース・スローンが
“木”を使った数え方を発展させる

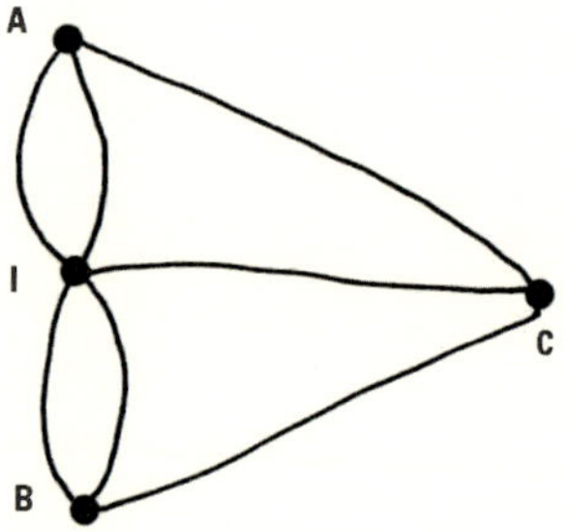

とです。すると、点と線のグラフになります。グラフでは点が陸地、それを結ぶ線が橋を意味しています。線が曲っていることや、長さが違っていることを気にする必要はありません。ここで問題になるのは点と線のつながりであって、長さやかたちではないのですから。

オイラーはどうすればうまく回れるかを考察しました。出発点と終点は別として、ある橋を渡ってある場所についたら、そこから出ていくために、まだ渡っていない橋が残っていなければいけません。

この考え方をグラフに置き換えていうと、どの点にも偶数本の線がある、ということです。起点と終点は別として、それぞれの点に接続する線の数が偶数でなければ、すべての橋を一度だけ渡ることはできません。

点に接続する線の本数を、その点の次数といいます。オイラーはこれを次のように結論づけています。

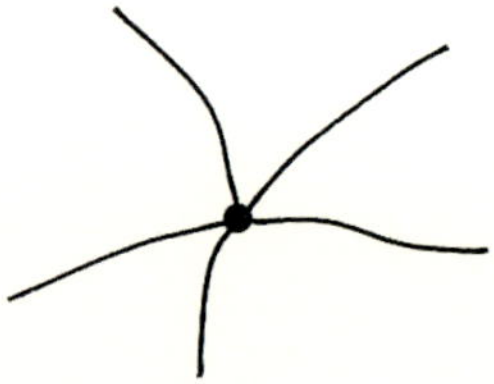

次数5の点

ふたつの点をのぞくすべての点の次数が偶数でなければ、町の橋のすべてを一度だけ渡ることはできない

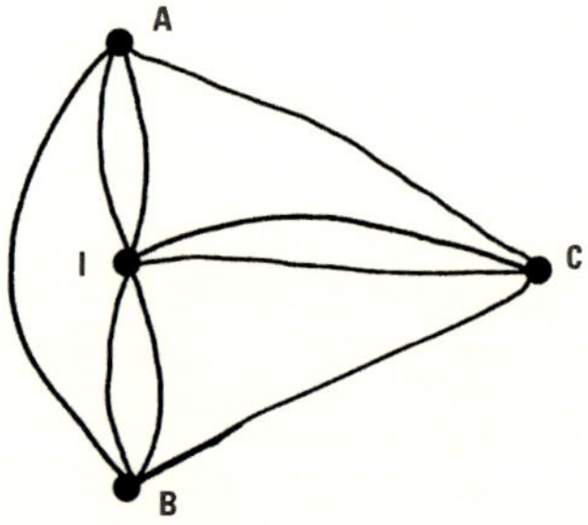

ケーニヒスベルクの橋をグラフにしたものを見てみると、すべての点の次数が奇数になっていることがわかります。これは、すべての橋を一度だけ渡って町を歩く方法はないということです。しかし、橋を変えれば話は変わります。IとCのあいだにもう1本橋を渡せば、IとCの次数は偶数になります。それによって、Aから歩きはじめて、すべての橋を一度だけ渡って、Bにたどりつくことができます。さらにAとBをつなぐ橋も1本増やせば、すべての点の次数が偶数となるので、どの点から歩きはじめても、同じ点に戻ることができます。

描けないグラフがある理由――握手定理

次数が奇数になる点が3つあるグラフを描こうとすると、厄介なことになります。試してみればわかることですが、それはできません。なぜなら、グラフには次のような定理があるからです。

いかなるグラフでも、次数が奇数の点は偶数個（0個を含む）である

これは握手定理といって、グラフ理論の第一定理です。グラフ上の線には必ず両端があります。これはふたりの人間が握手をするようなものです。グラフ全体のそれぞれの点の次数を合計した数は偶数になります。仮にこれをNとします。次に次数が奇数の点（奇点）がx個、偶数の点（偶点）がy個あるとします。さらに、奇点の次数の合計数をN_x、偶点の次数の合計数をN_yとします。N_yは必ず偶数になります。$N_x + N_y = N$なので、$N_x = N_y - N$。偶数から偶数を引いた数は偶数なので、N_xも偶数となります。しかし、奇数個の奇数を合計しても奇数にしかなりません。したがって、xは偶数となります。

線を交差させずに点をつなぐには？

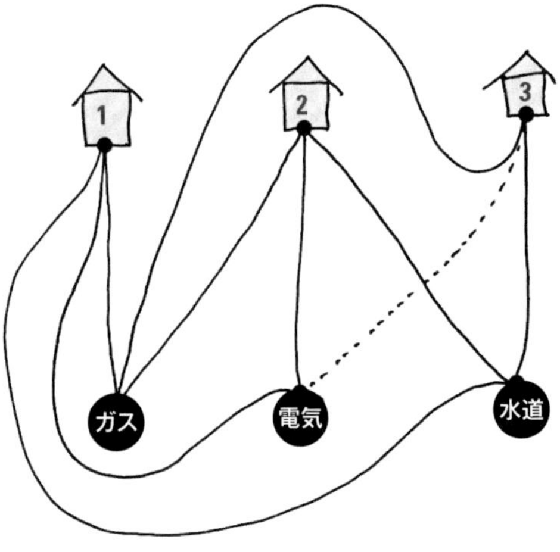

電気・ガス・水道といった、生活を便利にするもの（ユーティリティ）にまつわる問題を考えましょう。これは昔からあるパズルです。3つの家と3つのユーティリティがあり、それぞれの家に各ユーティリティをつなぎたいのですが、そこには規則があります。線を交差させてはいけないというものです。

実は、それはできない相談です。この問題を純情な友人に出して悩ませてみるのもいいでしょう。このようなグラフは非平面的グラフといって、線を交差させずに5つの点をつなぐ問題とならんで、グラフ理論のなかで特別な位

置を占めているものです。1930年、ポーランドの数学者カジミェシュ・クラトフスキーは、グラフが非平面的グラフになる条件を明らかにして世界を驚かせました。それは現在クラトフスキーの定理と呼ばれているものです。

木のグラフ

グラフのなかには、ケーニヒスベルクのグラフとも、またユーティリティのグラフともまったく異なるある特徴をそなえた“木”と呼ばれるものがあります。ケーニヒスベルクの橋の問題に使われるグラフには、ふたつの点のあいだに複数のルートがあります。そのようなルートはサイクルといわれます。木とはサイクルがないグラフのことです*。

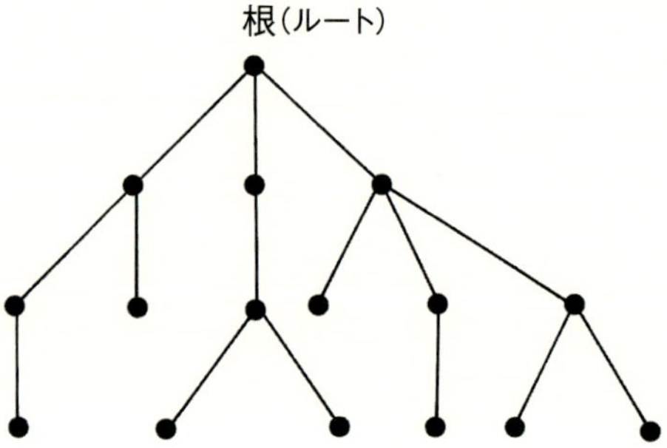

最もなじみ深い木のグラフといえば、それはコンピュータのファイルを格納するディレクトリでしょう。そこにはルート・ディレクトリ、サブ・ディレクトリといった階層が構築されています。ディレクトリにはサイクルがありません。コンピュータ・ユーザーはよく知っていることですが、ほかの枝に行くとき、一度、ルート・ディレクトリに戻らなければならないのはそのためです。

＊どの2点も少なくともひとつのルートでつながれているグラフは「連結である」という。ここでは、連結なグラフしか考えていないが、一般論としては「サイクルがない、連結なグラフ」のことを木という(監訳者注)

木の結合の仕方は何通り?

同じ点の数でつくることができる木は、何種類あるのでしょう? そのような木の数え上げ問題に取り組んだのは、19世紀のイギリスの数学者アーサー・ケイリーです。たとえば、点の数が5個の場合、木の種類は次の図のように3種類になります。

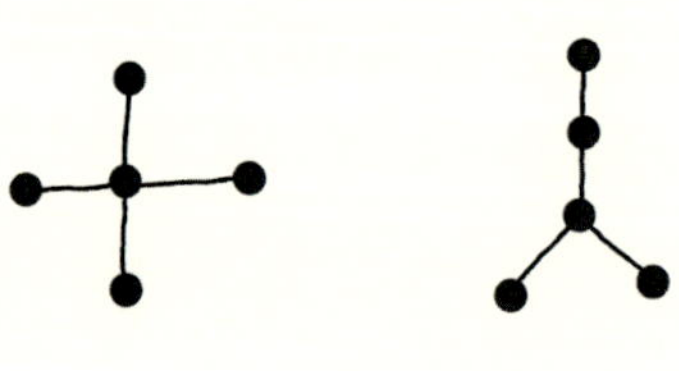

ケイリーが調べることができたのは点の数が小さなものだけです。点が13個の場合まで調べましたが、コンピュータがない時代のことですから、それ以上は複雑すぎて手に負えませんでした。その後、コンピュータの発達で22個まで調査が進んでいます。22個の点でつくることができる木の種類は数百万にのぼります。

ケイリーの調査は、当時すでに、実務に応用されていました。化合物の分子に見られる原子の結合のしかたには、木の数え上げに通じるものがあります。化合物のなかには、含まれる原子の種類と数が同じでありながら、結合のしかたが異なるために、まったく別の化学的性質を示すものがあります。いずれ実験室で見つかるかもしれない化学物質を机上で予想するのに、彼の分析が利用されたというわけです。

まとめの一言

ひと筆描きの可否は次数で決まる

CHAPTER 30 〈4色問題〉

地図は何色で
ぬり分けられる?

*ティム坊やはクリスマスのプレゼントとして
4色のクレヨンとイギリスの白地図をもらいました。
贈り主は誰でしょう?　ときおりちょっとしたプレゼントをよこす
隣の地図製作者でしょうか?　ティムの父親の顔見知りである
変わり者の数学者オーガスタス・ド・モルガンでしょうか?
いずれにしろ、守銭奴のスクルージでないことはたしかです。
クラチット家が暮らす質素なテラスハウスは、カムデンタウンの
ベイハム・ストリートにあり、そのすぐ南には、ド・モルガンが
教鞭をとるロンドン大学ユニヴァーシティ・カレッジがありました。
贈り主がわかったのは、年が明けて、
ティムが地図に色をぬったかどうかを
教授が確かめにきたときのことでした。

*ティム坊や、スクルージ、クラチット家——『クリスマス・キャロル』(チャールズ・ディケンズ著)の登場人物たち

timeline

1852
ガスリーという、
ド・モルガンの教え子が、
4色問題を定式化する

1879
ケンプが証明を発表し、
いったんは妥当とみなされる

ド・モルガンは、その白地図のぬり方に関してはっきりと指示をあたえていました。「境界線を共有するふたつの州が違う色になるようにぬりなさい」。「でも、クレヨンは4色しかないよ」とティム坊やはなんの気なしに言いました。ド・モルガンはにっこり笑って、ティム坊やにその作業を任せました。

インド生まれのイギリスの数学者ド・モルガンは教え子のフレデリク・ガスリーから、イギリスの州は4色でぬり分けられるという話を聞かされていました。その話が、ド・モルガンの数学者としての空想力をかきたてることになりました。わずか4つの色であらゆる地図のあらゆる地域をぬり分けられるものなのでしょうか？　地図づくりに携わる者は、数世紀前からそれを知っていましたが、それは、厳密に証明できることなのでしょうか？

イギリスの州だけでなく、アメリカ合衆国の州、フランスの県、さらには地図のように描かれた模様でさえ、でたらめに広がる領域と境界線からなる“地図”ならどんなものでも4色でのぬり分けが可能です。ただし、3色では足りません。

アメリカ合衆国の西海岸の州

アメリカ合衆国の西海岸の地図で確認してみましょう（左の図を参照）。青、緑、赤の3色しか使えないとして、ネヴァダとアイダホからぬりはじめます。何色からはじめるかは問題ではないので、ネヴァダを青で、アイダホを緑でぬることにします。ここまでは順調です。この色の選び方でいくと、必然的にユタは赤、アリゾナは緑、カリフォルニアは赤、オレゴンは緑となりますが、オレゴンとアイダホがともに緑となり、区別がつかなくなってしまいます。しかし、黄色など、もう1色使える色があるとすれば、オレゴンにそれを使ってうまくぬり分けることができます。どん

1890
ヒーウッドが
ケンプの証明の誤りを指摘し、
5色定理を証明する

1976
アッペルとハーケンが
コンピュータを使って、
すべての場合の証明に成功する

1994
コンピュータによる証明が単純化される。
それでも、コンピュータによる証明
であることに変わりはない

な地図もこの4色——青、緑、赤、黄——でぬり分けられるのでしょうか？　これが4色問題といわれるものです。

曲面の地図の場合はどうなるの？

ド・モルガンがその重要性を認識してから20年が経った頃、4色問題は欧米の数学界に広く知られるようになりました。1860年代には、アメリカの数学者にして哲学者でもあるチャールズ・サンダース・パースが証明に成功したと宣言したものの、その主張を裏づける証拠がありませんでした。

4色問題はヴィクトリア朝時代の万能の科学者フランシス・ゴルトンによって、さらなる知名度を獲得することになります。1878年、ゴルトンは4色問題を喧伝するために、ケンブリッジ大学の著名な数学者アーサー・ケイリーを説得して、論文を書かせることにしました。ケイリーは証明に失敗したことをしぶしぶ認め、3つの国がひとつの点で交わっている地図についてのみ考えることが重要、という見解を発表します。このケイリーの貢献に触発されて、彼の教え子アルフレッド・ブレイ・ケンプがその証明に挑戦します。1年後、ケンプは4色問題の証明に成功したことを発表し、ケイリーは彼を熱心に祝福しました。そして証明が発表され、ケンプはロンドン王立協会の会員に選ばれました。

ケンプの証明は長大で専門性の高いものでした。納得しかねるという者もいないわけではありませんが、一般的には認められることになりました。ダラムを拠点に活動していたパーシー・ヒーウッドがケンプの主張の不備を指摘したのは、なんと、発表から10年を経たのちのことでした。ヒーウッド自身は証明に失敗していますが、これによって、4色問題は未解決問題に戻されることになりました。それは一からやりなおすということで、新参の研究者が名をあげるチャンスでもあります。ケンプの技法を使って、ヒーウッドは5色定理——いかなる地図も5つの色でぬり分けられるというもの——を証明しています。もし、4色でぬり分けることのできない地図が見つかったとすれば、これは偉大な発見といわれていたところです。実際、数学者たちは、4色なのか、それとも5色なのかということで、苦悩することになります。

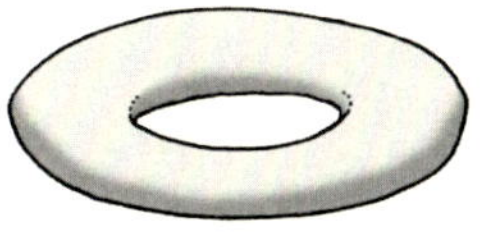

穴の数がひとつのトーラス

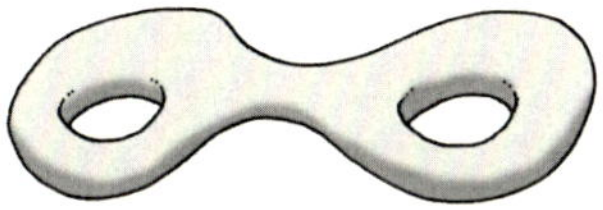

穴の数がふたつのトーラス

そもそもの4色問題は平面あるいは球面に描かれた地図に関するものですが、ドーナツのような曲面——数学者のドーナツへの興味は味よりかたちにあります——に描かれた地図ではどうなるのでしょう？　ヒーウッドはドーナツ状の曲面（トーラス）に描かれた地図をぬり分けるには7つの色が必要になることを示しました。彼はさらに、穴の数（h）を増やしていった場合に必要になる色の数（C）を数え上げています。ただし、これらが最低限必要な色の数であるという証明はおこなわれていません。ヒーウッドが調べた最初の8個までの穴の数と色の数の関係は以下のとおりです。

穴の数（h）	1	2	3	4	5	6	7	8
必要な色の数（C）	7	8	9	10	11	12	12	13

これを一般式に表すと、$C=[\frac{1}{2}\{7+\sqrt{(1+48h)}\}]$となります。ただし、角括弧は小数点以下を切り捨てた整数だけを使うことを意味しています。たとえば、$h=8$の場合、$C=[13.3107\cdots]=13$となります。ヒーウッドの公式は、穴の数が0よりも大きいという揺るぎない条件のもとで導き出されたものです。しかし、$h=0$で計算した場合、興味深いことにCの値は4となります。

問題は解明されたの？

1852年に提起された4色問題は、50年が経っても未解決のままとなり、20世紀を迎えたのちも、世界的な数学者たちを大いに悩ませることになりました。

多少の進展も見られました。ある数学者が4つの色で27の国をぬり分けられることを証明すると、さらに別の数学者が35の国をぬり分けられることを証明したのです。しかし、その進み具合では、いくらつづけたところで永遠に終わりそうにありません。事実、その後の証明に貢献したのはケンプとケイリーによる初期の論文で、あとは、いろいろなタイプの有限個の地図について、4色でじゅうぶんであることを確認するだけでよかったのです。問題は確認すべき地図の数が数千という途方もないものになることにありました。人間の力で確認できる数ではありませんでしたが、長年にわたってこの問題に取り組んできたドイツの数学者ウォルフガング・ハーケンは、幸運にも、アメリカの数学者でコンピュータに詳しいケネス・アッペルの協力をとりつけることに成功します。彼らは独創的な方法で確認すべき地図の数を1500にまで減らしました。そして、1976年6月下旬、*IBM*370をパートナーに、何度も夜明かしをして、この偉大な問題の検証をやり遂げました。

当時、アッペルが教鞭をとっていたイリノイ大学の数学科はこの新たな発見を喧伝するために、“最も大きな素数の発見”を記念する切手に代えて、“4色定理の証明”を記念する切手を発行しました。こうして地元の自慢の種になったことはさておき、世界の数学者はアッペルにどんな賛辞を贈ったのでしょう？　何しろ、ティム坊やにも理解できる事実でありながら、100年以上にわたって最も優秀な数学者を苦しめてきた歴史ある問題を解決したのです。

コンピュータでの証明には懐疑的意見も

実際のところ、拍手はまばらでした。彼らが偉業を達成したことをしぶしぶ認める者もいましたが、多くは懐疑的でした。その原因は、従来の数学的証明とちがって、コンピュータに依存するかたちの証明だったことにあります。難解で長いものになることは予想されていましたが、コンピュータによる証明は度を超していました。また、検証能力が問われることにもなりました。この証明のよりどころとなる何千行もの電算機コードを確認できる人間がどこにいるというのでしょう？　コンピュータのプログラムにエラーはつきものですし、ひとつのエラーが致命傷になることもあります。

それだけではありません。そこには“なるほどと思わせる要素（*aha factor*）”が完全に欠落していました。証明を最後まで読んでその緻密さを評価できない以上、理論の核心部分に触れてなるほどと思うことはできません。最も過激な批判のひとつは、著名な数学者ポール・ハルモスが発したものです。彼は、コンピュータによる証明の信頼度は評判のいい占い師程度のもの、と言っています。しかし、多くは彼らの業績を認めているし、よほど勇敢な人間か、あるいはよほど愚かな人間でなければ、貴重な時間を割いて「地図のぬり分けに必要な色は5つ」という反証を試みるようなことはしないでしょう*。ハーケンとアッペルの証明のあとではなおさらのことです。

＊飛び地がある地図のぬり分けには5色が必要になる（監訳者注）

1976年以降、検証すべき構成要素が半分に削減され、コンピュータの処理速度がますます向上したことで、数学の世界には、この問題がもっとすっきりしたかたちで証明されることを期待する声もあります。そのいっぽうで、4色定理はグラフ理論に重要な問題を提起し、数学的な証明を構成する数学者の着想に刺激をあたえるという副次的な効果をもつようになってもいます。

まとめの一言

地図のぬり分けは4色でじゅうぶん

CHAPTER 31 〈確率〉

ギャンブルはなぜ勝ちにくい?

明日、雪が降る可能性は?
1本早い電車に間に合う見込みは?
宝くじに当選する確率は?
私たちは日々の暮らしのなかで、
可能性、見込み、確率といったものに
興味をもちます。
そして、それらはすべて、
数学の確率論の問題です。

timeline

1650年頃
パスカルとホイヘンスによって
確率論の基礎が築かれる

1785
コンドルセが
陪審と選挙のシステムに
確率論を導入する

確率論とは不確かさについての理論で、リスクの評価に欠かすことのできないきわめて重要なものです。しかし、不確かさなどというものを、いったいどうやって定量化すればいいのでしょう？　結局のところ、数学は精密科学ではないということでしょうか？

真の問題は可能性を数値で表すところにあります。最も単純な例、コイン投げについて見ていくことにしましょう。コインの表が出る確率は？ 間髪入れずに$\frac{1}{2}$という答えが返ってくるはずです（0.5、あるいは50％という答えもあるかもしれません）。コインに不正な細工が施されていなければ、表が出る確率と裏が出る確率は等しいので、表が出る確率は$\frac{1}{2}$となります。

コインの裏表のように“機械的な”例は比較的簡単です。そこには確率を求めるためのアプローチがふたつ存在します。ひとつはコインの表裏の対称性をじっくり確かめるというもの、もうひとつはコインを何度も投げて表が出る回数を数えるというものです。しかし、“何度も”とは、具体的にどれくらいのことなのでしょう？　表が出る数と裏が出る数の比がおおむね50:50になると信じるのは簡単ですが、コインを投げつづけていれば、この比が変わる可能性もあります。

では、明日、雪が降る確率を理にかなった数値で表すにはどうすればいいでしょう？　これについても結果はふたつ、降るか降らないかのいずれかです。しかし、コインの表裏のように両者の確率が等しいかどうかは、まったくもってわかりません。明日、雪が降る確率を評価するには、その時点での気象条件や、さまざまな要因を考慮する必要がありますが、それでも、この確率を厳密な数値で表すことはできません。高／中／低といった“度

1812
ラプラスが
全２巻からなる
『確率の解析的理論』を出版する

1921
ケインズが自身の経済学や
統計学に影響をあたえた
『確率論』を出版する

1933
コルモゴロフが
確率論の公理系を
導入する

合い"で示すのがせいぜいです。数学の世界では、確率は0から1までの数値で表現されます。けっして起こりえない事象の確率は0、確実に起きる事象の確率は1です。確率0.1は可能性が低いことを、確率0.9は可能性が高いことを意味しています。

ギャンブルからはじまった確率論

数学的な確率論が注目を集めるようになったきっかけは、17世紀、ブレイズ・パスカル、ピエール・ド・フェルマー、アントワーヌ・ゴムボー（またの名をシュバリエ・ド・メレ）のギャンブルに関する議論にあります。彼らは単純なゲームに難題を見出しました。シュバリエ・ド・メレの疑問とは、1個のサイコロを4回投げて少なくとも1回6の目が出る可能性と、2個のさいころを24回投げて少なくとも1回6のぞろ目が出る可能性はどちらが大きいか、というものでした。有り金のすべてを賭けるとしたら、あなたはどちらを選びますか?

当時、よく知られた賢人がよりよい選択肢と考えたのは、投げる回数が多い6のぞろ目に賭けることでした。が、確率を計算してみると、この考え方は間違いとわかります。

1個のサイコロを1回投げて6が出ない確率は$\frac{5}{6}$なので、1個のサイコロを4回投げて1回も6が出ない確率は$\frac{5}{6}\times\frac{5}{6}\times\frac{5}{6}\times\frac{5}{6}=\left(\frac{5}{6}\right)^4$です。それぞれの結果は互いに影響することのない独立事象なので、個々の確率を掛け合わせれば4回投げたときの確率になります。知りたいのは少なくとも1回6が出る確率なので、

$$1-\left(\frac{5}{6}\right)^4=0.517746\cdots$$

これに対して、2個のサイコロを1回投げて6のぞろ目が出ない確率は$\frac{35}{36}$なので、24回投げて1回も6のぞろ目が出ない確率は$\left(\frac{35}{36}\right)^{24}$です。知りたいのは少なくとも1回、6のぞろ目が出る確率なので、

$$1-\left(\frac{35}{36}\right)^{24}=0.491404\cdots$$

この例について、もう少し考えてみることにしましょう。

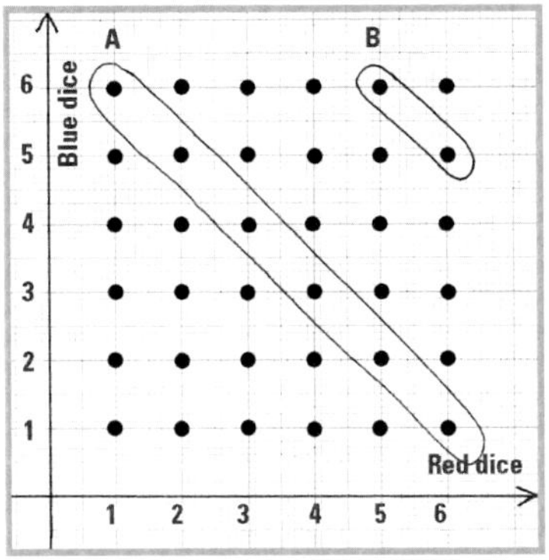

標本空間
（サイコロが2個の場合）

カジノでのサイコロゲーム——クラップス

2個のサイコロの例は、今日、カジノやインターネットで楽しまれているクラップスというゲームの基本となるものです。（赤と青のように）区別のつく2個のサイコロを投げる場合、その目の組合せは36通りとなり、$x\,y$座標平面に(x, y)という36個の点で表すことができます。これを標本空間といいます（左の図を参照）。

ふたつのサイコロの目の数の合計が7になる"事象A"について考えてみましょう。7になる組合せは6通りあり、次のように書くことができます。

$$A=\{(1,6),(2,5),(3,4),(4,3),(5,2),(6,1)\}$$

図中、Aとして線で囲んだものがこれにあたります。事象Aが起きる確率は、36通りのうちの6通りということで、$Pr(A)=\frac{6}{36}=\frac{1}{6}$です。また、ふたつのサイコロの目の合計が11になる事象Bは、$B=\{(5,6)\ (6,5)\}$なので、$Pr(B)=\frac{2}{36}=\frac{1}{18}$となります。

クラップスは、テーブル上に2個のサイコロを投げるゲームで、最初の1投で勝負がつくこともありますが、目の出方によっては、さらにゲームがつづくこともあります。最初の1投の目の数の合計が7（事象A）もしくは11（事象B）になったときは、"ナチュラル"といって、投げ手の勝ちです。最初の投げ手が1投で勝利する確率は、個々の確率の合計、すなわち、$\frac{6}{36}+\frac{2}{36}=\frac{8}{36}$です。逆に、2、3、12になったときは、"クラップス"といって、その投げ手の負けです。最初の投げ手が1投で負ける確率を計算すると、$\frac{4}{36}$となります。さらに、目の数の合計が4、5、6、8、9、10になったときは、投げ手が交代となってゲームがつづけられますが、その確率は$\frac{24}{36}=\frac{2}{3}$です。
カジノにおける確率はオッズというかたちで表現されます。クラップスの場合、36回プレイして、最初の1投で勝利できる回数は平均8回、残りの28回は最初の1投で勝つことができません。よって最初の1投で勝利するオッズは28対8、これは3.5対1と同じことです。

猿がタイプライターに向かった場合

猿のアルフレッドは動物園で暮しています。彼は壊れかけた古いタイプライターをもっています。26個のアルファベット、ピリオド、コンマ、クエスチョンマーク、スペースの、合わせて30個のキーがついているものです。彼は作家としての野心を胸にタイプライターの前に座りますが、その執筆のスタイルには興味深いものがあります。ランダムにキーを叩く、というものです。

タイプされた文字の列が言葉になる可能性はゼロではありません。彼がシェイクスピアの言葉を一文字もたがわずにタイプすることも、絶対にないとは言えません。さらにいえば、(可能性は小さくなりますが)そこにフランス語訳、スペイン語訳、ドイツ語訳をつけくわえることもありえます。そのあとにウィリアム・ワーズワースの詩をタイプする可能性を考えてもいいでしょう。確率は果てしなく小さくなりますが、けっしてゼロにはなりません。これが大事なところです。とりあえず、ハムレットの独白の冒頭の部分“*To be or*(生きるべきか、それとも)”をタイプするのに、どれくらいかかるかを考えてみることにします。8つのマス目が、スペースを含む8つの文字で埋まっていくことを思い描いてください。

最初のマスから8番目のマスまで、それぞれのマスにはいる候補の数はいずれも30なので、8つのマスを埋める文字、記号、スペースの組合せは、30 × 30 × 30 × 30 × 30 × 30 × 30 × 30となります。したがって、アルフレッドが“*To be or*”と打つ可能性

T	o		b	e		o	r

は、6561×10^{11}回に1回ということになります。これは1秒に1パターンのペースでキーを叩きつづけた場合、ざっと2万年はかかる回数です。

確率の理論はどう発展してきたか？

確率論にもとづく数値は物議を醸すことがあります。が、その数値に数学的な合理性があることは否定できません。1933年、アンドレイ・ニコラエヴィッチ・コルモゴロフの尽力により、確率は、2000年前に定義された幾何学の法則と同じように、公理にもとづく土台を獲得しています。

確率は次の公理によって定義されています。

---

1. 起こりうるすべての事象のうちの
いずれかが起きる確率は1である
2. 起こりうるすべての事象のうちの
ある事象が起きる確率は0以上である
3. 同時に起きることがないふたつの事象のいずれかが
起きる確率は、それぞれの確率を足せば得られる

この公理を読めば、確率の数学的な特性を推し量ることができるはずです。確率の概念は幅広く応用され、今日、人類の営みの大部分は、それなしには成り立たなくなっています。危機分析、スポーツ、社会学、心理学、工学的設計、財務など、確率の応用分野は枚挙にいとまがありません。

まとめの一言

ギャンブルの背後に確率論あり

はしか患者は必ず発疹するの?

若かりし日のトマス・ベイズについては
あまりよく知られていません。
1702年にイギリスに生まれ、
長老派(非国教会派)の牧師になりましたが、
そのいっぽうで数学者としての名声も獲得し、
1742年には、ロンドン王立協会の会員に選ばれています。
ベイズの有名な論文『偶然理論における問題解決のための試み』
が発表されたのは1763年、彼がこの世を去った2年後のことです。
その論文には逆確率、つまり
“反対側から見た確率”を求める式が紹介されています。
それは、ベイズの哲学ともいうべき
“条件付き確率”の概念の支柱となるものです。

timeline

1763
ベイズの論文が発表される

1937
デ・フィネッティが
頻度主義に代わるものとして
主観確率を支持する

トマス・ベイズの名は、ベイズ学派、つまり、昔かたぎの統計学者や頻度主義者に反対の立場をとる統計学の信奉者の集団の名前として知られています。頻度主義者の確率観が数値データにもとづくものであるのに対して、ベイズ学派の確率観は、有名なベイズの定理と、「主観的な信頼度は数学的な確率として扱うことができる」という原則にもとづくものです。

はしか患者を見つけ出せ！——条件付き確率

ある医師が患者をはしかと診断するとしましょう。はしかかどうかを判断する症状のひとつに発疹がありますが、診断を下すのは簡単なことではありません。発疹が現れないはしかの患者もいますし、はしか以外の患者に発疹が現れることもあります。ある患者がはしかにかかっているとき、その患者に発疹が現れる確率を、条件付き確率といいます。ベイズ学派は確率(P)を表す式のなかで、付帯条件を意味する縦線(｜)を用いることにしました。たとえば、

$$P\,(\text{発疹がある患者} \mid \text{はしかにかかっている患者})$$

というように。これは、はしかにかかっているという条件のもとで発疹が現れる確率を意味しています。P(発疹がある患者｜はしかにかかっている患者)の値は、P(はしかにかかっている患者｜発疹がある患者)の値とは一致しません。両者は互いを反転させた逆確率となります。ベイズの公式はいっぽうの確率からもういっぽうの確率を求めるものです。数学者は事象に略語を用います。そこで、はしかにかかっているという事象をM、発疹があるという事象をS、はしかにかかっていないという事象を$\widetilde{M}$、発疹がないという事象を$\widetilde{S}$とします。その関係は表を

1950
ジミー・サヴェージとデニス・リンドリーが近代的なベイズ統計学の運動を先導する

1950年代
ベイズ学派(bayesian)という言葉が初めて使われる

1992
国際ベイズ分析学会が設立される

使って示すことができます。患者の総数がN、はしかにかかっている患者の数がm、はしかにかかっていて発疹がある患者の数がxであるとき、任意の患者がはしかにかかっていて発疹がある確率は$\frac{x}{N}$、任意の患者がはしかにかかっている確率は$\frac{m}{N}$となります。条件付き確率——はしかにかかっている患者に発疹がある確率——は、$P(S \mid M)$と表記され、その値は$\frac{x}{m}$となります。これらを合わせて、任意の患者にはしかと発疹の双方が現れる確率は、

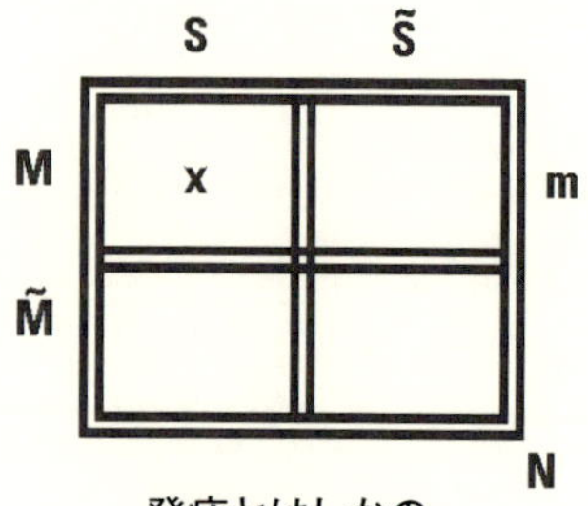

発疹とはしかの
論理構造を示す表

$$P(M \& S) = \frac{x}{N} = \frac{x}{m} \times \frac{m}{N}$$

つまり、

$$P(M \& S) = P(S \mid M) \times P(M)$$

または、

$$P(M \& S) = P(M \mid S) \times P(S)$$

となります。

ベイズの定理

$P(M \& S)$を書き換えると、ベイズの式となり、条件付き確率と、その逆確率の関係がわかります。医師は$P(S \mid M)$——はしかにかかっている患者に発疹がある確率——について名案を思いつくはずです。実際に医師が知りたいのは、この条件付き確率の反対の確率、つまり発疹がある患者がはしかにかかっている確率です。これを逆問題といい、ベイズの論文にはこの問題が扱われています。この確率を求めるためには、数字がいくつか必要になります。仮に、患者がはしかにかかっている確率$P(M)$を0.2、患者がは

$$prob(M|S) = \frac{prob(M)}{prob(S)} \times prob(S|M)$$

ベイズの式

しかにかかっていない確率 $P(\widetilde{M})$ を0.8としましょう。はしかにかかっている患者に発疹がある確率 $P(S \mid M)$ はかなり高いはずなので、0.9とします。また、はしかにかかってない患者に発疹がある確率 $P(S \mid \widetilde{M})$ は0.15とします。さらに、患者に発疹がある確率 $P(S)$ も必要になります。それははしかにかかっている患者に発疹がある確率 $P(S \mid M)$ と、はしかにはかかっていない患者に発疹がある確率 $P(S \mid \widetilde{M})$ を足したものなので、$P(S) = 0.9 \times 0.2 + 0.15 \times 0.8 = 0.3$ となります。これらをベイズの式に代入すると、

$$P(M \mid S) = \frac{0.2}{0.3} \times 0.9 = 0.6$$

となり、発疹のある患者の60％がはしかということになります。医師のもとに、はしかに関する新たな情報がはいり、はしかにかかっている患者に発疹がある確率 $P(S \mid M)$ が0.9から0.95に上がり、はしかにかかっていない患者に発疹がある確率 $P(S \mid \widetilde{M})$ が0.15から0.1に下がったとします。この変化は、はしかの検出率にどのような影響をあたえるのでしょう？ 患者に発疹がある確率は $P(S) = 0.95 \times 0.2 + 0.1 \times 0.8 = 0.27$ となります。これらをベイズの式に代入すると、

$$P(M \mid S) = \frac{0.2}{0.27} \times 0.95 = 0.704$$

となります。新たな情報によって、発疹がはしかによるものである確率は70％に上昇したことがわかります。さらに、はしかにかかっている患者に発疹が現れる確率が0.99、はしかにかかっていない患者に発疹が現れる確率が0.01になると、この医師が正しい診断を下す確率は96％を超えることになります。

現代のベイズ学派

昔かたぎの統計学者は、確率を測定可能と考えるベイズの式を使うことに異議を唱えたはずです。そこで論議の的となるのは、確率が信頼の度合い――主観確率ともいう――ととらえられていることです。

裁判では、有罪か無罪かが“蓋然《がいぜん》性（物事が起きる確からしさ）の比較”によって決められることがあります。容疑者が罪を犯したかどうかを確率にもとづいて決めることには、頻度主義を支持する統計学者にとって容認しがたいものがありますが、ベイズ学派はそれを気にしません。どういうことでしょう？　裁判のなかで蓋然性がどのように操作されるかを見てみましょう。

ある事件の審理が終わり、ある陪審員が、被告が有罪である確率は100回に1回、と考えたとします。陪審員室での討議がはじまったところで、彼らは法廷に呼び戻され、検察側から新たな証拠が見つかったことを聞かされます。それは被告の自宅から凶器が発見されたというもので、凶器が自宅から発見される確率は被告が有罪である場合0.95だが、無罪である場合0.1であると説明されます。凶器が発見される確率は、被告が有罪である場合のほうが、無罪である場合よりもはるかに高く、陪審員としては、この新情報を考慮して被告の有罪確率に変更を加える必要があります。確率論に使われる表記法にならって、被疑者が有罪であるという事象をG、新たな証拠が見つかる事象をEとします。先の陪審員が下した初期評価は$P(G) = \frac{1}{100}$もしくは0.01で、これは事前確率と呼ばれるものです。再評価した確率$P(G \mid E)$は、新たな証拠が見つかる事象Eを考慮したうえで被告が有罪である確率を変更したもので、事後確率といいます。これらをベイズの式にあてはめると次のようになります。

$$P(G \mid E) = \frac{P(E \mid G)}{P(E)} \times P(G)$$

この式を見ると、事前確率が事後確率 $P(G \mid E)$ へと更新されるという概念がわかります。はしかの例の $P(S)$ のときと同じように $P(E)$ を計算してこの式にあてはめると、

$$P(G \mid E) = \frac{0.95}{0.95 \times 0.01 + 0.1 \times 0.99} \times 0.01 = 0.088$$

となり、当初1％だった有罪の可能性が9％近くに上昇して、陪審員は困惑をつのらせることになります。ちなみに、被告が有罪である場合に凶器が発見される確率が0.99、無罪である場合に凶器が発見される確率が0.01だとすると、陪審員が考える有罪の可能性は1％から50％に跳ね上がります。

この状況でベイズの式を用いれば批判は免れません。問題は陪審員が事前確率をどのようにして求めたかにあります。ベイズの分析には、主観確率の扱い方と、それらを証拠にもとづいて改変する方法を提供するという利点があります。ベイズの定理は科学、天気予報、司法といったさまざまな分野に応用され、その支持者から、不確かさを扱ううえで発揮される安定性と実用性が評価されています。試してみるべきものは少なくないといえるでしょう。

まとめの一言

条件付き確率は表を使って考えよう

CHAPTER 33 〈誕生日問題〉

同じ誕生日の人はクラスに何人いる?

早朝、乗合バスに乗り、同じバスで仕事に出かける
ほかの乗客を数えるくらいしかやることがない、
という状況を想像してみてください。
乗客はみな赤の他人で、それぞれの誕生日は
12か月のあいだにちらばっているものと思われます。
乗客数はあなたを含めて23人。
たいした数ではありませんが、これだけいれば、
このなかの誰かふたりの誕生日が同じである確率は
5割を超えることになります。
にわかには信じられないかもしれませんが、
これはほんとうのこと。
経験豊かな確率論の専門家であるウィリアム・フェラーが、
"驚くべき"と形容した事実です。

timeline

1654
ブレイズ・パスカルが確率論の基礎を築く

1657
クリスティアン・ホイヘンスが確率に関する初の研究成果を発表する

乗合バスは手狭になるので、広い部屋に移って話を再開することにしましょう。部屋にいる人びとのなかで同じ誕生日の人がふたりいるためには、総勢何人が必要になると思いますか？
1年間は365日（話をわかりやすくするために、閏年はないものとします）なので、366人いれば同じ誕生日のふたり組が、少なくとも1組はできることになります。全員の誕生日が異なることがありえなくなるからです。

これはハトの巣原理といわれるもので、$n+1$羽のハトとn個のハトの巣があるとき、巣のひとつが必ず2羽以上のハトによって共有されるのと同じことです。365人の人間がいても、全員の誕生日が異なる場合もあるので、誕生日が同じ人間が必ずいるということにはなりません。無作為に選んだ365人の誕生日がすべて異なるなどということはまず起こらないので、同じ誕生日の人間が1組もいないという確率はきわめて低くなります。部屋に50人の人間しかいなくても、誕生日が同じ人間が少なくともふたりいる確率は96.5％になります。人数を減らしていくと、この確率も減少していきます。23人でもまだ50％以上ですが、22人になると50％をやや下回ります。この23を臨界値といいます。古典的な誕生日問題の答えは、“驚くべき”ものであっても、不合理な話ではありません。

誕生日問題は不思議ではない？

どうすればその事実に納得できるでしょう？　ふたりを無作為に選ぶとします。ふたり目の誕生日がひとり目と同じである確率は$\frac{1}{365}$、ひとり目と異なる確率は$1-\frac{1}{365}=\frac{364}{365}$です。さらに、無作為に選んだ3人目の誕生日がひとり目、もしくはふたり目と同じである確率は$\frac{2}{365}$で、いずれとも異なる確率は

1718
アブラーム・ド・モワブルが
『偶然論』を出版する。
1738年と1756年には増補版が出版される

1920年代
ボースが
アインシュタインの光の理論を
占有問題として考える

1932
リヒャルト・フォン・ミーゼスが
誕生日問題を提起する

$1-\frac{2}{365}=\frac{363}{365}$ です。したがって、この3人の誕生日がすべて異なる確率は $\frac{364}{365}\times\frac{363}{365}=0.9918$ となります。

これを4人目、5人目…とつづけていくと、誕生日問題は不合理でもなんでもないことがわかります。23人までの計算を終えたところで、電卓には全員の誕生日が異なる確率として0.4927という数字が表示されます。その逆、つまり同じ誕生日の人が少なくともふたりいる確率は、$1-0.4927=0.5073$ なので、ついに問題の $\frac{1}{2}$ を突破することになります。

$n=22$ のときに同じ誕生日の人が少なくともふたりいる確率は0.4757で $\frac{1}{2}$ には届きません。誕生日問題が不合理であるように見える理由には、言葉の使い方も関わっています。これはふたりの誕生日についての話ですが、それがどのふたりの誕生日であるかということは考慮されていません。したがって、その組合せがどこにあるかを知ることはできないのです。では、この部屋に3月8日生まれのトレヴァー・トムソンという人がいたとしましょう。彼だけに注目した場合、そこには別の問題が浮かび上がってきます。

トムソンと同じ誕生日の人は何人いる?

これについては、別の計算で求めることができます。トムソンの誕生日がほかのひとりの誕生日と異なる確率は $\frac{364}{365}$ なので、トムソンの誕生日がほかの $n-1$ 人の誕生日と異なる確率は $\left(\frac{364}{365}\right)^{n-1}$ となります。したがって、$n-1$ 人のなかにトムソンと同じ誕生日の人が少なくともひとりいる確率は、1からこの値を引いたものです。

これに $n=23$ をあてはめて計算すると0.061151となり、トムソンと同じ3月8日生まれの人がもうひとりいる確率は6%にすぎないことがわかります。n の値を大きくしていくと確率も大きくなります。が、確率が $\frac{1}{2}$ を超えるのは $n=254$ になったときのことで、その値は0.5005です。$n=253$ のときの値は0.4991で $\frac{1}{2}$ より小さいため、ここが臨界値となります。トムソンと同じ誕生日の人が少なくともひとりいる確率を$\frac{1}{2}$より大きくするには、254人を集める必要があるということです。古典的な誕生日問題のときの23人に較べて、私たちの直感にもよく合うことでしょう。

そのほかの誕生日問題

誕生日問題にはさまざまな拡張があります。そのひとつが、3人の誕生日が同じになる確率に関するものです。この場合、3人の誕生日が同じになる確率が5割を超えるのは、88人からとなります。同じ誕生日の人間の数を4人、5人…と増やしていくと、確率が5割を上回るのに必要な全体の人数も増えていきます。たとえば、全体の人数が1000人で確率が5割を上回るのは、同じ誕生日の人間の数が9人のときです。

誕生日が近い者の調査、つまり、そこにいる誰かの誕生日の前後何日かのあいだにほかの誰かの誕生日がある確率はどれくらいになるか、ということも考えられます。たとえば、誕生日がまったく同じか1日違いのふたりがいる確率は、わずか14人で5割を上回ることになります。

性別が考慮された誕生日問題には、やや高度な数学的技法が必要になってきます。同数の男女がいる学級で、誕生日が同じ

男女が少なくとも1組いる確率が5割を超えるには、何人の生徒が必要になるでしょう?

計算すると、32人(男女それぞれ16人ずつ)で5割を超えることになります。古典的な誕生日問題の23人と、さほど変わりません。

問題を少しだけ変えて、ほかの数字を探してみることにしましょう(ただし、簡単ではありません)。今度はボブ・ディランのコンサート会場の外に、ランダムに集まった人びとが長い列をつくっているとします。双子や三つ子は来ていないことにしましょう。私たちは会場にはいるファンのそれぞれに誕生日を尋ねていきます。さて、ここで問題です。同じ誕生日の人がふたりつづけて入場することになるためには、何人のファンが並んでいる必要があるでしょう?　さらにもうひとつ。トムソン氏と同じ3月8日生まれの人が現れるまえに、コンサート会場に入場するファンは何人になるでしょう?

誕生日にまつわる計算をするにあたっては、人びとの誕生日は均等に分布していて、いずれの日を選んでも、その日が、無作為に選んだ人物の誕生日である確率は同じであることを前提とします。実際は、必ずしもそうはなりません(夏生まれの人が多くなります)が、それでも、計算によって求めた結果にじゅうぶん近いものになります。

誕生日問題は、数学の世界では占有といって、玉を箱におさめる問題の一分野です。誕生日問題の場合、365個の箱に、玉ならぬ人をおさめていくことになります。ふたつの玉がひとつの箱におさまる確率を調べると考えれば、問題は簡素化されます。性別が絡む問題では、2色の玉があると考えればいいのです。

誕生日問題に関心をもっているのは数学者だけではありません。光子を基本とするアインシュタインの光の理論に魅了されたインドの物理学者サティエンドラ・ナート・ボースは、それまでの研究を打ち切って、占有という視点から、その物理的なしくみを考察しました。彼の場合、箱は1年の日づけではなく光子のエネルギーの大きさ、箱に分布する玉は人間ではなく光子です。占有問題はさまざまなかたちで科学に応用されています。たとえば生物学の場合、伝染病の蔓延は占有問題のひな型になります。箱に地理的領域を、玉に患者をあてはめれば、病気がどこから広がったかを突き止めることができます。

世界は多くの偶然に満ちていますが、数学が教えてくれるのは、それらが起きる確率だけです。そういう意味で、古典的な誕生日問題は氷山の一角であり、その背後にはきわめて重要度の高い数学の研究分野が広がっているのです。

まとめの一言

23人集まれば、同じ誕生日の人がいる確率は50%

CHAPTER 34〈度数分布〉

“the”の使用頻度はすでに決まっている?

死亡表の虜となった人物がいます。
ラディスラウス・フォン・ボルトケヴィッチです。
彼にとって死亡表は陰うつなものではなく、
科学的な研究の対象でした。
馬に蹴られて命を落としたプロイセンの騎兵の
数を調べたのも、このボルトケヴィッチです。
さらに、電気技師のフランク・ベンフォードは、
さまざまな数値の1桁目に現れる数字には
1が最も多く、それに2、3…がつづくことを発見しました。
そして、ハーバード大学でドイツ語を教える
ジョージ・キングスリー・ジップは、文献学に興味をもち、
文章における単語の使用頻度を分析したことで
知られています。

timeline

1837
シメオン・ドニ・ポアソンが
彼の名を冠した確率分布を
発表する

1881
ニューカムが、のちに
ベンフォードの法則と呼ばれる
ことになる規則性を発見する

1898
ボルトケヴィッチが
プロイセンの騎兵の死者数を
分析する

1年間に1人の騎兵が馬に蹴られて死亡する確率はどれほどでしょうか？　また、死者の数が2人、3人、…、x人と増えていったとき、確率はどう変化するでしょう？　xの値のそれぞれについて求めた確率のリストを確率分布といいます。この場合は離散的分布になります。というのも、xの値は連続的でなく、それぞれの値のあいだにすき間があるからです。馬に蹴られて死亡した騎兵の数が3人、または4人ということはあっても、$3\frac{1}{2}$人ということはありえません。ベンフォードの法則の場合も、求められているのは数字の1、2、3…が現れる確率ですし、ジップの法則の場合も、たとえば“*it*”の使用頻度は第8位であって、第8.23位にはなりません。

プロイセンの騎兵隊で死亡した人数を調べる

ポーランド出身のロシアの総計学者ボルトケヴィッチは10部隊の20年間の記録を集めて、のべ200部隊のそれぞれについて、1年間の死者数（数学的には変数といわれる）と、死者数ごとの部隊ののべ数を調べました。たとえば、1年間、死者がひとりもいなかった部隊はのべ109、4人が死んだ部隊はのべ1というように。これはある年に4人の騎兵を失った部隊が20年間にひとつあったことを意味しています。

死者の数はどのような分布になったのでしょう？　情報を集めること――現場に赴いて結果を記録すること――は統計学者の仕事の一部です。ボルトケヴィッチは次のようなデータを手に入れました。

死者数	0	1	2	3	4
部隊数	109	65	22	3	1

1938
ベンフォードが
数字の1桁目の分布法則を
あらためて説明する

1949
ジップが
語彙にまつわる公式を
導き出す

2003
ポアソン分布が
北大西洋の魚種資源の
分析に使われる

ありがたいことに、馬に蹴られて騎兵が死ぬということは日常的なことではないようです。そして、めったに起きない事象をモデル化する最適の理論手法といえば、ポアソン分布でしょう。ポアソンの公式を使えば、ボルトケヴィッチは厩舎に出向かなくても、死者数が r（ポアソンの式の x）となる確率を導き出すことができます。式のなかの e は複利計算の例で説明した自然対数の底（32ページを参照）で、感嘆符（!）は階乗、つまり、その数と1のあいだにあるすべての整数を掛け合わせた数を意味しています（35ページを参照）。ギリシャ文字の λ《ラムダ》は、その事象が単位時間内に起きる回数の平均値で、この例でいえば、1年間に馬に蹴られて死亡した騎兵の数の1部隊あたりの平均値なので、0×109、1×65、2×22、3×3、4×1を合計した数（122）を部隊ののべ数200で割った0.61となります。

$$e^{-\lambda}\lambda^{x}/x!$$

ポアソンの公式

r = 0、1、2、3、4をポアソンの公式に当てはめて求めた理論上の確率（p とする）は、下の表のようになります。

死者数	0	1	2	3	4
確率（p）	0.543	0.331	0.101	0.020	0.003
推定される部隊数（200×p）	108.6	66.2	20.2	4.0	0.6

このように、理論的な分布はボルトケヴィッチが調べた実際の分布にとてもよく似ています。

「最初の数字」の不思議

電話帳に掲載された番号の末尾の数字を調べると、0、1、2、…、9がほぼ均等に分布しています。しかし、1938年、アメリカの電気技師フランク・ベンフォードは、そういった一連の数値の1桁目の数字が、必ずしも均等に分布していないことに気づきました。実をいうとこれは、1881年にアメリカの天文学者サイモン・ニューカムが見出したある法則の再発見です。

昨日、私はちょっとした実験をやってみました。実験に使ったのは新聞に掲載されていた為替相場の数字です。そこには、1ポンドに相当する外貨のレートが、米ドルなら2.119、ユーロなら1.59、香港ドルなら15.390というように並んでいました。そこで、それらの1桁目を数字ごとに数えて、表にまとめてみました。

1桁目の数字	1	2	3	4	5	6	7	8	9	合計
回数	18	10	3	1	3	5	7	2	1	50
百分比(%)	36	20	6	2	6	10	14	4	2	100

このように、1が30%、2が18%というベンフォードの法則を支持する結果となりました。電話番号の末尾の数字に見られる一様な分布とはたしかに異なっています。

多くの一連の数値がベンフォードの法則に従う理由は、今のところわかっていません。19世紀、たまたま使っていた数表でそれに気づいたサイモン・ニューカムも、これほど広範な数値を支配するものとは思っていなかったでしょう。

ベンフォードの法則は、スポーツの得点、株式市場のデータ、番地、国の人口、河川の長さといったものにも見出すことができます。測定に使われる単位は関係がないようで、河川の長さはメートルで表してもマイルで表しても、この法則に従うようです。ベンフォードの法則には実務的な応用例もあります。会計情報がこの法則に従うとわかってからは、うその情報や詐欺が見破り易くなったのです。

“the”の使用頻度はすでに決まっている！？

アメリカの言語学者ジョージ・キングスリー・ジップの幅広い趣味のひとつに、単語の数を数えるという変わったものがあります。そして、英文のなかで使用頻度の高い単語は、下の表のように文字数の少ないものが上位を占めることがわかりました。

順位	1	2	3	4	5	6	7	8	9	10
単語	*the*	*of*	*and*	*to*	*a*	*in*	*that*	*it*	*is*	*was*

これは、膨大な量のさまざまなテキストの文字をひたすら数えることで手に入れた結果です。よく使われる単語の順位には、分析するテキストの種類によっていくらか違ってくることはあるでしょうが、さほど大きな違いにはならないはずです。

1位が“*the*”、2位が“*of* ”という結果も、とくに意外なものではありません。リストにはつづきがあり、500位に“*among*”が、1000位に“*neck*”がランクされています。が、ここでは10位までの単語に限って考えることにしましょう。無作為にテキストを選び、これらの単語を数えれば、多少の違いはあっても似たような順位になるはずです。驚きは、順位とこれらの言葉がテキストに使われる実際の回数との関係にあります。“*the*”は“*of*”のおよそ2倍、“*and*”のおよそ3倍の頻度…となっているのです。実際の数は有名な式で求めることができます。これは経験則で、ジップがデータから見出したものです。この法則からジップが導き出した次の式を使えば、r番目によく使われる単語がそのテキストに占める百分比を求めることができます。

$$\frac{k}{r} \times 100$$

この式のkは書き手の語彙の大きさによって決まる値です。書き手に100万語ともいわれる英単語のすべてを操る能力があるとすれば、kは0.0694になり、“*the*”は6.94％を、“*of*”はその半分、3.47％を占めることになります。すばらしい才能をもつこの書き手が3000語のエッセイを書いた場合、そこには208個の“*the*”、104個の“*of*”が含まれることになります。使える語彙が2万語しかない書き手が3000語のエッセイを書いた場合、kの値が0.0954に上昇するので、286個の“*the*”、143個の“*of*”が使われることになります。つまり、語彙が少ない書き手のテキストほど、“*the*”の使用頻度が大きくなるということです。

確率分布を予測に用いる

ポアソン、ベンフォード、ジップらが見出した確率分布の法則は予測に使うことができます。絶対確実なものではありませんが、当てずっぽうよりは、はるかにましでしょう。前述の3つのほかにも、二項分布、負の二項分布、幾何分布、超幾何分布など、さまざまな分布があり、統計学者の分析ツールとして人類の営みに幅広く応用されています。

まとめの一言

単語の使用頻度は統計的に予測可能

CHAPTER 35 〈正規曲線〉

コインは投げずとも結果はわかる?

正規曲線(*normal curve*)は
統計学で中心的な役割を果たすものです。
数学でいえば直線のようなもので、それが
“普通の曲線(*normal curve*)”と呼ばれるゆえんです。
この曲線に重要な数学的特性があることはたしかですが、
ひとまとまりの生データを分析しても、
きれいな正規曲線が得られることは
めったにありません。

timeline

1733
ド・モアブルが
二項分布の近似としての
正規曲線の研究成果を発表する

1820
ガウスが
天文学研究における誤差の法則として
正規分布(ガウス分布)を使用する

正規曲線は左右対称の釣鐘《つりがね》形の曲線(ベル・カーブ)を描く数式によって規定されています。正規曲線の重要性は、性質よりも理論にあり、そこには脈々とつづく歴史がかくれています。フランスのカルヴァン派の新教徒(ユグノー)であるアブラーム・ド・モアブルは、宗教的な迫害から逃れるためイギリスへ渡り、確率の分析に正規曲線を使用しました。さらに、ピエール＝シモン・ラプラスは正規曲線に関する研究成果を発表し、カール・フリードリヒ・ガウスは天文学に正規分布を応用し、ガウスの誤差法則を見出しました。*1

*1 ガウスは正規分布を独自の方法で導入したので正規分布を「ガウス分布」と呼ぶ人も多い(監訳者注)

ベルギーの数学者・社会学者アドルフ・ケトレーは1835年に発表した社会学の論文のなかで、個々人と“平均人”との差異を正規曲線を使って評価しています。彼は、フランスやスコットランドの兵士の胸囲を、それが正規分布に従うという確信のもとで計測しました。当時は、何より驚くべきことが“普通(*normal*)”と思われていたようです。

通勤時間の平均値に隠された法則

カクテルパーティーに招かれたジョージナが、ホストのセバスチアンから、どこから来たのかを尋ねられたとします。それはパーティー向きの便利な質問のひとつです。誰にでも尋ねられるし、誰にでも答えられます。大げさなものではないし、会話のきっかけになることもあります。

翌日、軽い二日酔いの頭でオフィスに出かけたジョージナは、同僚たちがどこから通勤しているのか知りたくなりました。さっそく社員食堂で尋ねてみると、近所に家がある人もいれば、50マイル*2離れたところに住む人もいることがわかりました。ジョージナは大企業の人事担当部長という地位を利用して、毎

*2 マイル

1マイルは約1.6093キロメートル(編集部注)

1835
ケトレーが
個々人と“平均人”との差異を
正規曲線を使って評価する

1870年代
正規分布(normal distribution)
という名前が使われはじめる

1901
アレクサンドル・リアプノフが
特性関数を使って中心極限定理を
厳密に証明する

年、従業員を対象に実施されるアンケートにある質問をつけくわえました。「けさはどれくらいの距離を移動して出社しましたか？」というものです。彼女が知りたかったのは、従業員の通勤距離の平均値でした。調査結果をヒストグラム（柱状グラフ）にまとめたところ、分布のしかたにはこれといった特徴は見られませんでしたが、とりあえず通勤距離の平均値を出すことはできました。

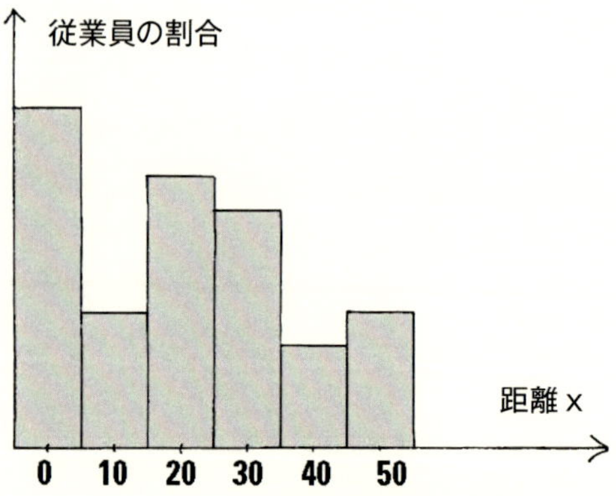

ジョージナの同僚の通勤距離
（ヒストグラム）

同僚たちの通勤距離の平均値は20マイルでした。数学の世界ではこれをギリシャ文字μ《ミュー》で表すので、$\mu = 20$となります。また、人数のばらつきはギリシャ文字σ《シグマ》で表されます。これは標準偏差といわれることもあり、σが小さいとき、データは狭い範囲に集中し、ばらつきが少なくなります。ジョージナは同僚のひとりで、統計学に詳しい市場アナリストから、全従業員に通勤距離を尋ねるまでもなく、サンプリング調査で20に近いμの値を得る方法があると言われました。中心極限定理を使った推算方法です。

まずは全従業員のなかから無作為にサンプルをとりだします。サンプルの数は多ければ多いほどいいのですが、30人もいれば問題ないでしょう。無作為に抽出するので、会社の近くに住む人も遠距離通勤をする人も含まれ、平均を計算すると、より長い距離とより短い距離とが相殺されることになります。数学者はサンプルの平均値に$\overline{x}$（エックスバーと読む）という記号を使います。ジョージナの例では、$\overline{x}$は全数の平均である20に近い数になるだろうと考えられます。極端に小さくなったり、極端に大きくなったりということは、あるとしてもごくまれです。

中心極限定理は、正規曲線が統計学においてなぜ重要か、その根拠のひとつとなるもので、もとの数値xがどのように分布しても、サンプルの平均$\overline{x}$は正規曲線に近づくというものです。どういうことでしょう？　ジョージナの例でいえば、xは会社か

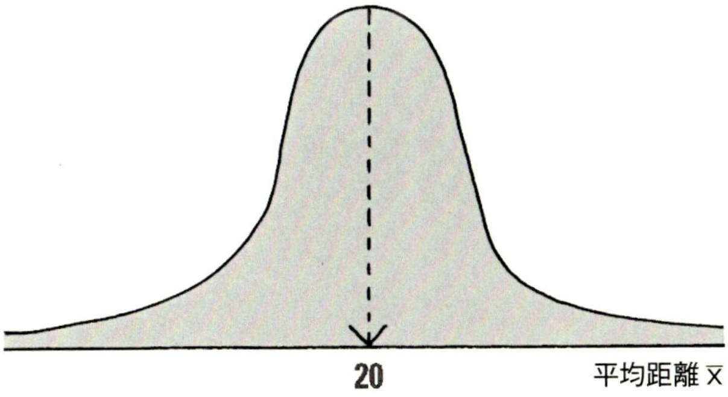

サンプルの平均はどのように分布するか

ら自宅までの距離で、$\bar{x}$はその平均値です。ジョージナのヒストグラムに見られるxの分布は、釣鐘形にはなっていませんが、$\bar{x}$の分布は、$\mu = 20$を中心とする釣鐘形となります。

サンプルの平均値$\bar{x}$を全体の平均値μの推測値として使えるのはこのためで、サンプルの平均値$\bar{x}$のばらつきはおまけのようなものです。もしも、xのばらつき具合（標準偏差）σがわかれば、$\bar{x}$のばらつき具合は$\frac{\sigma}{\sqrt{n}}$となります。nは抽出したサンプルの大きさで、nが大きければ正規曲線の幅が小さくなるので、μの推測値の精度は向上します。

コインを100回投げれば確率95％で……

簡単な実験をやってみましょう。コインを4回投げることにします。表が出る確率はいずれの回も$\frac{1}{2}$です。それぞれの回にどちらの面が出るかという組合せは全部で16通りあります。たとえば、表が3回出る組合せは、裏表表表、表裏表表、表表裏表、表表表裏の4通りがあるので、表が3回出る確率は$\frac{4}{16} = 0.25$となります。

投げる回数が少なければ、確率は簡単に計算して表にまとめられるので、その確率がどのように分布しているかはすぐにわかります。なお、組合せの数はパスカルの三角形から見つける

表が出る回数	0	1	2	3	4
組合せの数	1	4	6	4	1
確率	0.0625 $(=\frac{1}{16})$	0.25 $(=\frac{4}{16})$	0.375 $(=\frac{6}{16})$	0.25 $(=\frac{4}{16})$	0.0625 $(=\frac{1}{16})$

ことができます（74ページを参照）。

これは確率の二項分布といって、起こりうる事象がふたつ（この場合は表と裏）のときに生じる分布です。これらの確率はグラフを使って高さと面積で表すこともできます。

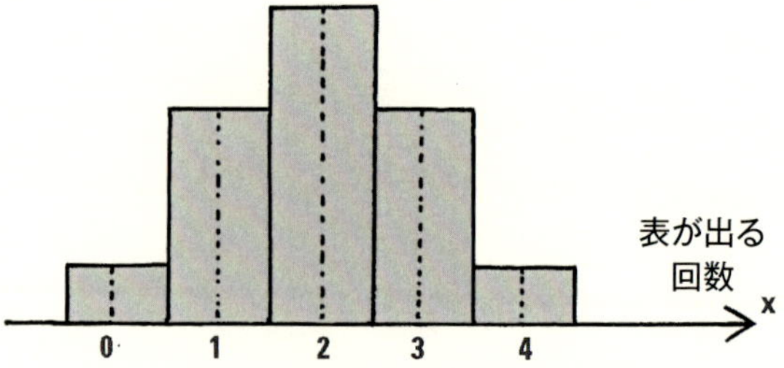

コインを４回投げたときに出る表の数は
二項分布にしたがう

投げる回数が４回というのは、やや少なすぎるかもしれません。もっと回数を増やして、たとえば100回投げることにすると、どうなるでしょう？　$n=100$の場合にも確率の二項分布は見られますが、それは、便利なことに、平均値$\mu=50$（コインを100回投げて50回表が出る）、ばらつき具合（標準偏差）$\sigma=5$の釣鐘形の正規曲線に近いものになります。この事実は16世紀にド・モアブルによって発見されたものです。

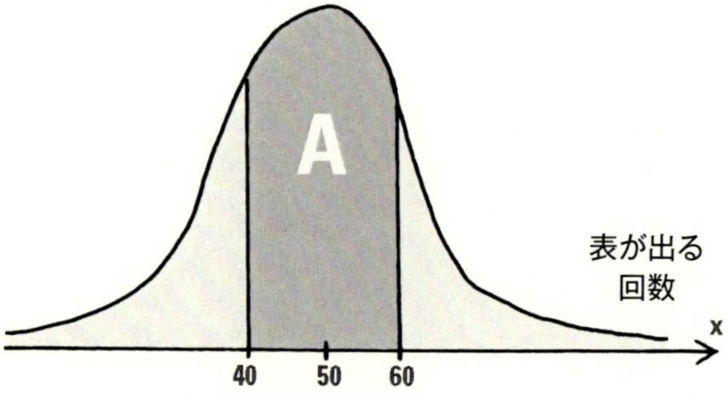

コインを100回投げて表が出る回数の確率分布

nの値が大きくなると、表の回数を測る変数xはどんどん正規曲線に近づいていきます。nの値が大きくなればなるほど、近似の度合も大きくなります。表が出る回数が40回から60回のあいだになる確率を見てみましょう。私たちが知りたい確率、すなわち$P(40 \leqq x \leqq 60)$は右図のAの部分の面積となります。

実際の数値を知るには、事前に計算された数表を見る必要がありますが、それによると、$P(40 \leqq x \leqq 60) = 0.9545$であることがわかります。つまり、コインを100回投げたときに表が出る回数が40回から60回のあいだになる確率は95.45％。これは非常に起こりやすいということです。

残りの部分の面積は1－0.9545、つまり0.0455しかありません。正規曲線は左右対称なので、100回投げて表が出る回数が60回を超える確率は、この半分ということです。つまり、わずか2.275％で、見込みとしてはきわめて薄いと考えられます。ラスベガスに行くことがあっても、そんな可能性に賭けるのはやめておくべきでしょう。

まとめの一言

サンプリング調査だけでも信頼度の高い結果が得られる

CHAPTER 36 〈相関と回帰〉

知ってる?

アイスが売れると サングラスも売れる?

ふたつのデータにはどんな関連があるのでしょう?
100年前の統計学者は、
その答えはすでにわかっていると考えました。
「相関」と「回帰」は馬と馬車のように進んでいくもので、
それぞれが別の役割をこなしています。
相関とは、たとえば身長と体重のような
ふたつの量の関わり方がどの程度のものかということです。
いっぽう、回帰とは、
ある性質の数値(たとえば体重)を
ほかの性質の数値(たとえば身長)から
予想することです。

timeline

1806
アドリアン=マリ・ルジャンドルが
最小二乗法によって
データを関連づける

1809
カール・フリードリヒ・ガウスが
天文学上の問題に
最小二乗法を用いる

ふたつの変数の関係を求めてみよう

相関（*correlation*）という言葉は、1880年代にフランシス・ゴルトンが使いはじめたものです。当初、彼は“*co-relation*（相互の関係）”という、より説明的な語を用いていました。あらゆるものを計測したいという野望をもったヴィクトリア朝時代の科学者ゴルトンは、ふたつ1組の変数の相互関係の分析——たとえば、鳥の翼の長さと尾の長さ——にこれを応用しました。ゴルトンの弟子のひとりで彼の伝記を著したカール・ピアソンの名が冠されたピアソンの相関係数は、その値が−1から1までのあいだにあります。その数値が＋1に近ければ、ふたつの変数には強い正の相関があり、−1に近ければ強い負の相関があります。相関係数は、データが1本の直線の近辺に分布する傾向があるかどうかを判断する数値で、ゼロに近ければ、事実上、相関は存在しないことになります。

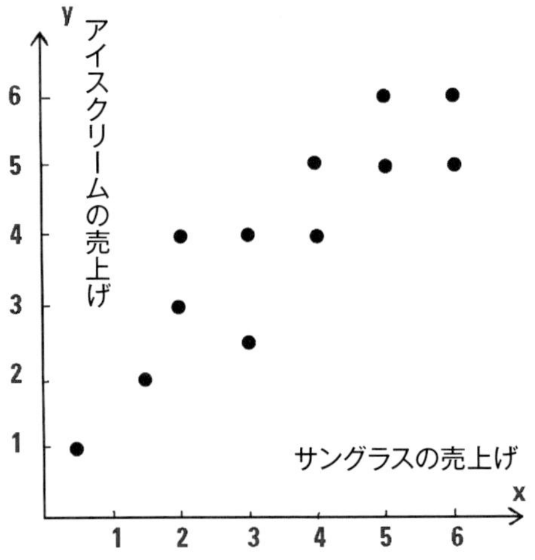

散布図

ふたつの変数の相関の強さが知りたいと思う事例は、あちこちに転がっています。一例として、サングラスの売上げと、アイスクリームの売上げの関係について考えてみましょう。この手の調査に適していそうなサンフランシスコにおける、月ごとの双方の売上げデータを集めることにします。グラフのx軸（横軸）をサングラスの売上げ、y軸（縦軸）をアイスクリームの売上げとして、それぞれの月の売上げを点(x, y)で示します。たとえば(3,4)は、サングラスの売上げが3万ドル、アイスクリームの売上げが4万ドルだった5月の数値を示したものです。こうして1年分の(x, y)を散布図で見ると、点は1本の直線の近くに分布してい

1885~88
ゴルトンが
データの分析に
相関と回帰を導入する

1896
ピアソンが
相関と回帰についての
論文を発表する

1904
スピアマンが
心理学研究のツールとして
順位相関を用いる

るので、このふたつの変数のあいだには、ピアソンの相関係数が0.9前後の強い相関があることがわかります。また、直線が右肩上がりになっているので、相関係数は正の値となります。

相関関係があれば因果関係がある?

ふたつの変数に強い相関関係があるからといって、それだけで片方の現象がもう片方の現象の発生原因になっているとは限りません。両者のあいだには因果関係があるのかもしれませんが、数値的証拠だけで判断できるものではないのです。因果関係の有無がわからない問題には“関連性”という言葉を使い、その先の判断は慎重におこなうのが賢明です。

サングラスとアイスクリームの売上げには強い相関があります。サングラスがよく売れたときには、アイスクリームもよく売れています。しかし、アイスクリームがよく売れる原因はサングラスがよく売れることにあると言えば、笑われるでしょう。両者のあいだには、たとえば季節(夏の暑さや冬の寒さ)の影響といった要素——中間媒介変数——が働いているのかもしれません。相関にはもうひとつ別の落とし穴があります。変数のあいだに強い相関があっても、論理的、あるいは科学的な結びつきがまったく見当たらないことがあることです。家族の数と、家族の年齢の合計には強い相関がありますが、そこに意味を探しても、がっかりさせられるだけです。

順位の相関関係を求める

相関関係にはほかの用途もあります。相関係数は順番が関係するデータの処理にも使われています。そのさい、1番目、2番目、3番目…といった順位さえあれば、ほかの変数は必ずしも要りません。

使えるデータが順位しかない場合もあります。アルバートとザックがフィギュアスケートの大会で選手の審判をつとめることになったとします。オリンピックでメダルを獲得したことがある

選手名	アルバートの順位	ザックの順位	順位の差(d)	d^2
アン	1	3	-2	4
エリー	2	1	1	1
ベス	3	2	1	1
シャーロット	4	5	-1	1
ドロシー	5	4	1	1
$n=5$			合計(Sum)	8

$$1-\frac{6\times Sum}{n\times(n^2-1)}$$

スピアマンの公式

ふたりは、最終グループに残った5人――アン、ベス、シャーロット、ドロシー、エリー――の演技を採点することになりました。ふたりがつけた順位がまったく同じなら問題はありませんが、そうはならないのが人生です。とはいえ、アルバートとザックの評価が正反対になるとも思えません。現実の順位はその両極端のあいだのどこかに落ち着くことになるはずです。アルバートの採点はアン、エリー、ベス、シャーロット、ドロシー、ザックの採点はエリー、ベス、アン、ドロシー、シャーロットの順になりました。これを表にまとめると上のようになります。

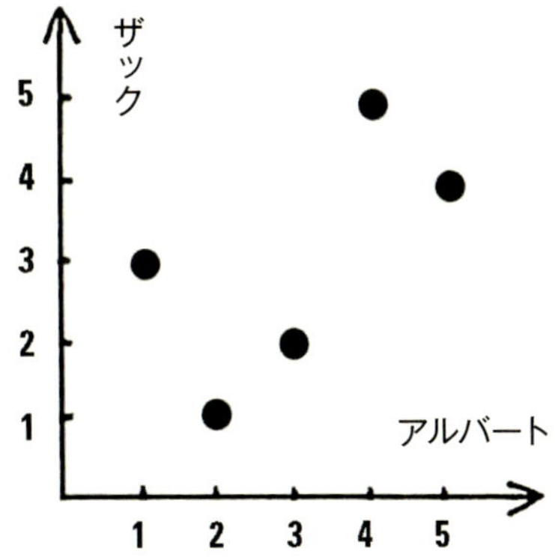

ふたりの審判の合意のレベルを評価する

ふたりの審判の合意のレベルはどうすればわかるでしょう？　スピアマンの相関係数は順番が関係するデータの数学的な比較に使われるツールで、その値が+ 0.8なら、アルバートとザックはかなり高いレベルで合意していることになります。ふたりがつけた順位をグラフに点で示して、両者の合意のレベルを視覚的に現すこともできます。

スピアマンの公式は1904年にイギリスの心理学者チャールズ・スピアマンが考案したもので、彼もピアソンと同じようにフランシス・ゴルトンの影響を受けています。

親と子の身長には関係がある?

あなたは親よりも背が高いですか、それとも低いですか? 仮に私たち全員が、ひいてはすべての世代の子が親より背が高いとすれば、人類の身長はとっくに3メートルを超えているはずですが、そうはなっていません。全員の身長が両親より低いとすれば、人類はどんどん小さくなるはずで、それも同じようにありえないことです。真実は別のところにあります。

フランシス・ゴルトンは、1880年代に、成人した子とその親の身長について比較調査をおこないました。彼は親の身長(実際には、母親と父親の身長を足して2で割った平均身長)を変数xとして、そのそれぞれに対応する子の身長を調べました。実践主義的な科学者であるゴルトンは、データを四角く区分けされた紙の上に鉛筆で点描しています。親の平均身長205個と、子の身長928個の平均は173.4センチメートルで、彼はそれを"平凡値"と呼びました。平均身長の高い親のあいだに生まれた子供の身長は、概して、この平凡値を上回っていますが、両親の平均身長には届いていないことがわかりました。そのいっぽうで、平均身長の低い親のあいだに生まれた子供の身長は、両親の平均身長は上回っていますが、平凡値には届いていないこともわかりました。つまり、子の身長は平凡値に回帰しているということです。そこには、ニューヨーク・ヤンキースの好打者アレックス・ロドリゲスの打撃成績に通じるものがあります。ロドリゲスはすばらしい打率を残すと、その翌年は凡庸な成績に終わることが多いのですが、それでも、全体にならせば同リーグのトップクラスの打率となります。つまり、彼の打率は平均に回帰しているのです。

回帰分析は、幅広い分野に応用できる頼もしいツールです。たとえば、小売店チェーンの経営戦略チームが各店舗に必要な従業員数を決めるときには、小さな支店(ひと月の来客数が1000人)から大きな支店(ひと月の来客数が1万人)まで5つの店舗を選び、それぞれの店舗の従業員数を調べて回帰分析をおこなっています。

顧客数(×1000人)	1	4	6	9	10
従業員数	24	30	46	47	53

このデータを、x 軸を顧客数(統計用語で説明変数という)、y 軸を従業員数(統計用語で反応/応答変数という)とするグラフに点で示したのが左の図です。必要な従業員数は顧客数によって変えられますが、その逆はできません。そこで、5店舗の平均顧客数6(×1000人)、平均従業員数40に点を打ちます。回帰直線は必ずこの平均点(6,4)を通ります。そして、データに最も近い回帰直線の式を(最小二乗法で)求めます。この例の場合、回帰直線の式は $\hat{y} = 20.8 + 3.2x$ で、y 軸と20.8で交わる傾き3.2の右肩上がりの直線となります。$\hat{y}$ は、この直線から得られる推定従業員数です。たとえば、月に5000人の顧客が来店する店に雇うべき従業員の数が知りたければ、この式のxに5を代入して、$\hat{y} = 37$ という推定値を得ることができます。このように、回帰直線にはきわめて実用的な用途があります。

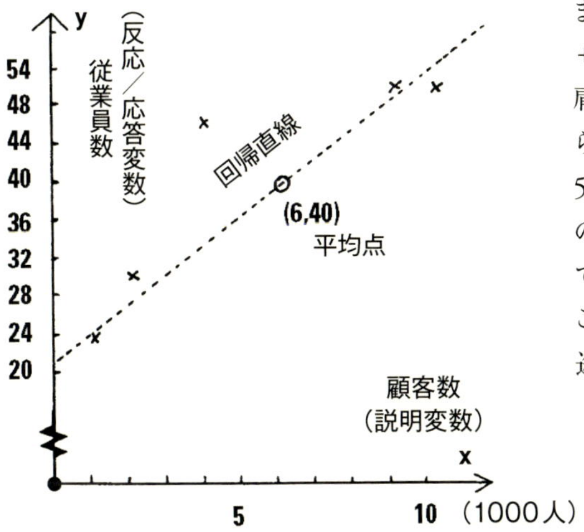

まとめの一言

一見、無関係なふたつの量には意外な関係がある場合も

CHAPTER 37 〈遺伝学〉

遺伝は数学で理解できる?

生物学の一分野である遺伝学が、
なぜ数学の本に登場するのでしょう?
それは、両者を掛け合わせると
互いに充実したものになるからにほかなりません。
遺伝学には数学の力が不可欠ですが、
数学、とくに代数学もまた
遺伝学によって新たな息吹を吹き込まれています。
目の色、髪の色、色覚異常、右利き/左利き、
血液型といった遺伝形質は、
いずれも遺伝子上の因子(対立遺伝子)によって決定されます。
これらの遺伝子がそれぞれ独立して
次世代に受け継がれていくことを突き止めたのが、
遺伝学研究の中心的人物として知られるグレゴール・メンデルです。

timeline

1718
ド・モアブルが
『偶然論』を発表する

1865
メンデルが
遺伝子の存在と
遺伝の法則を提唱する

目の色の因子はどのようにして次世代に受け継がれるのでしょう？　目の色の遺伝にはつぎのふたつの遺伝子が関わっています。

b：青い目の遺伝子
B：茶色い目の遺伝子

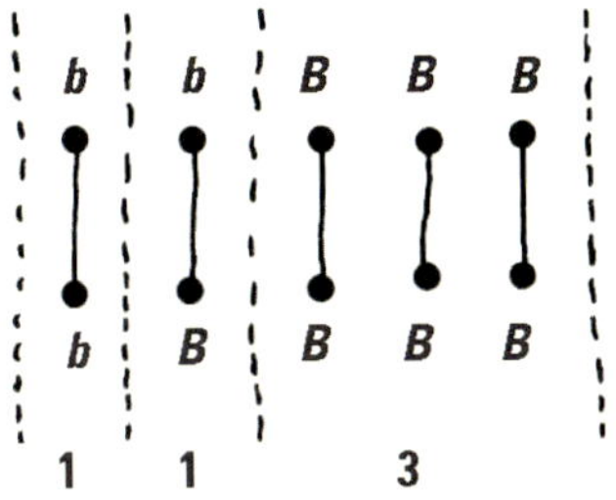

遺伝子型bb、bB、BBの比率が1:1:3となっている集団

これらの遺伝子は人間の染色体にふたつ1組で存在するもので、その組合せ（遺伝子型）にはbb、bB、BBの3種類があります（bBとBbは同じと考えます）。人間はこのうちのひとつの遺伝子型をもっていて、目の色は遺伝子型によって決定されます。たとえば、5分の1がbb、5分の1がbB、残りの5分の3がBBという遺伝子型をもつ集団があるとします。百分率にすると20％、20％、60％という構成です。これを遺伝子型の比率を示す左の図を使って表してみましょう。

茶色い目を発現させる遺伝子Bは優性遺伝子、青い目を発現させる遺伝子bは劣性遺伝子です。BBというホモ遺伝子型の人は当然茶色い目になります。また、bBというヘテロ遺伝子型の人も、Bが優性遺伝子なので茶色い目になります。そして、bbというホモ遺伝子をもつ人だけが青い目になります。

遺伝学には19世紀初頭からさかんに議論されてきた問題があります。いずれは茶色い目の人間ばかりになって、青い目の人間はいなくなってしまうのではないか、というものです。が、その答えは間違いなく「ノー」です。

ハーディとワインベルクが発見した法則とは

その理由を説明してくれるのが、ハーディ・ワインベルクの法則

1908
ハーディとワインベルクが
劣性遺伝子が優性遺伝子に
駆逐されない理由を明らかにする

1918
フィッシャーが
ダーウィンの進化論と
メンデルの遺伝法則を統合する

1953
*DNA*の二重らせん構造が
発見される

という基礎数学を応用した法則で、青い目の人間がいなくならないわけを、解き明かすものです。

ゴッドフレイ・ハロルド・ハーディは、数学の汎用性のなさを誇りと考えるイギリスの数学者で、純粋数学の分野における優秀な研究者です。しかし、彼の名を世に広く知らしめたのは、おそらくこのたったひとつの生物学への貢献のほうでしょう。それは、クリケット観戦のあと、何かの封筒の裏に書きとめた計算から生まれたものです。いっぽう、ウィルヘルム・ワインベルクのバックグラウンドはそれとはまったく異なるもので、ドイツで開業医をしながら、ライフワークとして遺伝学を研究していました。1908年、彼らはこの法則をほぼ同時期に発見しています。

この法則はランダムに交配がおこなわれる大きな集団で成り立つもので、たとえば、あえて青い目の者同士を結婚させるといった、組合せの操作はおこなわれないことが前提となっています。交配の結果、子供には両親のそれぞれの遺伝子が受け継がれます。両親の双方が*bB*という遺伝子型をもつ場合、その子供の遺伝子型は*bb*、*bB*、*BB*のいずれにもなりえますが、*bb*と*BB*のカップルから生まれた子供の遺伝子型は*bB*にしかなりません。劣性遺伝子*b*が受け継がれる確率はどれくらいになるのでしょう？　*b*の数を数えると、*bb*の場合は2個、*bB*の場合は1個ということで、（遺伝子型の比率が前述のように1:1:3の集団の場合）10のうち3個が*b*となります。つまり、子に受け継がれる遺伝子型に劣性遺伝子*b*が含まれる確率は$\frac{3}{10}$、もしくは0.3、優性遺伝子*B*が含まれる確率は$\frac{7}{10}$、もしくは0.7ということです。したがって、遺伝子型*bb*が次世代に受け継がれる確率は、$0.3 \times 0.3 = 0.09$となります。すべての組合せの確率は次表のとおりです。

	b		*B*	
b	*bb*	$0.3 \times 0.3 = 0.09$	*bB*	$0.3 \times 0.7 = 0.21$
B	*Bb*	$0.3 \times 0.7 = 0.21$	*BB*	$0.7 \times 0.7 = 0.49$

ヘテロ遺伝子 bB と Bb は同じものなので、合計して $0.21 + 0.21 = 0.42$ となります。百分率でいうと、bb、bB、BB の比率はそれぞれ9%、42%、49%となり、2世代目の9%が青い目に、$42 + 49 = 91$%が茶色い目になります。

このように、1世代目における3つの遺伝子型の比率が20%、20%、60%の場合、2世代目の3つの遺伝子型の比率は9%、42%、49%になることがわかりました。では、3世代目の3つの遺伝子型の比率はどうなるのでしょう？　劣性遺伝子 b の比率は $0.09 + \frac{1}{2} \times 0.42 = 0.3$、優性遺伝子 B の比率は $\frac{1}{2} \times 0.42 + 0.49 = 0.7$ なので、まえの世代の比率と変わりません。この先、遺伝子型 bb、bB、BB の分布はつねにまえの世代と同じになるので、青い目をもつ遺伝子型 bb の者は、つねに全体の9%を占めることになります。つまり、その後もランダムな交配がおこなわれるとすれば、遺伝子型の比率は、

$$20\%、20\%、60\% \longrightarrow 9\%、42\%、49\% \longrightarrow \cdots \longrightarrow 9\%、42\%、49\%$$

というかたちでつづいていくはずです。この計算結果は、ある個体群の対立遺伝子の遺伝子頻度は、世代が移り変わっても変わらないというハーディ・ワインベルクの法則に合致しています。

ハーディの論拠を確認してみよう

ハーディ・ワインベルクの法則が、1世代目の遺伝子型の比率に関わりなく機能する原理の説明には、1908年にハーディがアメリカの科学誌『サイエンス』の編集者に送った彼自身の解説を引くのがいちばんでしょう。

ハーディは1世代目の遺伝子型の比率を p、$2r$、q、(次世代への)伝達確率を $p + r$、$r + q$ としてはじめています。われわれが用いた例(20%、20%、60%)でいえば、$p = 0.2$、$2r = 0.2$、$q = 0.6$ となります。その場合、遺伝子 b と B の伝達確率

は、$p + r = 0.2 + 0.1 = 0.3$、$r + q = 0.1 + 0.6 = 0.7$になります。では、最初の遺伝子型の比率を変えるとどうなるのでしょう？　たとえば、*bb*、*bB*、*BB*の比率を10％、60％、30％ではじめても、ハーディ・ワインベルグの法則は機能するのでしょうか？　この場合、$p = 0.1$、$2r = 0.6$、$q = 0.3$なので、遺伝子*b*と*B*の伝達確率はそれぞれ$p + r = 0.1 + 0.3 = 0.4$、$r + q = 0.3 + 0.3 = 0.6$になります。したがって、2世代目の遺伝子型の比率は、16％、48％、36％となり、その後もランダムな交配がおこなわれるとすれば、遺伝子型*bb*、*bB*、*BB*の比率は、

10％、60％、30％ ⟶ 16％、48％、36％ ⟶ … ⟶ 16％、48％、36％

というかたちでつづいていきます。2世代目以降の比率は、先の例と同じように安定し、伝達確率の0.4と0.6もずっと変わりません。青い目をもつ者の割合は全体の16％で、残りの48＋36＝84％の目は茶色になります。

このように、ハーディ・ワインベルクの法則は、遺伝子型*bb*、*bB*、*BB*の最初の比率がいくつであっても、それに応じた一定の比率で次の世代に受け継がれていくことを示唆しています。したがって、遺伝子型の割合は本質的に変わりようがなく、優性遺伝子*B*だらけにはならないということです。

ハーディは自分のモデルが近似でしかないことを気にしていました。たしかに、その単純さと優美さは、現実の世界にはあてはまらない仮説のうえに構築されたものです。モデルには遺伝子の突然変異や遺伝子そのものに変化が起きる確率が考慮されていませんし、一連の遺伝子型の比率が不変という理論は進化論を無視したものです。現実の世界には遺伝的浮動、すなわち“偶然”が遺伝に影響する場合もあり、遺伝子の伝達確率は一定ではありません。これが全体の比率に変動をもたらし、種を進化させる要因と考えられています。

ハーディ・ワインベルクの法則はメンデルの法則——“遺伝学の量子論”ともいわれています——やダーウィニズムや自然選択説と本質的に近い関係にありました。やがて、イギリスの統計学者ロナルド・エイルマー・フィッシャーという天才が現れ、メンデルの法則と進化論とのあいだに横たわる矛盾に折合いをつけることになります。

1950年代までの遺伝学に欠けていたものは、遺伝物質そのものの物理的な構造に関する理解でした。そこに劇的な進歩をもたらしたのが、遺伝情報の伝達を担うデオキシリボ核酸（*DNA*）の二重らせん構造を解明したフランシス・ワトソン、ジェイムズ・クリック、モーリス・ウィルキンス、ロザリンド・フランクリンです。

*DNA*のモデルをつくるうえで、数学の力は欠かすことができません。数学がなければ遺伝学は成り立たないのです。*DNA*の幾何学的な構造や精密化されたハーディ・ワインベルクの法則をふまえながら、さまざまな遺伝形質——性差や非任意交配も含めて——を数学的に扱うモデルが開発されています。遺伝学もまた、遺伝に関わる数学的な特性を探るという抽象代数学の新たな一分野を数学に提供して、それに応えています。

まとめの一言

優性／劣性遺伝子の経年比率は数学的に一定

CHAPTER 38 〈群論〉

対称なかたちには奥深い数学が隠れている？

エヴァリスト・ガロワが決闘で命を落としたのは
弱冠20歳のときでしたが、彼は、
のちの数学者が数世紀は忙しくしていられるほど
たくさんの概念を残しています。
そのひとつが、対称性（シンメトリー）を
測定するのに使われる群論です。
美的な魅力は別としても、
まだ見ぬ万物の理論に思いをはせる科学者にとって、
対称性は不可欠な要素です。
群論は“万物を結びつける糊”の役割を果たしています。

timeline

1832
ガロワが
対称群（置換群）の
概念を提唱する

1854
ケイリーが
群の概念の
普遍化を試みる

私たちの身のまわりには、いたるところに対称性が存在します。たとえば、古代ギリシャの壺、雪の結晶、建築物、文字などにも見出すことができます。対称性にはいくつか種類がありますが、主なものとしては、鏡像対称性（鏡面対称性）と回転対称性があげられます。ここでは二次元の世界における対称性に限って説明することにします。

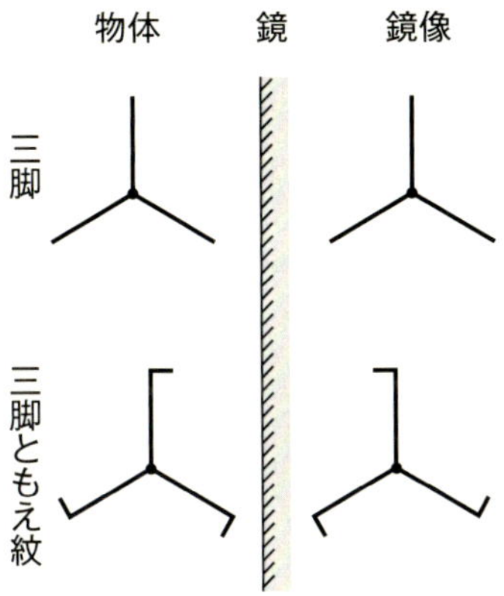

MUMは鏡のなかでもMUM

ある図形を鏡に映したとき、その鏡像がもとの物体とまったく同じかたちになるものと、ならないものがあります。たとえば、MUMは鏡に映してもMUMのままですが、MADはDAMになります。これはMUMには鏡像対称性があり、MADにはないということです。また、三脚には鏡像対称性がありますが、三脚ともえ紋（三本の脚のそれぞれに足がついたもの）に鏡像対称性はありません。鏡の前にある三脚ともえ紋が右向きのとき、鏡像は左向きになります。

三脚ともえ紋を120度回転すると……

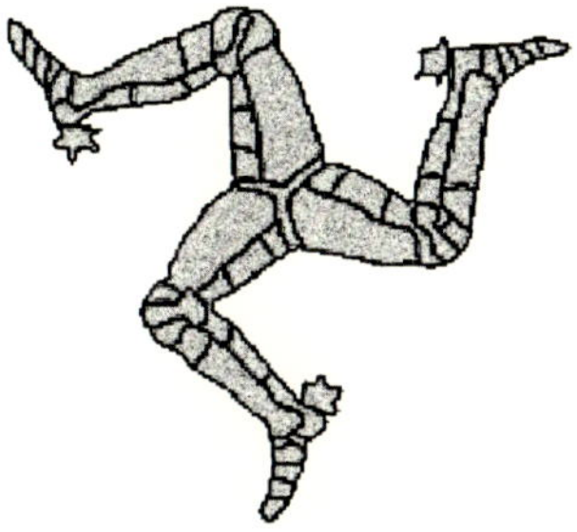
マン島の三脚ともえ紋

ある図形を平面に対して垂直な軸を中心にある角度で回転させたとき、元の図形とまったく同じかたちになるものと、ならないものがあります。三脚と三脚ともえ紋には、ともに回転対称性があります。三脚ともえ紋はおもしろいかたちをしています。右向きのものはマン島のシンボルとして使われているほか、シシリーの旗にも描かれています。120度、もしくは240度回転すると、三脚ともえ紋のかたちはもとの図形に一致するため、目を閉じているあいだにまわすと、回転したことに気づかないかもしれません。この三本脚のおもしろさは、いくらまわしたところで右向きだったものが左向きになることはないことです。このように、実像と

1872
フェリックス・クラインが群論を使った幾何学の講義をはじめる

1891
エヴゲニ・フェドロフとアルトゥール・シェーンフリースがそれぞれ独自の研究で230の結晶群を分類する

1983
有限単純群の分類が完了し、膨大な数の定理が証明される

鏡像が異なる図形は似て非なるものでキラルと呼ばれます。分子構造のなかにも、同じ分子式をもちながら右向きと左向きの2種類の立体構造をもつ、キラルの例があります。その一例がリモネンという物質で、いっぽうにはレモンのような風味が、もういっぽうにはオレンジのような風味があります。

対称性をさらに研究してみると……

三脚ともえ紋について考えてみましょう。右回りに120度回転することをR、240度回転することをS、360度の回転することをIとします。Iは0度、つまり、まったく回転させないのと同じことです。回転の組合せは、[*1]乗積表をつくるのと同じ要領で「群表」にまとめることができます。

群表は、掛け算をするわけではありませんが、数値の乗積表と同じように考えてください。たとえば$R \bigcirc S$は、最初に240度、次に120度回転するという意味です。結果として360度回転してもとの位置に戻ることになります。これを式で表すと、$R \bigcirc S = I$となり、右から2列目のRの列と、いちばん下のSの行がぶつかる枠のなかには、Iがはいります。

三脚ともえ紋の[*2]対称群は、I、R、Sの三種類で、要素が3つなので「位数は3」といいます。群表はケイリーの表と呼ばれることもあります。飛行機のパイオニアとして知られるジョージ・ケイリー卿の遠縁にあたる数学者、アーサー・ケイリーにちなむ名前です。

三脚ともえ紋と同じように、ただの三脚にも回転対称性があります。しかし、ただの三脚には鏡像対称性もあるので、その対称群はより大きなものになります。対称軸としての3つの鏡に映る像をU、V、Wと呼ぶことにしましょう。

三脚のより大きな対称群は、I、R、S、U、V、Wの6つの変換型をもつ位数6の群となり、群表は次のページのようになります。たとえば$U \bigcirc W$（WからUの順に変換をおこなう）のよう

＊1 乗積表

縦の数と横の数で
掛け算をした積の表（訳注）

○	**I**	**R**	**S**
I	I	R	S
R	R	S	I
S	S	I	R

三脚ともえ紋の対称群の群表
（ケイリーの表）

＊2 対称群

ここでいう対称群
（*symmetry group*）は
対称性を保つ変換群のことで、
群論でいう対称群
（*symmetric group*）とは異なる
（監訳者注）

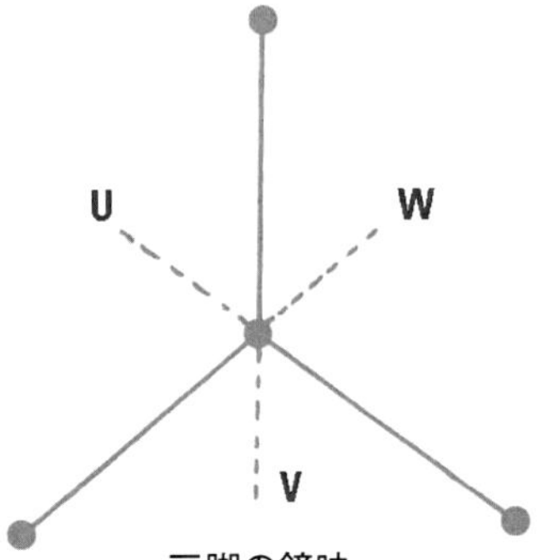

三脚の鏡映

三脚の対称群の群表
（ケイリーの表）

○	**I**	**R**	**S**	**U**	**V**	**W**
I	*I*	*R*	*S*	*U*	*V*	*W*
R	*R*	*S*	*I*	*I*	*W*	*U*
S	*S*	*I*	*R*	*W*	*U*	*V*
U	*U*	*W*	*V*	*I*	*S*	*R*
V	*V*	*U*	*W*	*R*	*I*	*S*
W	*W*	*V*	*U*	*S*	*R*	*I*

に、異なる2軸の鏡映の組合せで、おもしろい変換型を生じることがあります。これは、実質的には垂直の軸のまわりを120度回転させたときと同じ結果になるので、式にすると$U○W=R$となります。逆に$W○U$（UからWの順に変換をおこなう）の場合は、240度回転させたときと同じ結果になり、$W○U=S$となります。つまり、$U○W\neq W○U$ということです。対称群の群表と、数値の乗積表の最大の違いは、この点にあります。

変換する順序を考慮する必要のない群はノルウェーの数学者ニールス・アーベルにちなみアーベル群といいます。三脚の対称群は、アーベル群でない対称群のなかでは最小のものです。

小さな群は大きな群に含まれる

20世紀の代数学の流れが抽象代数学に向かうなか、群論には、公理としていくつかの基本ルールが定義されてきました。そういった観点からいうと、正三角形の対称群は抽象代数学の一例となります。代数学にはいくつかの体系があり、そこには、群論よりわずかな公理でまかなえる単純なものも、群論より多くの公理を必要とする複雑なものもあります。とはいえ、群論の考え方は使い勝手がよく、代数学の体系のなかでもとりわけ重要性が高いものです。わずかな公理のなかにこれほど広範な知識が隠されていることは驚き以外の何ものでもありません。

群論の特徴は、大きな群のなかに小さな群が含まれていることです。位数が3である三脚ともえ紋の対称群は、位数が6である三脚の部分群となっています。イタリア出身の数学者・天文学者ジョセフ=ルイ・ラグランジュは、群の部分群の位数はつねにもとの群の位数の約数になるという基本的事実を証明しました。つまり、三脚の対称群に位数が5や4となる部分群は存在しないということです。

群を分類してみると……

群論の研究者のあいだでは、すべての有限群を分類するという壮大な計画が進められています。群のなかには基本的な群を組み合せたものもあるので、基本的な群の分類ができていれば、すべてをリストアップする必要はありません。分類の原理は、化学の世界でおこなわれている物質の分類、つまり、物質そのものではなく、それを構成している元素に着目しておこなわれる分類と同じです。たとえば、位数6の三脚の対称群は、回転対称群（位数3）と鏡像対称群（位数2）を合わせたものです。
基本となる有限単純群については、すでにすべての分類がすんでいます。1983年にアメリカの数学者ダニエル・ゴレンスタイ

群の公理

集合Gが群であるためには、演算（仮に○とする）について、以下の条件が満たされていなければならない。

1. 集合Gには特別の元1があって、集合Gの任意の元をaとしたとき、1○a＝a○1＝aとなる（この1を“単位元”という）。
2. 集合Gの任意の元aには、$a \circ \tilde{a} = \tilde{a} \circ a = 1$となる$\tilde{a}$が存在する（この$\tilde{a}$をaの逆元という）。
3. 集合Gの任意の元a、b、cには、a○(b○c)＝(a○b)○c がなりたつ（これを結合法則という）。

ンが完了を宣言した分類は、“巨大定理”ともいわれ、数学者たちの30年にわたる調査結果を集積したものです。すでに知られているすべての群の“地図”といってもいいでしょう。基本となる群は3つのタイプに分かれますが、いずれにも分類できない群がそのほかに26個見つかっています。散発型単純群といわれるものです。

散発型単純群は独特の存在で、位数が大きいという特徴があります。位数が小さいほうから数えて5番目までは、1860年代にフランスの数学者エミール・マシューによって発見されたものですが、それ以外のほとんどは1965年から1975年のあいだに見つかったものです。その位数は最も小さいものが$7920 = 2^4 \times 3^2 \times 5 \times 11$、最も大きいものがモンスター群の$2^{46} \times 3^{20} \times 5^9 \times 7^6 \times 11^2 \times 13^3 \times 17 \times 19 \times 23 \times 29 \times 31 \times 41 \times 47 \times 59 \times 71$で、これは約$8 \times 10^{53}$——8のうしろに53個の0がつづく途方もなく大きな数字です。また、26個の散発型単純群のうちの20個がモンスター群の部分群で、それ以外の6個は“6人の*パリア”と呼ばれています。

*パリア

インドのカースト制でカースト外に置かれた最下層民のこと(訳注)

数学の証明には簡潔さが求められます。しかし、有限群の分類の証明には簡潔さのかけらもありません。つまり、数学の進歩を引き起こすのは、傑出した天才ばかりではないということです。

まとめの一言

鏡に映して、回転させて、対称性を知る

CHAPTER 39 〈行列〉

数のかたまりがひとつの数になる？

この“普通ではない代数学”の物語は、
19世紀なかばの数学界に起きた革命によって幕を開けます。
数学者は過去数世紀にわたって
数のかたまりと戯れてきましたが、
そのかくれた価値を理解していた一握りの数学者が、
数のかたまりをひとつの数としてとらえたのは、
わずか150年前のことです。

timeline

B.C.200年頃
中国の数学者が
数字の配列を用いる

1850
ジェイムズ・ジョセフ・シルヴェスターが
“行列（matrix）”という言葉を
使いはじめる

“普通の代数学”とは、ひとつの数をa、b、c、x、yといった文字で置き換える伝統的な代数のことです。多くの人びとはこれを難解と感じますが、数学にとっては大きな一歩でした。それと比較しても“普通ではない代数学”が引き起こした変化は驚くべきものでした。この一次元代数から多次元代数への展開は、複雑な問題を解明するうえで、非常に大きな力になることがわかりました。

数のかたまりをひとつと考える

普通の代数学の場合、aが表しているのは、たとえば7のように、$a = 7$と書ける数です。しかし、行列理論における行列Aは、たとえば次のようなひとかたまりの“多次元数”となります。

$$A = \begin{pmatrix} 7 & 5 & 0 & 1 \\ 0 & 4 & 3 & 7 \\ 3 & 2 & 0 & 2 \end{pmatrix}$$

この行列は、3行4列の数字からなるもの（3×4行列）ですが、行や列の数は原則としていくつでも——たとえ100×200行列でも——構いません。行列代数の重要な利点は、統計のデータのように膨大な数字の列をひとつの実体としてとらえられて、しかも、そういった数のかたまりを、簡単な手順で効率的に処理できることにあります。1000個の数字が含まれるふたつのデータセットで足し算、あるいは掛け算をすると1000行に及ぶ計算式を、わずか1行にまとめることができます。

1858
ケイリーが
『行列論』を出版する

1878
ゲオルク・フロベニウスが
行列代数に関する重要な定理の
いくつかを証明する

1925
ハイゼンベルクが
量子論に行列力学を用いる

工場の生産高や利益を計算してみよう

$AJAX$社のある週の生産高を、行列Aとして表してみましょう。全国各地に3つの工場があるとして、それぞれの工場における4つの製品の生産高を、1000個を1単位として表すことにします。行列Aについては以下の表にまとめます。

	製品1	製品2	製品3	製品4
工場1	7	5	0	1
工場2	0	4	3	7
工場3	3	2	0	2

その翌週、生産計画が変更になったとしましょう。これについては行列Bとして表します。

$$B = \begin{pmatrix} 9 & 4 & 1 & 0 \\ 0 & 5 & 1 & 8 \\ 4 & 1 & 1 & 0 \end{pmatrix}$$

この2週間の生産高の合計はどのようになるでしょう？　行列の足し算は、対応する数字の合計となります。

$$A + B = \begin{pmatrix} 7+9 & 5+4 & 0+1 & 1+0 \\ 0+0 & 4+5 & 3+1 & 7+8 \\ 3+4 & 2+1 & 0+1 & 2+0 \end{pmatrix} = \begin{pmatrix} 16 & 9 & 1 & 1 \\ 0 & 9 & 4 & 15 \\ 7 & 3 & 1 & 2 \end{pmatrix}$$

このように、足し算はとても簡単ですが、残念ながら、行列の掛け算はややわかりにくいところがあります。$AJAX$社の4つの製品の単位あたりの利益が、それぞれ3、9、8、2だとすると、4製品の生産高が7、5、0、1である工場1の1週目の利益は、$7 \times 3 + 5 \times 9 + 0 \times 8 + 1 \times 2 = 68$となります。

しかし、行列を使えば、工場1の利益だけでなく、3つの工場の利益の合計Tも簡単に計算することができます。

$$T=\begin{pmatrix}7&5&0&1\\0&4&3&7\\3&2&0&2\end{pmatrix}\times\begin{pmatrix}\mathbf{3}\\\mathbf{9}\\\mathbf{8}\\\mathbf{2}\end{pmatrix}=\begin{pmatrix}7\times\mathbf{3}+5\times\mathbf{9}+0\times\mathbf{8}+1\times\mathbf{2}\\0\times\mathbf{3}+4\times\mathbf{9}+3\times\mathbf{8}+7\times\mathbf{2}\\3\times\mathbf{3}+2\times\mathbf{9}+0\times\mathbf{8}+2\times\mathbf{2}\end{pmatrix}=\begin{pmatrix}68\\74\\31\end{pmatrix}$$

注意深く見ると、行×列の掛け算の手順がわかるはずで、これが行列の掛け算の本質的な特色です。利益とは別に、製品ごとの体積7、4、1、5を掛けることにしましょう。行列代数を使えば、利益と、それぞれの工場に必要な保管場所の広さを、ひとつの計算式で求めることができます。

$$\begin{pmatrix}7&5&0&1\\0&4&3&7\\3&2&0&2\end{pmatrix}\times\begin{pmatrix}3&7\\9&4\\8&1\\2&5\end{pmatrix}=\begin{pmatrix}68&74\\74&54\\31&39\end{pmatrix}$$

必要な保管場所の広さは、答えの行列の2番目の列の数字、74、54、39となります。行列理論は力強いものです。100か所に工場がある会社が、それぞれ異なる利益と体積をもつ1000種類の製品を、週ごとに異なる計画で生産していることを想像してみてください。すべての数字をまとめて処理する行列代数を使えば、計算や理解のスピードは格段に向上します。

行列代数と普通の代数はどう違う?

行列代数と普通の代数のあいだにはさまざまな類似点と相違点がありますが、最もよく知られる相違点は掛け算に関するものです。まず行列 A に行列 B を掛けて、その逆の計算もやってみましょう。

$$A\times B=\begin{pmatrix}3&5\\2&1\end{pmatrix}\times\begin{pmatrix}7&6\\4&8\end{pmatrix}=\begin{pmatrix}3\times7+5\times4&3\times6+5\times8\\2\times7+1\times4&2\times6+1\times8\end{pmatrix}=\begin{pmatrix}41&58\\18&20\end{pmatrix}$$

$$B\times A=\begin{pmatrix}7&6\\4&8\end{pmatrix}\times\begin{pmatrix}3&5\\2&1\end{pmatrix}=\begin{pmatrix}7\times3+6\times2&7\times5+6\times1\\4\times3+8\times2&4\times5+8\times1\end{pmatrix}=\begin{pmatrix}33&41\\28&28\end{pmatrix}$$

このように行列代数の$A \times B$と$B \times A$の答えは異なるものになります。これは掛ける順番を入れ替えても答えが同じになる普通の代数では、ありえないことです。

もうひとつの相違点は逆行列に現れます。普通の代数の場合、aの逆数は$a^{-1} \times a = 1$となるので、たとえば$a = 7$の場合、$a^{-1} = \frac{1}{7}$です。行列Aの逆行列は、$A^{-1} \times A = \begin{pmatrix} 1 & 0 \\ 0 & 1 \end{pmatrix}$となる$A^{-1}$のことで、$A = \begin{pmatrix} 1 & 2 \\ 3 & 7 \end{pmatrix}$の場合、$A^{-1} = \begin{pmatrix} 7 & -2 \\ -3 & 1 \end{pmatrix}$となります。つまり、

$$A^{-1} \times A = \begin{pmatrix} 7 & -2 \\ -3 & 1 \end{pmatrix} \times \begin{pmatrix} 1 & 2 \\ 3 & 7 \end{pmatrix} = \begin{pmatrix} 7 \times 1 + (-2) \times 3 & 7 \times 2 + (-2) \times 7 \\ (-3) \times 1 + 1 \times 3 & (-3) \times 2 + 1 \times 7 \end{pmatrix} = \begin{pmatrix} 1 & 0 \\ 0 & 1 \end{pmatrix}$$

ということです。この$I = \begin{pmatrix} 1 & 0 \\ 0 & 1 \end{pmatrix}$は恒等行列といって、普通の代数の1に相当するものです。普通の代数の場合、逆数をもたない数は0だけですが、行列代数では、逆行列をもたない行列がたくさんあります。

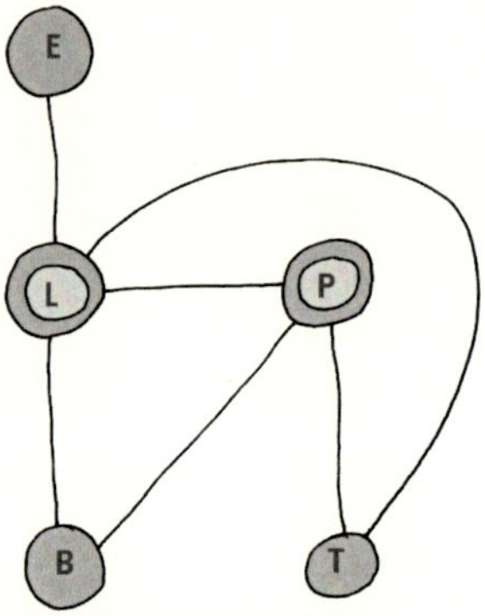

飛行機の経路を計算してみよう

もうひとつ、飛行機の路線の分析に用いられる行列の例を見ておきましょう。空港にはハブ空港と、それより規模の小さい空港があります。ハブ空港であるロンドン(L)とパリ(P)、小規模空港であるエジンバラ(E)、ボルドー(B)、トゥールーズ(T)のあいだには、右の図のように直行便が運航しているとします。このネットワークをコンピュータに分析させるために、まず、行列を使って情報を符号化します。たとえばロンドン－エジンバラ間のように直行便が運航している場合、それぞれの空港を意味する行と列がぶつかるところに1を、それ以外には0を入れます。そのように直行便の有無を説明する行列を、行列Aとします。

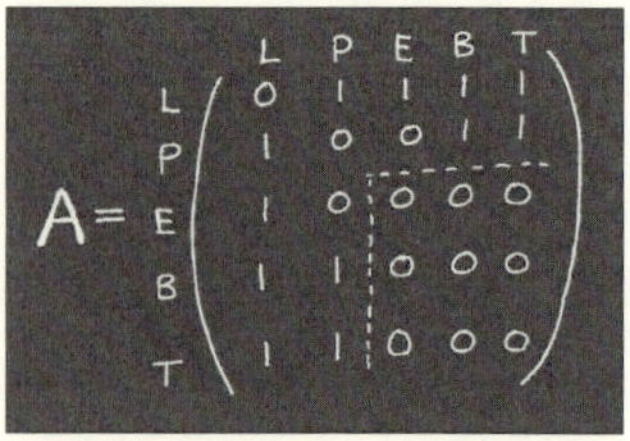

行列Aの右下の部分(図の点線で区切られた部分)を見ると、この3つの小さな空港のあいだには直行便が運航していない

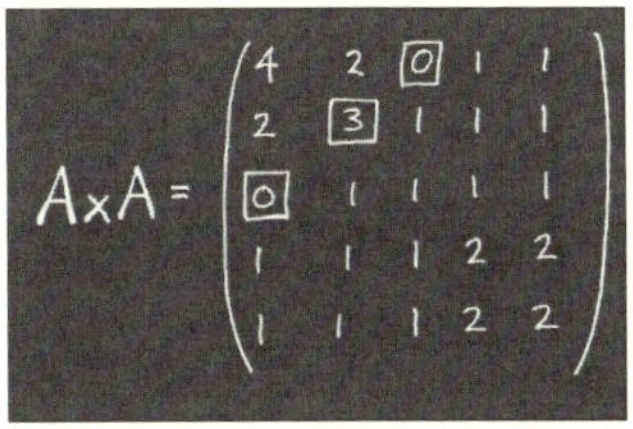

ことがわかります。この行列を二乗（$A \times A = A^2$）すると、その空港間を乗り継ぎ1回で移動する場合の経路の数がわかります。パリからほかの町を経由して再びパリに戻る経路は3つありますが、ロンドンからほかの町を経由してエジンバラに向かう経路はひとつもありません。また、乗り継ぎなし、もしくは1回の乗り継ぎで移動する場合の経路の数は、行列 $A + A^2$ を計算するとわかります。この例にも、大きなデータの本質をとらえてひとつの計算にまとめるという行列の本領が発揮されています。なお、空港の数は何百になっても同じ方法が適用できます。

行列理論は、1850年代に、少数の数学者が純粋数学の問題を解くために構築したものです。その応用法をみても、行列理論はまさに“問題を見つけるための解法”ということができます。問題が頻発するところには、問題発生の理論があります。初期の応用例のなかには、1920年代にドイツの物理学者ヴェルナー・ハイゼンベルクが量子論の研究に用いた行列力学があります。もうひとりのパイオニアであるアメリカの数学者オルガ・タウスキートッドは、一時期携わっていた飛行機の設計に行列代数を応用しました。どのようにして行列理論を見つけたのか、と尋ねられたタウスキートッドは、「行列理論のほうが自分を見つけたのだ」と答えています。数学のゲームとはそんなものなのかもしれません。

まとめの一言

数をまとめて扱えば、計算が一気にかたづく

CHAPTER 40 〈符号化と暗号〉

秘密を堂々と伝えるには?

ユリウス・カエサルと現代のデジタル信号のあいだには
ある共通点があります。どういうことでしょう?
コンピュータやデジタルテレビ受信機に
デジタル信号を送るには、
画像や音声を0と1の数字に符号化したもの
(バイナリーコード)が使われます。
カエサルは、暗号(コード)で
自軍の将官たちと意志の疎通を図り、
機密の保持に努めました。

timeline

B.C.55
ブリテン(イギリス本土)に
侵攻したユリウス・カエサルが、
将官との意思疎通に暗号を用いる

1750年頃
オイラーがのちに
公開鍵暗号の基盤となる
オイラーの定理を示す

まずは、伝送の精度の話からはじめましょう。精度はカエサルの暗号にとっても、デジタル信号の送信にとっても重要です。人為的なミスや配線内のノイズが不可避である以上、なんらかの対策を講じなければなりません。そんなとき、自動的にエラーを検出して訂正する符号化方式の構築を可能にしてくれるのが、数学です。

暗号のエラー検出と訂正をどうおこなう?

バイナリーコードの概念が最初に使われたのは、ドット(・)とダッシュ(−)というふたつの記号を使用したモールス信号です。考案したのはサミュエル・フェンレイ・ブリーズ・モールスというアメリカの発明家で、史上初のモールス信号のメッセージが、ワシントンからボルチモアに向けて送られたのは1844年のことです。モールス信号は19世紀なかば、電報のために開発された符号化方式で、そこには効率というものがほとんど考慮されていませんでした。モールス信号はアルファベットのAが「・−」、*B*が「−・・・」、*C*が「−・−・」というように、すべての文字をドットとダッシュの組合せに置き換えたものです。したがって、“*CAB*”(タクシー)は「−・−・/・−/−・・・」となります。モールス信号はエラーの訂正はいうまでもなくエラーの検出もあまり得意ではありません。

0と1による符号化で最も単純なのは、0、1それぞれに逆の意味づけをおこなうことでしょう。軍隊の司令官が自分の部隊の兵士に「侵攻する」か「侵攻しない」かのいずれかを伝達しなければならないとします。「侵攻する」を1、「侵攻しない」を0と符号化したとしても、1と0が間違って送られると、受け手はそれに気づかず、悲惨な結果を招くことになります。

1844
モールスが
自身がつくりだした符号で
最初のメッセージを送信する

1920年代
エニグマ(暗号機)が
開発される

1950
リチャード・ハミングが
エラー検出符号とエラー訂正符号に
関する主要論文を発表する

1970年代
公開鍵暗号が
開発される

この問題を改善したければ、符号にふたつの文字を使うといいでしょう。「侵攻する」の符号語を11、「侵攻しない」の符号語を00とすると、間違いは減少します。このうちの1文字を間違えたとき、それは01または10として伝わります。正しい符号語は11または00だけなので、受け手はエラーが発生していることに気づくはずです。この方式をつかえば、エラーは検出できますが、それを訂正することはできません。送られてきた符号が01だったとき、本来の命令が00か11か、どうやって判断すればいいのでしょう?

さらに優れたものにしたければ、符号語をより長いものにする手があります。「侵攻する」を111、「侵攻しない」を000とすれば、1文字だけを間違えたとき、前述の例と同じようにエラーを検出することができます。間違えるのは多くても1文字と想定すれば(ひとつの符号語のなかで2文字を間違える確率が低いことを考えれば、妥当な想定です)、受け手は符号語を訂正することができます。この方式には000と111というふたつの符号語しか使われていませんが、それでも、エラーの検出と訂正が可能なシステムに向けた大きな飛躍となります。

これと同じ原理が使われているのが、ワードプロセッサーのオートコレクト機能です。たとえば“*animul*”と入力すると、ワープロはエラーを検出し、それに最も近い単語“*animal*”に訂正します。とはいえ、完全に訂正できるわけではありません。なぜなら“*lomp*”と誤入力した場合、最も近い単語はひとつではないからです。*lamp*、*limp*、*lump*、*pomp*、*romp*は、いずれも*lomp*と1文字違いです。

バイナリーコードは、0と1を組み合わせた符号語で構成されています。合理的な符号語を選ぶことで、エラーの検出と訂正の可能性が格段に大きくなります。モールス信号の符号は互いに似通っていますが、衛星からのデータ送信には、オートコレクト機能つきの最新の符号化方式が使われています。長い符号語を使うことで、エラーは訂正しやすくなりますが、そのぶん送信に時間がかかることになります。NASA(アメリカ航空宇宙局)の宇宙探査には3つの誤りまで訂正できる符号化方式が採用されています。この方式は配線内で発生するノイズにも効果を発揮します。

暗号はつねに解読の危険にさらされてきた

ユリウス・カエサルは自分と味方の副官だけが知る鍵にもとづいて文字を変更し、伝言の内容が洩れないようにしました。しかし、この方法では、鍵が敵の手に渡れば暗号はたちまち解読されてしまいます。中世には、スコットランド女王のメアリーが牢獄から暗号を使って伝言を送りました。メアリーは大叔父の娘であるエリザベス女王の打倒を目論んでいましたが、暗号化した伝言を敵に奪われてしまいました。彼女が用いた文字を置き換える符号化方式は、文字をひとつの鍵で循環させるカエサルの方式にくらべれば先進的といえます。しかし、文字や記号の使用頻度を分析すれば簡単に解読できるものです。第二次世界大戦中にドイツ軍が使ったエニグマ暗号機は、解読の鍵が発覚するたびにキーの配列が並べ替えられました。エニグマの解読はきわめて難しいとされていましたが、実はつねに解読の危険にさらされていました。というのも、鍵が伝言の一部に含まれていたからです。

1970年代には、メッセージの符号化に驚くべき進歩が見られました。解読の鍵を公にしてもメッセージの秘匿が保証される符号化方式が開発されたのです。それは、これまで信じられてきた説がすっかり否定された瞬間でもありました。公開鍵暗号方式といわれるその方法には、200年前に発見されたある定理が使われています。

公開鍵暗号方式のしくみはどうなってるの？

ジョン・センダー(送信者)は、その世界では*J*として知られる秘密諜報員です。ある町にやってきたセンダーは、現地の工作員であるロドニー・レシーバー(受信者)に、自分の到着を知らせる秘密のメッセージを送らなければなりません。センダーはなんとも興味深い行動をとります。図書館に出向き、その町の電話帳でロドニー・レシーバーを探して、その横に書かれたふたつの数字——長いものが247、短いものが5——を確認します。それは誰もが入手できる情報でありながら、センダーがメッセージを暗号化するのに必要な唯一の情報でもあります。センダーが暗号化したい文字は、自分の“コードネーム”であるJで、リストのなかでJに対応する数字は74です。この情報も公になっています。

センダーは74を暗号化するために74の5乗を計算します(5は短いほうの数字)。彼が知りたいのは74^5を247(長いほうの数字)で割ったときの剰余です。74^5は電卓でもなんとか計算できますが、間違いのないように計算しなければなりません。

$$74^5=74\times 74\times 74\times 74\times 74=2{,}219{,}006{,}624$$

さらに、この巨大な数字を247で割ったときの剰余は、

$$2{,}219{,}006{,}624 = 8{,}983{,}832\times 247+120$$

ということで120になります。センダーは暗号化されたメッセージとして120という数をレシーバーに送ります。247と5は公にされているので、メッセージを暗号化することは誰にでもできます。しかし、誰もがそれを解読できるわけではありません。レシーバーはさらなる情報を隠しもっています。実をいうと、彼は自分の識別番号にふたつの素数pとqを掛け合わせたものを使っています。今回の247の場合、$p=13$と$q=19$です。それについてはレシーバー以外、誰も知りません。

ここで、レオンハルト・オイラーが発見して、埃をかぶったままになっていた古い定理が登場します。レシーバーは、$5\times a$を$(p-1)(q-1)$で割ったときに剰余が1となるようなaの値を

＊ x（暗号化したい数）が247より小さい自然数であれば、x^5を247で割った余りをyとすると、y^{173}を247で割った余りは必ずもとのxになる（監訳者注）

見つけるために、pとqが13と19であるという知識を使います。$5 \times a$を$12 \times 18 = 216$で割った剰余が1となるaはいくつでしょう？　実際の計算は省略しますが、$a = 173$のときです*。

pとqの値を知っているのはレシーバーだけなので、173という数字を算出できるのは彼をおいてほかにいません。彼は120^{173}という巨大な数を247で割ったときの剰余を求めます。これは電卓の能力を超えた計算になりますが、コンピュータを使えばすぐにわかるはずです。そして、200年前にオイラーが導き出したとおり、剰余は74です。レシーバーは74という数字を調べて、Jが町にやってきたことを知ります。

$247 = 13 \times 19$であることに気づいたハッカーに暗号を解読されるおそれがまったくないわけではありません。しかし、レシーバーが247以外の数を使ったとしても、暗号化と解読の原理は変わりません。したがって、もっと大きな素数を掛け合わせて、247より大きな数字を使うこともできます。

実のところ、巨大な数からふたつの素因数を見出すことは、ほとんど不可能であり、公開鍵暗号方式の安全性もその点にかかっています。

まとめの一言

解読できそうでできないのが暗号の極意

CHAPTER 41 〈組合せ論〉

49個の数字から6個を選ぶ選び方は?

組合せ論として知られる数学の一分野は、
ときに“高度な数え上げ”ととらえられることがあります。
数え上げといっても、列記された数を合計することではありません。
尋ねられているのは
「対象となるものの組合せはいくつあるか?」です。
問題は単純で、そこに頭でっかちな数学的理論は必要ありません。
つまり、気楽に取り組めるということであり、
それが組合せ論の問題を魅力的なものにしています。
ただし、健康被害を引き起こすおそれがあることは
警告しておきましょう。
夢中になりすぎて、中毒に陥るおそれがあるからです。
少なくとも睡眠不足は避けられないと思ってください。

timeline

B.C.1800年頃
エジプトで
『リンド・パピルス』が書かれる

1100年頃
バースカラが
順列と組合せを
研究する

セント・アイヴスの物語

子供はごく幼い頃から組合せ論を使いはじめます。たとえば、あるわらべ歌にこんな組合せ論的な問いがうたわれています。

> セント・アイヴスへ向かっていたら、
> 7人の妻がいる男に出会った。
> 妻はそれぞれが7つの袋をもっていて、
> 袋にはそれぞれ7匹の猫がはいっていて、
> 猫にはそれぞれ7匹の子猫がいた。
> 子猫と猫と袋と妻、
> セント・アイヴスに向かっている
> 人、猫、袋の総数は、全部でいくつ?

最後の二行がひっかけ問題になっています(答えはひとりです)。それならば、逆に、セント・アイヴスからやってきたのは、全部でいくつになるでしょう?

この問題では解釈がものをいうことになります。7人の妻がいる男は本当にセント・アイヴスからやってきたのでしょうか? この人が会ったとき、男は妻を伴っていたのでしょうか? 組合せの問題を解く場合、何はさておき条件をはっきりさせておく必要があります。

男	1	1
妻	7	7
袋	7×7	49
猫	7×7×7	343
子猫	7×7×7×7	2401
合計		2801

仮に、その一行に出会ったのがコーンウォールの海沿いの町セント・アイヴスからつづく一本道で、子猫も猫も妻も袋もすべて揃っているとしましょう。セント・アイヴスからやってきた男、妻、袋、猫、子猫の合計はいくつになるでしょう? 回答は左の表のようになります。

1858年、スコットランドの古物商アレグサンダー・リンドがルク

1850
カークマンが
15人の女生徒の問題を
提起する

1930
フランク・ラムゼーが
組合せ論を研究する

1971
レイ=チョウドリーとウィルソンが
カークマンの系の存在を証明する

ソールを訪ねたおり、古代エジプトの数学で埋め尽くされた長さ5メートルのパピルスに出会いました。彼はそれを買い求めました。数年後、パピルスは大英博物館に買い取られ、そこに使われている象形文字が翻訳されることになりました。リンド・パピルスの「問題79」は家と猫とねずみと小麦の問題で、7の累乗が使われる点でセント・アイヴスの子猫と猫と袋と妻の問題によく似ています。組合せ論には、どうやらとても長い歴史があるようです。

列の並び順を考えてみよう

列の並び順の問題は、組合せ論の“武器庫”におさめられた最初の武器、階乗を教えてくれます。たとえば、アラン(A)、ブライアン(B)、シャーロット(C)、デイビッド(D)、エリー(E)の5人を一列に並べるとして、何種類の列をつくれるでしょう?

$$E \quad C \quad A \quad B \quad D$$

この問題の答えは選択肢の数によって決まります。列の先頭になる人の選択肢は5つ、列の2番目になる人の選択肢は、最初のひとりがすでに選ばれているので4つ、3番目になる人の選択肢は3つ…とつづいていって、最後尾になる人の選択肢はひとつだけです。したがって、答えは$5 \times 4 \times 3 \times 2 \times 1 = 120$通りです。6人の列なら、$6 \times 5 \times 4 \times 3 \times 2 \times 1 = 720$通り、7人の列なら$7 \times 6 \times 5 \times 4 \times 3 \times 2 \times 1 = 5040$通りの組合せが存在します。

1から連続する整数の積を階乗といいます。数学の世界ではしばしば使われるもので、$5 \times 4 \times 3 \times 2 \times 1$は$5!$という記号で表されます(“5の階乗”と読みます)。では、0と最初のいくつかの自然数について、その階乗を見ていくことにしましょう($0!$は1と定義されています)。ごく小さな数字が大きな数字を生じることは、すぐにわかるはずです。nが小さくても、$n!$は驚くほど巨大な数になることがあります。

数	階乗
0	1
1	1
2	2
3	6
4	24
5	120
6	720
7	5,040
8	40,320
9	362,880

5人の列の並び順の問題にまだ興味があるようなら、今度は A、B、C、D、E、F、G、H の8人から5人を選んで列をつくってみてください。考え方はほとんど変わりません。列の先頭になる人の選択肢は8つ、2番目になる人の選択肢は7つというようにつづきます。この場合、最後尾になる人の選択肢は4つとなります。並び方は何通りになるでしょう?

$$8 \times 7 \times 6 \times 5 \times 4 = 6720$$

これを階乗の表記法を使って書くと、次のようになります。

$$8 \times 7 \times 6 \times 5 \times 4 = \frac{8 \times 7 \times 6 \times 5 \times 4 \times 3 \times 2 \times 1}{3 \times 2 \times 1} = \frac{8!}{3!}$$

順不同の並び方(組合せ)を考えてみよう

列の並び方には順序が考慮されます。したがって、次のふたつの列は、同じ文字からつくられていても別のものとみなされます。

$$C \quad E \quad B \quad A \quad D \qquad D \quad A \quad C \quad E \quad B$$

すでにわかっているように、この5つの文字の並び方の数は5!を計算すれば求めることができます。となると、8人から5人を順不同で選ぶ方法が何通りあるかが知りたければ、$8 \times 7 \times 6 \times 5 \times 4 = 6720$ を5!で割ればよいということになります。

$$\frac{8 \times 7 \times 6 \times 5 \times 4}{5 \times 4 \times 3 \times 2 \times 1} = 56$$

これを組合せ論の表記法で書きなおすと、次のようになります。

$${}_8C_5 = \frac{8!}{3!\,5!} = 56$$

イギリスの国営の宝くじは、規定により49個の数字から6個を選ぶことになっていますが、その組合せはどれくらいの数になるのでしょう。

$$ {}_{49}C_6 = \frac{49!}{43!\,6!} = \frac{49 \times 48 \times 47 \times 46 \times 45 \times 44}{6 \times 5 \times 4 \times 3 \times 2 \times 1} = 13{,}983{,}816 $$

当選するのは1組だけなので、一獲千金の確率はおよそ1400万分の1ということになります。

15人の女生徒の問題

組合せ論は古くから研究されていますが、幅広く扱われるようになったのは、コンピュータ・サイエンスの研究がさかんになったこの40年ほどのことです。グラフ理論やラテン方陣といったものは、最新の組合せ論の一部ととらえることもできます。

組合せ論の本質をとらえた最初の人物は、その大半が娯楽に関連した組合せ論を研究していたトマス・カークマンです。彼は離散幾何学、群論、組合せ論にさまざまなかたちで独自の貢献をしてきましたが、大学から誘いを受けることはありませんでした。しかし、彼の名を後世に伝えることになるある難問によって、数学者としての評価はゆるぎないものとなりました。それが1850年に提起された「15人の女生徒の問題（カークマンの問題）」です。それは15人の女生徒を3人ずつ5列に並ばせて、毎日、教会に向かわせるときの組合せに関するものです。「数独」に飽きた方は、ぜひ、この問題に挑戦してみてください。一度同じ列になった生徒どうしは、二度と同じ列にならぬようにしなければなりません。ここでは、15人の女生徒の名前、アビゲイル（*a*）、ベアトリス（*b*）、コンスタンス（*c*）、ドロシー（*d*）、エマ（*e*）、フランシス（*f*）、グレイス（*g*）、アグネス（*A*）、バーニス（*B*）、シャーロット（*C*）、ダニエル（*D*）、エディス（*E*）、フローレンス（*F*）、グエンドリン（*G*）、ヴィクトリア（*V*）を、大文字と小文字に気をつけながら、*a*、*b*、*c*、*d*、*e*、*f*、*g*、*A*、*B*、*C*、*D*、*E*、*F*、*G*、*V*という頭文字で表すことにします。

女生徒のアルファベットがおさまる場所は、たとえば次のようになります。

月			火			水			木			金			土			日		
a	*A*	*V*	*b*	*B*	*V*	*c*	*C*	*V*	*d*	*D*	*V*	*e*	*E*	*V*	*f*	*F*	*V*	*g*	*G*	*V*
b	*E*	*D*	*c*	*F*	*E*	*d*	*G*	*F*	*e*	*A*	*G*	*f*	*B*	*A*	*g*	*C*	*B*	*a*	*D*	*C*
c	*B*	*G*	*d*	*C*	*A*	*e*	*D*	*B*	*f*	*E*	*C*	*g*	*F*	*D*	*a*	*G*	*E*	*b*	*A*	*F*
d	*f*	*g*	*e*	*g*	*a*	*f*	*a*	*b*	*g*	*b*	*c*	*a*	*c*	*d*	*b*	*d*	*e*	*c*	*e*	*f*
e	*F*	*C*	*f*	*G*	*D*	*g*	*A*	*E*	*a*	*B*	*F*	*b*	*C*	*G*	*c*	*D*	*A*	*d*	*E*	*B*

これは巡回と呼ばれますが、その理由は、翌日の予定で前日のaがbに、bがcに、cがdに、そしてgがaに変わっていくことにあります。大文字のほうも、同じようにAがBに、BがCに変わりますが、Vだけは動きません。

このような書き方が選ばれる理由には、これらの列がファノ幾何学（166ページを参照）の線と一致するという事実が隠されています。このように、カークマンの問題は単なる室内ゲームではなく、数学の主流の一部を構成しているのです。

まとめの一言

順序を考えるなら49!／43!、考えないなら49!／(43!6!)

CHAPTER 42 〈魔方陣〉

どこを足しても等しくなるのはなぜ？

イギリスの数学者
ゴッドフレイ・ハロルド・ハーディが
こんなことを書いています。
「数学者は、画家や詩人のように、パターンをつくる」。
魔方陣には、数学的にみても、
きわめて興味深いパターンがあります。
それはきっちりと表象化された数学的なパターンと、
人びとを惹きつけてやまない
パズル的なパターンの境界線上に
位置するものです。

timeline

B.C.2800年頃
洛書（九数図）の伝説が生まれる

1690年頃
ド・ラ・ルベールがシャム式の魔方陣のつくり方をかたちにする

すべてのマス目に異なる整数がひとつずつはいっていて、縦、横、対角線のそれぞれの列の数の和がすべて等しい方陣を魔方陣といいます。

a	b
c	d

1×1のものも、かたちとしては魔方陣ということになりますが、退屈なので忘れることにしましょう。2×2の魔方陣というのはありえません。あるとすれば、左の図のように示せるはずですが、縦列の数の和と横列の数の和が等しいということは、$a+b=a+c$です。これは$b=c$ということで、すべてのマス目に異なる整数がはいるという条件にあてはまりません。

中国の魔方陣のつくり方

2×2の魔方陣は存在しないので、3×3のマスを使って魔方陣をつくることにします。まずは、1、2、3、4、5、6、7、8、9でマス目を埋める標準的な魔方陣からはじめましょう。

3×3の小さな魔方陣をつくる場合、試行と確認を繰り返すだけでも答えは見つかるのですが、最初にいくらか予想を立てておくと楽になります。まず、マス目に入れる数を合計してみましょう。

$$1+2+3+4+5+6+7+8+9=45$$

この合計は3つの列の合計の総和と同じになるはずです。つまり、それぞれの列の合計は15になります。そこで、中央のマス目にはいる数字を、仮にcとします。cは2本の対角線、中央の縦列、中央の横列に並ぶ数のひとつになります。この4組の数字を合計すると、$15+15+15+15=60$。この数は、すべての数の合計に重複した3つぶんのcを足したものに等しくな

1693
ベルナール・フレニクル・ド・ベッシーが
4×4の魔方陣の880通りを
すべてリストアップする

1770
オイラーが
平方数の魔方陣をつくる

1986
サローが
文字を使った方陣をつくる

るはずです。これを式にすると $3c + 45 = 60$ となり、c が5であることがわかります。ほかにも、1は角のマス目にははいらない、などいくつかの情報が手にはいるかもしれません。そういった手がかりを集めると、“試行と確認”は効率よく進められます。試してみましょう！

8	1	6
3	5	7
4	9	2

シャム方式による
3×3の魔方陣の解

もちろん、システマティックに魔方陣を完成させる方法もあります。そのひとつに、17世紀のシャム王国にフランス大使として赴任していたシモン・ド・ラ・ルベールによって見出されたものがあります。中国の数学に興味をもったラベールは、縦列と横列の数が奇数の魔方陣のつくり方をまとめました。まず1行目の中央のマスに1を入れます。次の数字は、右上のマスに入れますが、そこにマス目がないときは、いちばん下、あるいはいちばん左のマス目に入れます。また、右上のマスがすでに埋まっているときは、直下にあるマスに入れます。*

＊右上隅の次の数は、例外としてすぐ下のマスに入れる（監訳者注）

1からはじまる3×3の魔方陣は本質的にはこの1種類しかありません。これ以外のものは、回転、中央の列または行についての反転、またはその組合せで導かれます。紀元前3000年の中国ですでに知られていた洛書もそのひとつです。言い伝えによれば、洛川で見つかった亀の甲羅に模様として描かれていたということです。土地の人びとはこれを、奉納を増やさなければ悪疫はなくならないという神のお告げと解釈しました。

3×3の魔方陣がひとつしかないとすると、4×4の魔方陣はいくつあるのでしょう？　なんと、880種類です（ちなみに、5×5の魔方陣は2,202,441,792種類となります）。$n \times n$ の魔方陣の数は、今も謎のままです。

デューラーとフランクリンの魔方陣

3×3の魔方陣がその歴史の古さに敬意が払われているのに対して、4×4の魔方陣は、有名な芸術家とのつながりで注目されています。アルブレヒト・デューラーが1514年に制作した『メランコリア』という銅版画のなかには4×4の魔方陣が描か

デューラーが『メランコリア』に描いた魔方陣

れています。それは、880種類のバリエーションのなかでも特異な存在として知られるものです。というのも、この魔方陣は縦列、横列、ふたつの対角線上の数の和だけでなく、4×4を4等分した2×2の小さなマスの数字の和も34になっているからです。しかも、デューラーは最下段の中央2マスの数字にこの傑作の製作年(15と14)を埋め込み、署名としています。

アメリカの科学者にして外交官でもあるベンジャミン・フランクリンは、脳の働きをよくするのに魔方陣づくりが役立つと考えていました。彼はその達人でしたが、彼がどのようにして魔方陣をつくっていたかは、あまり知られていません。大きな魔方陣は運まかせにつくれるものではありません。「算数は子供の頃から大好きだったが、魔方陣づくりには膨大な時間を無駄にしてきた」とフランクリンは打ち明けています。左の図は、彼の名を冠したちょっと不思議な魔方陣です。

1	44	22	63	5	48	18	59
24	61	3	42	20	57	7	46
43	2	64	21	47	6	60	17
62	23	41	4	58	19	45	8
9	36	30	55	13	40	26	51
32	53	11	34	28	49	15	38
35	10	56	29	39	14	52	25
54	31	33	12	50	27	37	16

この魔方陣には、ありとあらゆる種類の対称性が隠れています。縦列、横列、対角線上の数字の和と同じように、図で強調した部分の数の和も260となっています。ほかにもあります。中央の2×2のマスの数の和に角のマス目の4つの数を加えると、それも260になります。さらによく見ると、すべての2×2のマスにはいっている4つの数の和が、いずれも130になっていることがわかるはずです。

平方数で魔方陣はつくれるの?

平方数だけを使って魔方陣をつくることはできるでしょうか?この問題は1876年にフランスの数学者エドゥアール・リュカによって提唱されたものです。3×3の魔方陣では惜しいものが見つかっていますが、今のところ完璧なものは見つかっていません。

127^2	46^2	58^2
2^2	113^2	94^2
74^2	82^2	97^2

これだと、それぞれの縦列、横列、ひとつの対角線上の数の和はすべて21,609になりますが、もうひとつの対角線上の数の和が$127^2+113^2+97^2=38,307$になってしまいます。この手の魔方陣を自分で探してみたいという方は、すでに証明されている事実――中央のマス目には、2.5×10^{25}より大きな数字がはいる――を参考にするといいでしょう。つまり、小さな数を探しても意味がないということです。これは、フェルマーの最終定理の証明にも使われた楕円曲線とも関わりがある数学上の重要問題で、3×3の魔方陣に立方数や四乗数が使えないことは、すでに証明されています。

しかしながら、もっと大きな魔方陣には、平方数の魔方陣が見つかっています。たとえば、4×4と5×5には、平方数の魔方陣があります。1770年、オイラーは経緯を示さずに結果だけを発表しました。その後見つかった平方数の魔方陣には、すべて四元数環という四次元の虚数の研究が関わっています。

特殊な魔方陣を見てみよう

マス目の数が多い大きな魔方陣には驚くべき性質をもつものがあります。魔方陣の専門家であるウィリアム・ベンソンがつくった32×32の魔方陣は、もとの数(一乗)だけでなく、その平方数(二乗)と立方数(三乗)も魔方陣になります。さらに2001年には、1024×1024で一乗から五乗までのすべての数で魔方陣になるものが見つかっていますし、この手の魔方陣はほかにも多数知られています。

条件をゆるめれば、もっと多くの魔方陣をつくることができます。たとえば、対角線上の数の和が、縦列や横列の数の和と同じという条件を取り除くと、特殊な魔方陣が大量に生み出されます。素数だけのものや、正方形以外の形で“魔法の性質”をもっているものを考えることもできます。また、立方陣や四次元陣といった、より高い次元の魔方陣を考えることもできます。

5	22	18
28	15	2
12	8	25

リー・サロウの魔方陣

とはいえ、最も注目すべき魔方陣に賞を贈るとしたら、オランダの電気技師にして言葉の魔術師であるリー・サロウがつくった3×3の控えめな魔方陣でしょう。理由は、間違いなくその珍しさにあります。

これのどこに注目すべきことがあるのでしょう？　まず、これらの数を文字にしてみてください。

five	twenty-two	eighteen
twenty-eight	fifteen	two
twelve	eight	twenty-five

4	9	8
11	7	3
6	5	10

次に、それぞれの文字数を数えてみましょう。

なんと、3から11までの連続した数が魔方陣をかたちづくっています。さらに、これらふたつの魔方陣におけるそれぞれの縦列・横列・対角線の和（45と21）の文字数（*forty-five*と*twenty-one*）はいずれも9で、いみじくも3×3＝9になっていることがわかります。

まとめの一言

“魔術”の背後に数学あり

CHAPTER 43 〈ラテン方陣〉

数独は
なんの役に立つ？

この何年か、世界は“*Sudoku*（数独）”の虜になっています。
ペンや鉛筆を噛みながら、マス目にはいる正しい数字が
ひらめくのを待つ人びとの姿をいたるところで見かけます。
ここは4？ それとも5？ もしかして9？
朝は通勤電車に揺られながら
本来の仕事以上に頭を使っています。
夜はオーブンに入れた料理を焦がしながら
数字探しに没頭しています。
ここは5？ それとも4？ もしかして7？
彼らは「ラテン方陣」で遊んでいます。
まるで数学者のように。

timeline

1779
オイラーが
ラテン方陣を研究する

1900
タリーが6×6の
直交ラテン方陣は
存在しないことを証明する

世界を魅了した数独

数独は9×9のマス目にいくつか数字が書き込まれた状態であたえられるパズルです。すでにある数字を手掛かりとして、空いたマス目を数字で埋めていきます。このとき、縦列、横列、そして9つに分割された3×3のマス目のそれぞれに、1から9までの数字をすべて使わなければなりません。

数独が生まれたのは1970年代の終わりといわれています。1980年代に日本で人気を博し、その後、2005年までに世界じゅうに広がっていきました。パズルとしての数独の魅力は、クロスワードと違って博識である必要がないことにあります。とはいえ、いずれのパズルも病みつきになってしまうことでは一緒です。

	4		8		3			
		7						3
		9	7			2	6	
3				1		7		9
			6	9	8			
1		5		2				6
	2	3			6	5		
6						1		
			5		2		8	

1925
フィッシャーが
統計的実験の計画に
ラテン方陣の使用を提案する

1960
ボーズ、パーカー、シュリカンデが、
あるマスの数で直交ラテン方陣は存在しない
とするオイラーの説を反証する

1979
ニューヨークで数独と同じゲーム
「ナンバープレイス」が
発表される

“新種の魔方陣” 3×3のラテン方陣

$n \times n$のマス目の縦の列、横の列のそれぞれにn個の記号が一度ずつ現れるように並べたものをラテン方陣といいます。このときのnの値は次数と呼ばれます。右の図のような3×3の空のマス目を、記号a、b、cが同じ列内で重複しないよう、埋めていくことはできるでしょうか？　できるとすれば、それは次数3のラテン方陣ということになります。

ラテン方陣の考え方を披露するにあたって、レオンハルト・オイラーはそれを“新種の魔方陣”と位置づけました。しかしながら、ラテン方陣は魔方陣と違って計算を必要としませんし、その記号に数字以外のものを使うことができます。ラテン方陣という名前は、オイラーがラテン方陣に似た別の研究ではギリシャ語のアルファベットを使っていた関係で、こちらにラテン語のアルファベットを使用したという単純な理由によってつけられたものです。

a	*b*	*c*
b	*c*	*a*
c	*a*	*b*

a、b、cを月曜、水曜、金曜と考えれば、ラテン方陣はふたつの班のメンバー間でおこなわれる打合せの日程調整に使うことができます。1班にはラリー（*L*）、メアリー（*M*）、ナンシー（*N*）、2班にはロス（*R*）、ソフィー （*S*）、トム（*T*）がいるとしましょう。

たとえば、1班のメアリーは2班のトムと月曜日に打合せをします（*M*の横列と*T*の縦列が交わるマス目の記号aを月曜とします）。これを使えば、打合せをする班員の組合せから洩れや重複がなくなり、日程もぶつからなくなります。

	R	**S**	**T**
L	*a*	*b*	*c*
M	*b*	*c*	*a*
N	*c*	*a*	*b*

3×3のラテン方陣の使い途はほかにもあります。*A*、*B*、*C*を先の打合せで話し合うテーマと考えれば、ひとりの班員が同じテーマを二度話し合うという無駄を回避することができます。

1班のメアリーは、テーマ*C*についてはロスと、テーマ*A*についてはソフィーと、テーマ*B*についてはトムと話し合うことになります。

	R	**S**	**T**
L	*A*	*B*	*C*
M	*C*	*A*	*B*
N	*B*	*C*	*A*

	R	**S**	**T**
L	a, A	b, B	c, C
M	b, C	c, A	a, B
N	c, B	a, C	b, A

では、何曜日に、誰と誰が、なんの話をするのか、というこみいった予定を調整する方陣があるのでしょうか？　ありがたいことに、いまのふたつのラテン方陣を合体すれば、曜日とテーマの９種類の組合せをひとまとめにできます。

９人の士官の問題

3×3のラテン方陣の解説に使われるもうひとつの例に、“9人の士官の問題”があります。3つの部隊 a、b、c のそれぞれに3つの階級 A、B、C の士官がおり、この9人の士官が練兵場に3列縦隊で並んでいるとしましょう。ただし、どの縦の列および横の列にも、すべての部隊および階級の人が含まれるとします。このような組分けをしたラテン方陣は“直交する”と表現します。3×3の例はすぐに見つかりますが、それより大きなものを見つけるのは容易ではありません。これはオイラーが発見したものです。

4×4の場合、16人の士官ではなく16枚のトランプとして、どの縦の列および横の列にも、すべての階級（キング、クイーン、ジャック、エース）とスート（スペード、クラブ、ハート、ダイヤ）が含まれると考えればいいでしょう。1782年には、オイラーが“36人の士官の問題”を研究しています。これは、次数が6の直交するラテン方陣ですが、オイラーはこれを見つけることができず、次数が6、10、14、18、22…の直交ラテン方陣は存在しないという推測を発表しています。この推測は証明されたのでしょうか？

まず登場したのは、ガストン・テリーという、アルジェリアで公務員として働いていた数学愛好家です。彼はひとつずつ例を調べていって、1900年までに、次数6についてはオイラーの推測が正しいことを検証しました。当然、数学者たちは10、14、18、22…といったそのほかの次数についてもオイラーの説は正しいものと考えはじめました。
1960年、ラジ・ボーズ、アーネスト・パーカー、シャラドチャンドラ・シュリカンデという3人の数学者の共同研究により、オイラーの推測が6次以外のすべてのケースで間違っていることがわかりました。次数10、14、18、22…の直交ラテン方陣が見つかったのです。直交ラテン方陣が存在しないのは(1次と2次は別として) 6次だけだったのです。

直交ラテン方陣は、3次では2組、4次では3組つくれます。このように、次数がnのとき、$n-1$を超える数の直交ラテン方陣は存在しません。つまり、$n=10$では、直交ラテン方陣の数は9組を超えることはないのです。しかし、実際に探すとなると、それはまた別の話で、いま現在、10次の直交ラテン方陣は3組と見つかっていません。

実社会に貢献したラテン方陣

卓越したイギリスの統計学者であるロナルド・エイルマー・フィッシャーは、ラテン方陣に現実的な用途があることに気づきました。彼はイギリスのハートフォードシャーにあるロザムステッド農事試験場で、当時としては画期的な実験にラテン方陣を応用しています。

フィッシャーの実験の目的は、農作物の収穫量が肥料のあたえ方でどのような影響を受けるかを調べることにありました。土の性質が影響をあたえることのないよう、土壌は同じ条件にしなければなりません。土の性質に影響をあたえる"害虫"を駆除してはじめて、さまざまな肥料を試すことができるのです。土の条件を確実に同じにするための唯一の方法は同じ土を使うことですが、同じ土地で何度も農作物を育てることは現実的ではありません。気象条件が変われば、それが新しい"害虫"になることもあります。

ここで、いよいよラテン方陣の出番です。4種類の肥料を試すことを考えてみましょう。正方形の土地を16等分すれば、土の質が縦の列と横の列に向かって変化する土地を、ラテン方陣になぞらえることができます。

4種類の肥料をランダムにa、b、c、dと名づけ、それぞれの肥料をそれぞれの縦の列および横の列のなかの1区画だけに施すものとします。これによって、土の質のばらつきが考慮されることになります。収穫量に影響をあたえそうな“害虫”が別に存在したとしても、一度に対処できます。たとえば、肥料をあたえる時間帯が収穫量に影響をおよぼしそうな場合、その時間帯をA、B、C、Dとして、直交ラテン方陣になるようにしてデータを集めます。これによって、肥料a、b、c、dと肥料をあたえる時間帯A、B、C、Dのそれぞれが、それぞれの縦の列と横の列のなかのいずれかの区画にあてはまることになります。この実験計画を一覧できるようにすると、次のようになります。

a, 時間帯A	b, 時間帯B	c, 時間帯C	d, 時間帯D
b, 時間帯C	a, 時間帯D	d, 時間帯A	c, 時間帯B
c, 時間帯D	d, 時間帯C	a, 時間帯B	b, 時間帯A
d, 時間帯B	c, 時間帯A	b, 時間帯D	a, 時間帯C

もっと複雑なラテン方陣をつくれば、さらにほかの要因についても調べることができます。オイラーは自分が考えた士官の問題が農学の実験に使われることになるとは、夢にも思わなかったでしょう。

まとめの一言

ラテン方陣は娯楽にも、実験手法にも使える

CHAPTER 44 〈会計学〉

知ってる?

「単利」と「複利」はどっちがお得?

ノーマンの自転車を売る腕はなかなかのものです。
皆に自転車に乗ってもらうのが自分の務めと考えているので、
ある客が店にやってきて、迷うことなく
99ポンドの自転車を買ってくれたときはとても喜びました。
その客は支払いに150ポンドの小切手を使いたいと言いました。
銀行が閉まっていたので、ノーマンは
隣人に頼んでそれを現金に換えてもらいました。
店に戻り、客に釣りの51ポンドを渡すと、
客はその自転車に乗って、矢のように走り去りました。
このあと、ノーマンはとんだ災難に見舞われることになります。
小切手が不渡りになり、隣人が返金を求めてきたのです。
自転車の仕入れ値が79ポンドだとすると、
ノーマンの損失は合計いくらになるでしょう?

timeline

B.C.3000年頃
古代バビロニアで財務取引に
60進法が使われる

1494
ルカ・パチオリが
複式簿記に関する本を
出版する

この一見どうということもなさそうな問題は、イギリスのパズル制作者ヘンリー・デュードニーが考えたものです。会計学の問題の一種ではありますが、むしろパズルといったほうがいいかもしれません。もともとの問題を読むと、お金の価値は時間によって変わる——つまり、インフレーションはつづいているということがよくわかります。これが書かれたのは1920年代で、デュードニーは自転車の値段を15ポンドとしています。インフレに対抗する方法は、金利にあります。これは真剣な数学上の問題であると同時に、現代の金融市場の本質に関わる問題でもあります。

複利と単利の違いは？

利子には単利と複利の2種類があります。そこで、複利が好きなチャーリーと、単利が好きなサイモンの2兄弟に登場してもらいましょう。ふたりは父親からそれぞれ1000ポンドをもらい、銀行に預けます。チャーリーは複利の口座を選び、保守的なサイモンは単利の口座を選びます。その昔、複利には高利貸しを連想させるよからぬイメージがありましたが、今は、金融システムの中核を担う、あたりまえのものになっています。複利とは利息にも利息がつくことで、チャーリーが複利を好む理由もその点にあります。単利にはその特性がなく、利息は元金についてのみ計算されます。元金は毎年同じ利息を生むので、サイモンにも簡単に理解することができます。

数学の話をするとき、天才物理学者アルバート・アインシュタインはいつも素晴らしい味方になってくれます。「複利は歴史上最大の発見」という彼の有名な言葉は、少し大げさすぎる気もしますが、複利の計算式がアインシュタインの有名な式

1718
ド・モアブルが
死亡統計と年金理論の基礎を
調査する

1756
ジェイムズ・ダッドソンが
『保険の第一講義』を
出版する

1848
ロンドンに
アクチュアリー協会が
創設される

*$E=mc^2$よりはるかに大きな即時性をもっていることは否めない事実です。貯金をする、借金をする、クレジットカードを使う、担保貸付を利用する、年金に加入するといった局面では、複利の計算式があなたを喜ばせるために(あるいは、あなたを悲しませるために)使われます。式中の記号は何を意味しているのかというと、Pは元金、iは利率(%を100で割った数)、nは期間です。

チャーリーは1000ポンドを年利7%の複利口座に預けました。3年後、残高はいくらになるでしょう? この場合、$P = 1000$、$i = 0.07$、$n = 3$なので、残高は1225.04ポンドとなります。

サイモンは1000ポンドを同じく年利7%の単利口座に預けました。3年後の残高はいくらになるでしょう? 利子は毎年70ポンドつくので、3年間では$70 \times 3 = 210$ポンドになり、これに元金を合計すると、残高は1210ポンドとなります。つまり、投資としてはチャーリーの選択が好ましいということになります。

複利がつくと、お金は急速に増加していきます。貯金をする者にはありがたいことですが、借金をする者には困った話です。複利の鍵を握っているのは、利子が支払われるまでの期間です。ふたりは週1%、つまり1ポンドにつき1ペニーの利息が支払われるプランがあることを知らされます。そのプランで1000ポンドを1年間預けると、いったいいくらになるのでしょう?

サイモンは、1%の利率に52(1年はほぼ52週)を掛けた52%が年利になると考えました。つまり、1000ポンドを預ければ、1年後には520ポンドの利子を生み、合計1520ポンドになるということです。しかし、チャーリーは複利計算式を思いだします。$P = 1000$、$i = 0.01$、$n = 52$を代入して計算すると、$1000 \times (1.01)^{52} = 1677.69$ポンドとなり、サイモンの合計より多くなります。チャーリーが計算した年利は67.7%で、サイモ

*$E=mc^2$

エネルギー(E)と物質の質量(m)が互いに変換できる量であることを示した式。cは光速で、1秒間に約30万キロメートル進む速さ(編集部注)

$$A = P \times (1+i)^n$$

複利の計算式

ンが計算した52%を大きく上回っています。

サイモンはこのプランに感銘を受けますが、1000ポンドはすでに単利の口座にあります。この1000ポンドが2倍になるのは何年後のことでしょう？　利子は毎年70ポンドなので、1000ポンドを70で割るだけのことです。答えは14.29。つまり、彼の口座の残高が2000ポンドを超えるのは15年後ということで、かなり長いこと待たねばなりません。複利の有利さを説明するために、チャーリーは自分の1000ポンドが2倍になるまでに必要な期間の計算をはじめます。こちらの計算はやや複雑ですが、友人から教わった「72の法則」を使うことにしました。

72の法則

72の法則は、元金が2倍になるのに必要な年数を、任意の利率で見積もることができる経験則です。チャーリーが知りたいのは年数ですが、72の法則は、週の数、あるいは日数にも同じように使うことができます。2倍になる期間は、72を利率で割るだけで求められます。この場合、$\frac{72}{7} = 10.3$ なので、チャーリーの元金はサイモンの15年よりもずっと短い11年で2倍を超えることがわかります。この法則を使って求めた数字はあくまでも近似値ですが、すばやい決断が必要なときには便利な方法です。

現在価値を考えてみよう

わが子のビジネスセンスにいたく感心した父親は、チャーリーをかたわらに呼び寄せて、「おまえに10万ポンドやることにしよう」と言いました。チャーリーは大いに喜びました。が、その後、それはあくまでもチャーリーが45歳になる10年後のことだと、あまりうれしくない条件を聞かされます。

チャーリーがお金を使いたいのは、10年後ではなく今です。そこで、銀行に出向き、10年後に10万ポンドを返せることを請け合って、融資の相談をしました。銀行側は、「時は金なりですから、10年後の10万ポンドは今の10万ポンドと同じではありません」と答えて、10年後に10万ポンドになる金額を見積もりました。それがチャーリーに融資できる金額です。銀行側は1年あたりの成長率を12％に設定すればかなりの利益になると考えました。12％の年利で10年後に10万ポンドになるためには、元金がいくらあればいいでしょう？　この問題にも複利計算式を使うことができます。この場合、先ほどの式の A はすでにわかっているので、$A=100,000$、$n = 10$、$i = 0.12$ として P を求めます。その結果、銀行が融資できる金額は、$100000／1.12^{10} = 32197.32$ ポンドと判明します。チャーリーはあまりの少なさにショックを受けますが、それでも、新しいポルシェを買うことができる金額ではありました。

定期的な支払い額はいくら？

いっぽう、10年後、息子に10万ポンドを贈与すると約束したチャーリーの父親は、貯蓄をしなければなりません。そこで、10年間、一年の終わりに預金口座に一定の金額を払い込んで積み立てることにしました。積立期間がすんだところで、その金は約束どおりチャーリーのものになり、チャーリーはローンを返済することになります。

チャーリーの父親が年利8％でこの計画を実現するためには、毎年いくらずつ払い込めばよいでしょう？　父親はチャーリーにそれを計算させます。チャーリーはまず、複利計算式を使って10回分の払込み額（元金）の合計を求め、それから10回の払込み額を年ごとに計算しました。定期的な支払い額 R が、年利 i の預金口座に毎年支払われた場合、n 年後の残高は、右の定期的な支払いの式で算出できます。$S = 100,000$、$n = 10$、$i = 0.08$ なので、計算すると $R = 6902.95$ ポンドになります。

$$S = R \times \frac{((1+i)^n - 1)}{i}$$

定期的な支払いの式

銀行のはからいでポルシェの新車を手に入れると、今度はそれを駐めておく車庫が必要になりました。チャーリーは30万ポンドを借りて家を買うことにします。それについては25年以上にわたって毎年決まった額を返済していかなければなりません。チャーリーには、30万ポンドという金額は返済すべき金額の現在価値だということがわかっているので、自分の1年ぶんの返済額を簡単に算出することができます。父親は感服し、チャーリーの能力をさらに活用することにします。彼はもらったばかりの退職金15万ポンドで、一時払いの終身年金を買いたがっていました。「大丈夫」とチャーリーは言います。「原理は同じだから同じ式で計算できる。ぼくは住宅ローンの会社から金を借りて毎年決まった額を返済することになるけれど、父さんは保険会社にその金を貸して、毎年決まった額を返してもらえることになるよ」。

ところで、最初のヘンリー・デュードニーの“難題”の答えは、ノーマンが客に渡した51ポンドと、自転車の仕入れ値の79ポンドを合計した130ポンドです。

まとめの一言

アインシュタインいわく、「複利は歴史上最大の発見」

CHAPTER 45 〈線形計画法〉

必要な栄養素を最低コストで得るには?

オリンピックの金メダリストを目指すターニャ・スミスは
毎日ジムに通い、食事にも細心の注意を払っています。
トレーニングの合間にしか働けないので、無駄遣いはできません。
とはいえ、毎月、適量のビタミンとミネラルを摂取することは、
コンディションの維持に欠かせません。
コーチからは、1か月に少なくとも120 mgのビタミンと
880 mgのミネラルを摂ることを勧められています。
これを確実に実行するために、彼女は
〈ソリド〉と〈リケックス〉という
2種類のサプリメントを使うことにしました。
問題は、それぞれのサプリメントを
月にどれだけ買えばよいかです。

timeline

1826
フーリエが線形計画法を予想、
ガウスがガウス消去法によって
線形方程式を解く

1902
ファーカスが
不等式系の解を見出す

この古典的な栄養の問題は、健康の維持とコストの削減を目的とした線形計画問題の原型ともいうべきもので、線形計画法を使って解くことができます。線形計画法は、1940年代に開発されたもので、今も幅広い分野に応用されています。

3月初め、ターニャはスーパーマケットに行ってソリドとリケックスを調べてみました。パッケージの裏面を見ると、ソリドには2㎎のビタミンと10㎎のミネラルが、リケックスには3㎎のビタミンと50㎎のミネラルが含まれていることがわかりました。ターニャはその月に飲む分として、30個のソリドと5個のリケックスをカートに入れます。そして、レジに向かいながら、必要な量が足りているかどうかを考えました。ビタミンは、ソリドが30個で2 × 30 = 60㎎、リケックスが5個で3 × 5 = 15㎎。これを合計すると75㎎となります。また、ミネラルは10 × 30 + 50 × 5 = 550㎎となります。

	ソリド	リケックス	必要量
ビタミン	2㎎	3㎎	120㎎
ミネラル	10㎎	50㎎	880㎎

コーチからは、少なくとも120㎎のビタミンと880㎎のミネラルを摂取するように求められているので、さらにいくつかカートに加えなければいけません。ターニャはサプリメントの棚に戻り、ソリドとリケックスを追加して、それぞれ40個と15個にしました。これで大丈夫でしょうか？　あらためて計算をすると、ビタミンが2 × 40 + 3 × 15 = 125㎎、ミネラルが10 × 40 + 50 × 15 = 1150㎎で、今度はコーチに勧められた量を確実に上回っていることがわかりました。

1945
スティグラーが
発見的方法で栄養の問題を
解決する

1947
ダンツィクが
シンプレックス法を開発し、
線形計画法により栄養の問題を解決する

1984
カーマーカーが
線形計画問題を解くための
新たなアルゴリズムを開発する

必要条件を満たす解、満たさない解

サプリメントの数の組合わせ(40、15)はターニャの目的にかなっています。これを実行可能解、または許容解といいます。すでにわかっているように(30、5)は許容解ではないので、このふたつの組合せのあいだには境界線が存在します。許容解はこの栄養問題に必要な条件を満たしており、許容解でないものは満たしていません。

ターニャの選択肢はほかにもたくさんあります。カートの中身をソリドだけにすることもできますが、その場合、少なくとも88個のソリドを買わなければなりません。ビタミンが2×88+3×0=176㎎、ミネラルが10×88+50×0=880㎎となるので、(88、0)は双方の条件を満たすことになります。リケックスだけでまかなう場合、最低限必要な個数は40個になります。ビタミンが2×0+3×40=120㎎、ミネラルが10×0+50×40=2000㎎となるので、(0、40)は許容解です。ターニャはじゅうぶんな量のビタミンとミネラルを摂ることになるのでコーチにも文句はないはずです。しかし、これらの組合せはいずれも、きっかり必要な摂取量にはなっていません。

最適な解となる組合せは?

そこにはコストの問題もからんできます。ターニャはレジに行き、支払いをしなければなりません。1個あたりの価格はソリドもリケックスも5ポンドなので、これまでに見つけた許容解(40、15)(88、0)(0、40)にかかるコストは、それぞれ275ポンド、440ポンド、200ポンドとなります。つまり、このなかではリケックスを40個買うのが最良の選択です。いちばん安上がりだし、必要な栄養の摂取という目的にもかなっています。しかし、ターニャはソリドとリケックスを適当に組み合わせているだけで、限られた組合せのコストしか計算していません。ほんとうに最良の方法なのでしょうか?　コーチの要求を満たし、なおかつ、より安上がりにすむ許容解の組合せは、ほかにないのでしょうか?　ターニャは家に帰って、紙と鉛筆を使ってこの問題を分析することにしました。

線形計画問題を具体的に解いてみよう

ターニャはいつも自分の目標をイメージするよう指導を受けています。金メダル獲得をイメージできるのですから、数学の問題ができないはずはありません。そこで許容解の範囲を絵にしてみました。考慮すべきものは2種類のサプリメントだけです。直線 AD はビタミンがきっかり120 ㎎となるソリドとリケックスの組合せを表したものです。この直線より上でビタミンは120 ㎎以上となります。直線 EC はミネラルがきっかり880 ㎎となるソリドとリケックスの組合せを表したものです。この2本の線より上の範囲にある組合せはすべて、ターニャが購入を許される許容解ということになります。

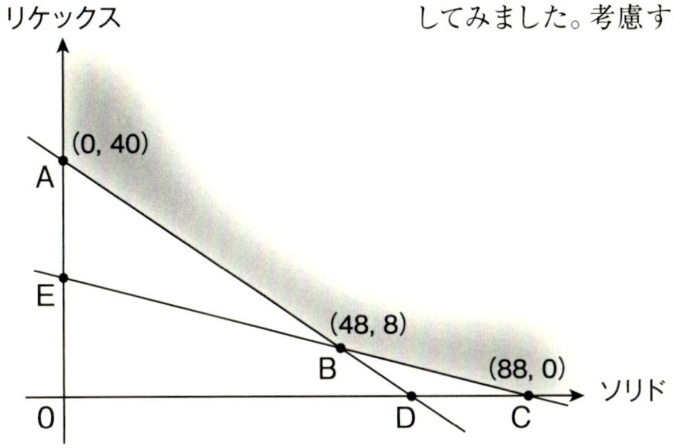

ソリドとリケックスの組合せの許容領域

このような問題を、線形計画問題(*linear programming problems*)といいます。ここで使われているプログラミング(*programming*)は“計画”を意味しています(これは、コンピュータ・プログラミングという言葉が使われるようになる以前の用法です)。リニア(*linear*)は“直線を使う”ということです。ターニャの問題を線形計画問題として解くには、グラフの隅の点でのコストを計算します。隅の点には A(0、40)、C(88、0)のほかに、B(48、8)という新たな許容解があります。これは48個のソリドと8個のリケックスを買うものです。この組合せは120 ㎎のビタミンと880 ㎎のミネラルが含まれるので、摂取量の条件を満たしています。1個あたりの値段がそれぞれ5ポンドだとすれば、この組合せにかかるコストは280ポンド。したがって、最も経済的な組合せはリケックスだけ40個買った場合の200ポンドになります。ただし、これではミネラルの量は2000 ㎎になり、必要量を1120 ㎎も上回ってしまいます。

経済的な組合せは最終的にサプリメントの相対コストによって決定されます。1個あたりの値段が、ソリドが2ポンド、リケックスが7ポンドに変わった場合、隅の点 A(0、40)、B(48、8)、C(88、0)のコストは、それぞれ280ポンド、152ポンド、176ポンドになります。この条件のもとでは、48個のソリドと8個のリケックスという B の組合せが、152ポンドで最も安くすみます。

歴史をひもとくと……

1947年、アメリカの数学者で、のちにアメリカ空軍に職を得ることになったジョージ・ダンツィクが、「シンプレックス法」という、線形計画問題の解法を確立しました。この功績により、ダンツィクはアメリカや西欧で線形計画の父として知られるようになります。冷戦で孤立状態にあった旧ソ連では、レオニード・カントロヴィッチが独自に線形計画問題の理論を確立しています。そして1975年には、カントロヴィッチとオランダの数学者チャリング・クープマンズが、線形計画の技法を含む資源の最適配分に関する理論の研究で、ノーベル経済学賞を受賞しています。

ターニャの例は2種類のサプリメント(変数はふたつだけ)に限られましたが、今日では、何千個もの変数を扱うのがあたりまえになっています。ダンツィクがシンプレックス法を見出したとき、コンピュータはないも同然でしたが、対数表プロジェクトさながらの“人間計算機”が使われたようです。対数表プロジェクトとは、1938年、ニューヨークの失業者を動員して10年がかりで対数表をつくろうとした雇用促進事業のことです。ダンツィクは10人の計算者と手動計算機を駆使して、12日間で9種類の“ビタミン”と77の変数に関する“栄養の問題”を解決しています。

シンプレックス法とそれを応用した方法が驚異的な成功を収

めるなか、それ以外の方法も試されました。1984年には、インドの数学者ナレンドラ・カーマーカーが実際的で意味のある新しいアルゴリズムを、そしてロシアの数学者レオニード・カチアンが理論的に重要性の高い新たなアルゴリズムを、それぞれ提唱しています。

線形計画法の基本モデルは、栄養の問題だけでなく、さまざまなケースに応用されています。そのひとつが貨物の輸送に関するものです。特殊な構造をもつその問題は、それ自体がひとつの分野として扱われるようになりました。輸送の問題のねらいは輸送コストを最小限に抑えることにありますが、線形計画法の問題のなかには、(利潤の最大化のように)最大化を目的とするものもあります。その他、変数値が整数だけのもの、あるいは0と1だけのものもあります。それらはまったく異なる問題で、それぞれ独自の手順が要求されます。

ターニャがオリンピックで金メダルを取れるかどうかは定かでありません。取れるとすれば、それは線形計画法にとって、もうひとつの勝利となるでしょう。

まとめの一言

最適な組合せは“直線上”にある

CHAPTER 46 〈巡回セールスマン問題〉

どのルートなら最短距離で移動できる?

ジェイムズ・クックは、アメリカ、ノースダコタ州の
ビスマルクにあるカーペット用洗剤メーカー、エレクトラ社の
有能なセールスマンです。
3年連続で年間最優秀セールスマンに選ばれていることが、
彼の有能さの何よりの証拠といえるでしょう。
担当エリアはアルバカーキ、シカゴ、ダラス、エルパソで、
月に一度、各都市を巡回します。
そんな彼が知りたがっているのは、
どのような経路をたどれば最短の移動距離で旅ができるかです。
これは巡回セールスマン問題といって、
数学の古典的な問題です。

timeline

1810年頃
チャールズ・バベッジが
興味深い問題として
巡回セールスマン問題に言及する

1831
巡回セールスマン問題が
実務的な問題として
登場する

1926
ボルヴカが
欲張り法という
アルゴリズムを提唱する

アルバカーキ				
883	ビスマルク			
1138	706	シカゴ		
580	1020	785	ダラス	
236	1100	1256	589	エルパソ

ジェイムズは都市間の距離がわかるマイル程図をつくりました。たとえば、ビスマルク－ダラス間の距離は、ビスマルクの列とダラスの行が交わった部分（強調した部分）で1020マイル（1マイルは約1.6キロメートル）です。

最良のルートを考えてみる――欲張り法

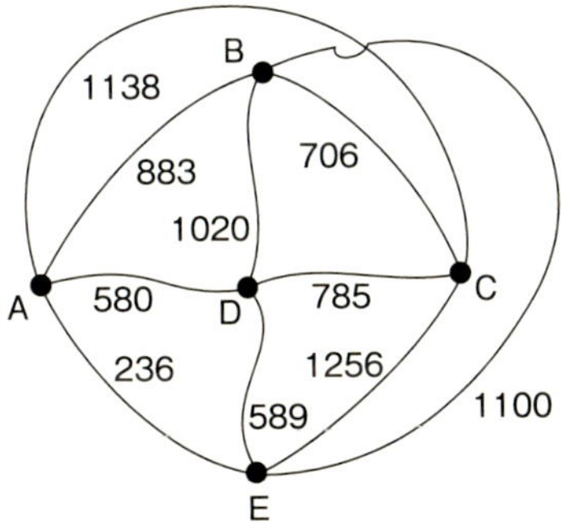

実務に長けたジェイムズは、担当する都市を地図に表しました。都市間の位置と距離はなんとなくわかるという程度で、正確さにはこだわりません。彼がしばしば使うルートに、ビスマルク（B）→シカゴ（C）→アルバカーキ（A）→ダラス（D）→エルパソ（E）→ビスマルク（B）があります。この$BCADEB$という全長4113マイルのルートが、無駄の多い長距離旅行になっていることは彼もわかっていました。では、どうすればいいでしょう？

担当する都市の位置関係を地図にしたものの、彼としては洗剤を売りたいだけなので、ルートに関して細かいことを考える気にはなれません。オフィスにある地図を見ると、ビスマルクからいちばん近いのはシカゴでした。そこでとりあえずシカゴに向かい、シカゴでの仕事を終えたところで、今度はそこからいちばん近い都市を探すことにしました。それはアルバカーキやエルパソではなく、785マイルのダラスでした。

1954
ダンツィクとダイクストラが巡回セールスマン問題に挑戦する方法を提唱する

1971
クックが$P \neq NP$予想を定式化する

2004
デイヴィッド・アップルゲイトがスウェーデンにある2万4978のすべての町について、この問題を解くダラスに着いた時点で、彼の移動距離は706＋785マイルになっています。次に向かう都市はアルバカーキかエルパソのいずれかです。ジェイムズはより近いアルバカーキを選びました。そして、アルバカーキからエルパソに向かい、すべての都市での仕事を終えてビスマルクに戻りました。この*BCDAEB*の移動距離は3407マイルです。前述のルートにくらべてかなり短い距離ですみ、二酸化炭素排出量の削減にもなりそうです。

この考え方は、しばしば欲張り法といわれているものです。というのも、ジェイムズの選択はつねに局所的なものだからです（彼は特定の都市にいて、そこを出るルートを探しているだけです）。全体的に見た最良のルートを考えているわけではないので、およそ戦略的とはいいがたいものです。実際、最後に訪ねるのがエルパソなので、ビスマルクまで長い距離を戻ることになります。以前に較べれば短くなったとはいえ、はたして、これが最短なのでしょうか？　ここへきてようやく、ジェイムズはこの問題に興味を覚えるようになります。

ありがたいことに、まわるべき都市は5つしかありません。ビスマルクを皮切りに全5都市を周遊するルートは全部で24通り、逆回りを数に入れなければ12通りです。逆回りは距離が同じなので、わざわざ調べる必要はありません。この方法で、ジェイムズ・クックは*BAEDCB*（もしくはその逆の*BCDEAB*）が3199マイルで最良のルートであることを突き止めます。

ビスマルクに戻ったジェイムズは、移動に時間がかかりすぎるような気がしました。彼が節約したいのは距離というより、むしろ時間でした。そこで、担当する都市間の移動にかかる時間を表にまとめることにしました。

距離のことだけを考えていたとき、ジェイムズは「三角形の2辺の長さの和は必ず残りの1辺の長さより大きい」という三角不等式を念頭に置いていました。普通は迂回するより直行するほうが速いものですが、エルパソからシカゴに行く場合、ダラ

アルバカーキ				
12(陸路)	ビスマルク			
6(空路)	2(空路)	シカゴ		
2(空路)	4(空路)	3(空路)	ダラス	
4(陸路)	3(空路)	5(空路)	1(空路)	エルパソ

スを経由するほうが速いことがわかりました。三角不等式が時間にあてはまらないことは、ままあることです。

欲張り法は時間の問題にも応用できます。*BCDEAB* には合計で22時間かかるのに対して、*BCADEB* と *BCDAEB* にはそれぞれ14時間しかかかりません。距離にすると、前者(*BCADEB*)は4113マイル、後者(*BCDAEB*)は3407マイルです。ジェイムズ・クックは時間・距離の双方を最も節約できる *BCDAEB* を使うことにしました。次の課題は、最も料金の安いルートはどれかということになりそうです。

巡回する都市が増えると……

巡回セールスマン問題が本当に難しくなるのは、都市の数が多くなったときです。優秀なセールスマンであるジェイムズ・クックは、ほどなくしてスーパーバイザーに昇進します。その結果、ビスマルクから出かけていく都市の数もそれまでの4から13に増えました。彼は欲張り法を使うより、すべてのルートを列挙するほうがよいと考えたものの、ほどなくして13都市を回るルートが計算上3.1×10^9通りもあることに気づきました。それはコンピュータに1秒1通りのペースで印字させて1世紀ほどかかる数です。仮に都市の数が100の問題をインプットしたら、コンピュータを数兆年動かしつづけても終わりません。

巡回セールスマン問題の解法は、めざましい進歩を遂げています。5000都市までの問題には厳密法が適用できるし、ある方法は、コンピュータの力に大きく依存するとはいえ、3万3810都市の問題の解決に成功しています。一定以上の精度と確率で最適解に近いルートを見つける近似解法も見つかっています。この解法の利点は、都市の数がたとえ100万になっても対処できることにあります。

膨大な計算量をいかに減らすか

今度はコンピュータの視点に立って、解を見つけるのにかかる時間について考えてみましょう。可能性のあるルートをすべて数え上げる方法は、考えないほうが身のためです。13都市の巡回ルートをしらみ潰しに調べていくと、ざっと1世紀ほどかかるからです。さらに2都市を追加すれば、なんと2万年以上かかってしまいます！

もちろん、この予測は使用するコンピュータの性能によっても変わってきますが、都市の数nが増えると、所要時間はnの階乗（1からnまでのすべての整数を掛けた数）と同じ割合で増えていきます。13都市のときのルートの総数は13の階乗の半分なので、3.1×10^9通りです。このように、すべてのルートを調べて最短ルートを探す方法には、途方もなく長い時間がかかることになります。

これに対し、都市の数nが増えると所要時間が2^nの割合で増えるというかたちで、この問題を克服した方法があります。この方法を使うと13都市の巡回ルートの組合せは8192通り（10都市のときの8倍）になります。この種の方法は指数時間アルゴリズムと呼ばれています。とはいえ、組合せ最適化といわれるこの効率化の目的は、2のn乗ではなく、nの定数乗に依存するアルゴリズムを見つけることにありました。つまり、指数は小さければ小さいほどよいのです。たとえば、アルゴリズムがn^2に従って変化するとしたら、13都市のときの巡回ルートの組合せはわずか169通り、つまり10都市のときの2倍にもなりません。この方法は多項式時間アルゴリズムと呼ばれています。この方法で解決できる問題は、数世紀どころか3分で答えを出すことができます。

多項式時間アルゴリズムで解を見つけることができる問題の集合はPで表されます。巡回セールスマン問題を解くための多項式時間アルゴリズムは今のところ見つかっていないので、それがPに含まれるかどうかはわかっていません。しかし、それがPに含まれないことについても証明されていません。

Pより大きな集合で、NPで表されるのは、解の候補が「実際に解である」かどうかを多項式時間で検証できるような問題の集合です。巡回セールスマン問題を少し弱めた「指定された時間（距離、予算）内で回れるのか？」という問題は、NPに含まれます。NPはPを部分集合として含んでいることがわかっています。

多項式時間で検証できる問題は、いずれも多項式時間で判定できるのでしょうか？　それが真実だとすれば、PとNPは同一となり、$P = NP$が成り立つことになります。この問題は、現在、コンピュータ科学者のあいだでさかんに論じられており、$P \neq NP$、つまり、多項式時間で検証できても、多項式時間で判定できない問題もあるという意見が優勢です。この問題はきわめて重要度が高く、アメリカのクレイ数学研究所も、$P = NP$もしくは$P \neq NP$の証明に成功した者に100万ドルの賞金を支払うことを約束しています。

まとめの一言

巡回ルートが増えたときに、いかに絞り込むかが鍵

CHAPTER 47〈ゲーム理論〉 知ってる？

囚人の刑は軽くなる？ 重くなる？

世界でいちばん賢いのはジョン・フォン・ノイマンだ、
と言う人がいます。だとすれば
ゲーム理論のミニマックス定理が、移動中のタクシーのなかで
走り書きしたメモから生まれたという話もうなずけます。
彼は量子力学、論理学、代数学の分野で
偉大な足跡を残しましたが、そんな彼を、
ゲーム理論が放っておくでしょうか？
彼が経済学者のオスカー・モルゲンシュテルンとともに著した
『ゲーム理論と経済行動』は、科学のさまざまな分野に
多大な影響をあたています。
ゲーム理論は、広い意味では古来の学問ですが、
２人ゼロサムゲームの理論に磨きをかけたのは、
間違いなくフォン・ノイマンです。

timeline

1713
ウォールグレイヴが
２人対戦型のゲームの戦略について
初めて数学的に説明する

1944
フォン・ノイマンと
モルゲンシュテルンが
『ゲーム理論と経済行動』を出版する

勝者？ それとも敗者？―― 2人ゼロサムゲーム

何やら難しそうに聞こえますが、2人ゼロサムゲームとは、単にふたりの人間、ふたつの会社、ふたつのチームが戦い、いずれかが勝ち、いずれかが負けるゲームのことです。Aが200ポンドを獲得すると、Bがその200ポンドを失う、というのがゼロ(零)サム(和)の意味です。AがBに協力するような設定は考えません。勝者と敗者しかいない純粋な競争です。これを“両者が共に獲得するゲーム”と考えると、Aは200ポンドを、Bは−200ポンドを獲得するということになり、その和は$200+(-200)=0$になります。これがゼロサムの語源となっています。

*ATV*と*BTV*というふたつのテレビ局があり、スコットランドとイングランドのいずれかでニュースの放映権を買おうとしているとしましょう。双方が入札できるのはいずれかの放映権だけで、判断の基準は見込まれる視聴者の増加数です。メディア・アナリストによって増加する視聴者の数が見積もられ、その情報は両テレビ局ともに入手しています。その数字を*ATV*の視点に立ってまとめたのが次の利得表で、数字は100万人を単位としています。

		BTV	
		スコットランド	イングランド
ATV	スコットランド	+5	−3
	イングランド	+2	+4

*ATV*と*BTV*の双方がスコットランドでの放映権を選んだ場合、*ATV*は500万の視聴者を獲得し、逆に*BTV*は500万の視聴者を失うことになります。−3のようにマイナスの数になっている場合、それは*ATV*が300万の視聴者を失い、*BTV*は

その視聴者を獲得することを意味しています。つまり、符号がプラスなら*ATV*にとってよい結果となり、符号がマイナスなら*BTV*にとってよい結果ということです。両社がこの利得表をもとに封印入札をするのは一回だけです。当然、いずれも最善の道を選ばねばなりません。

*ATV*がスコットランドを選べば、最悪の場合、*ATV*は300万の視聴者を失う可能性があります。いっぽう、イングランドを選んだ場合は、最低でも200万の視聴者を獲得できます。したがって、*ATV*は下の行のイングランドを選ぶのが最善の戦略となります。*BTV*がどちらを選んでも、最低200万の視聴者を獲得できるからです。*ATV*は−3と2（それぞれの行の最低値）を見較べて、そのうちの最大値に対応した行を選びます。

*BTV*が左の列のスコットランドを選ぶと、最悪の場合、500万の視聴者を失う可能性があります。また、右の列のイングランドを選ぶと最悪400万の視聴者を失う可能性があります。*BTV*にとって最も安全な戦略は、イングランドを選ぶことです。それは、失う視聴者の数は500万より400万のほうがましだからです。イングランドを選べば、*ATV*がどちらを選んでも、失う視聴者の数が400万を超えることはありません。

これらは双方にとって最も安全な戦略で、このとおりになると、*ATV*は400万の視聴者を獲得し、*BTV*は400万の視聴者を失います。

ゲームはいつ決するのか？

翌年、ふたつのテレビ局には、ウェールズでの放映権という選択肢がひとつ増えることになります。状況が変わったことで、利得表も新しいものになりました。

前回と同じように、*ATV*にとって最も安全な戦略は、それぞれの行の最も悪い結果のなかでいちばん値の大きいもの、つまり、+1、−1、−3の最大値であるウェールズを選ぶことです。

		BTV			
		ウェールズ	スコットランド	イングランド	行の最小値
ATV	ウェールズ	+3	+2	+1	+1
	スコットランド	+4	−1	0	−1
	イングランド	−3	+5	−2	−3
	列の最大値	+4	+5	+1	

そして、*BTV*の場合は、それぞれの列の最も悪い結果のなかでいちばん値の小さいもの、つまり、+4、+5、+1のなかの最小値であるイングランドを選ぶことです。

ウェールズを選んだ*ATV*には、*BTV*がどこを選んだとしても、最低100万の視聴者増が保証されます。イングランドを選んだ*BTV*には、*ATV*がどこを選んだとしても、失う視聴者の数が100万以内におさまることが保証されます。これらは双方にとって最良の戦略です(*BTV*にはまだ不利なままですが)。このゲームでは、

+1、−1、−3の最大値=+4、+5、+1の最小値

なので、右辺と左辺が同じ+1になります。つまり、最初のゲームと違ってこのゲームには鞍点があり、その値は+1です。

繰り返しのゲーム

古くからおこなわれている繰り返しのゲームに、じゃんけんがあります。1回勝負のテレビ局のゲームと違って、じゃんけんは通常数回繰り返されます。年に一度開催される世界大会では、競技者たちのあいだで数百回のじゃんけんが繰り返されます。

じゃんけんは、ふたりの競技者が3つ数えて同時に見せるのがルールです。パーを出したときの利得は、次のページの表のように0、−1、+1となります。

このゲームには鞍点が存在せず、採用すべき明白な戦略もありません。仮にひとりがずっとパーを出すとすれば、相手は毎回チョキを出すことで勝ちつづけることができます。フォン・ノイマンのミニマックス定理によると、そこには確率的に行動を変える混合戦略という方法が使われています。

数学的に見ると、競技者が何を出すかを無作為に選んだ場合、パー、チョキ、グーが選ばれる確率はそれぞれ3分の1です。しかし、無作為は必ずしも最良の方法ではないのかもしれません。世界チャンピオンたちは、軽く心理的なゆさぶりをかけて敵を出し抜く方法を心得ています。

	パー	チョキ	グー	行の最小値
パー	あいこ＝0	負け＝－1	勝ち＝＋1	－1
チョキ	勝ち＝＋1	あいこ＝0	負け＝－1	－1
グー	負け＝－1	勝ち＝＋1	あいこ＝0	－1
列の最大値	＋1	＋1	＋1	

ビューティフル・マインド

ジョン・フォーブス・ナッシュ（1928年生まれ）は、ゲーム理論への貢献に対して、1994年にノーベル経済学賞を受賞している。彼の苦悩の人生は、2001年に製作された『ビューティフル・マインド』という映画にも描かれている。
ナッシュと彼の仲間たちの功績は、ゲーム理論をふたり以上の競技者がいるケースや、競技者のあいだに協力関係が成立して別の競技者を攻撃するケースに拡大したことにある。「ナッシュ均衡」は、フォン・ノイマンの理論よりもはるかに広い視野に立ったもので、経済への理解を深める役割を果たすことになった。

囚人は自白すべきか否か？——囚人のディレンマ

すべてのゲームがゼロサムというわけではありません。競技者のそれぞれが別の利得表をもつゲームも存在します。その有名な例が、アメリカの数学者アルバート・ウィリアム・タッカーが定式化した“囚人のディレンマ”です。

アンドリュー（*A*）とバーティ（*B*）というふたりの男が路上強盗の容疑で逮捕され、別の監房に入れられたとしましょう。よって、ふたりは相談することができません。この場合の利得は服役年数で、警察の取調べに対するそれぞれの自白だけでなく、いかに協力的な供述をするかによって変わってきます。もし、*A* が自白して *B* がしなかった場合、*A* は（*A* の利得表により）懲役1年、*B* は（*B* の利得表により）懲役10年になります。*B* が自白して *A* がしなかった場合、それぞれの刑期は逆転します。双方が自白した場合、*A* も *B* も懲役4年になり、双方が無実を訴えつづけた場合は、*A* も *B* も自由の身となります。

囚人どうしが相談できるなら、もちろん自白しない道を選ぶはずで、それは“双方に有利な（*win-win*）”状況となります。

A		*B*	
		自白する	自白しない
A	自白する	＋4	＋1
	自白しない	＋10	0

B		*B*	
		自白する	自白しない
A	自白する	＋4	＋10
	自白しない	＋1	0

まとめの一言

損をしないための数学

CHAPTER 48 〈相対性理論〉

光の速さは どこから測っても同じ?

物体が動くとき、その動きは
ほかの物体を基準として計測されます。
私たちが乗っている車が
時速70マイルで走行しているときに、
別の車も時速70マイルで同じ方角に向かっているとすれば、
その車に対する私たちの車の相対的な速度はゼロとなります。
しかし、地面に対する相対的な速度は
どちらの車も時速70マイル、
対向車線を時速70マイルで走っている車から見た
相対的な速度は時速140マイルとなります。
相対性理論はこの考え方に変化をもたらしました。

timeline

1632年頃
ガリレオが
落下物体に関する
「ガリレイ変換」を発見する

1676
レーマーが
木星の衛星の観測から
光速を計算する

1687
ニュートンが
『自然哲学の数学的諸原理』で
古典的な運動の法則を解説する

19世紀末、オランダの物理学者ヘンドリック・ローレンツによってすでに提唱されていた相対性理論は、1905年、アルバート・アインシュタインの論文のなかで決定的な進歩を見ることになります。特殊相対性理論についてのこの有名な論文は、物体はいかにして動くかという研究に革命を起こし、ニュートン力学があてはまる範囲を、特殊な場合のみに限定することになりました。

ガリレオ時代の物体の動きの考え方は？

相対性理論の解説については、その提唱者自身の解説を使うことにします。アインシュタインは列車の話をするのが好きで、列車を使った実験を考えました。ここでは、ジム・ダイアモンドが時速60マイルの電車に乗っている例でお話しましょう。彼は列車のいちばん後ろの自分の席から食堂車に向かって時速2マイルで歩いています。つまり、地面に対して時速62マイルで動いているのです。食堂車から自分の席に戻るときには、進行方向と逆に向かうことになるので、彼の時速は58マイルになります。これはニュートンの法則にもとづくものです。速度は相対的な概念で、ジムが進む方向によって足すか引くかが変わってきます。

運動はすべて相対的なものなので、座標の原点を、ある特定の運動を測定するための基準点と考えることにします。直線上を進む列車の一次元の動きは、駅を原点と定めて、距離 x と時間 t で考えることができます。プラットフォームに“しるし”をつけて $x = 0$ の点を定め、時間は駅の時計で測るものとします。駅を原点とする距離、時間の座標は、(x, t) となります。

列車を原点とする別の基準座標（慣性系）を設けることもでき

1881
マイケルソンが
きわめて高い精度で
光速を測定する

1887
ローレンツ変換が
初めて提唱される

1905
アインシュタインが
『動いている物体の電気力学』という
論文で特殊相対性理論を発表する

1915
アインシュタインが
『重力場の方程式』という論文で
一般相対性理論を発表する

ます。列車の最後尾を原点として、ジムの腕時計で時間を測った場合、それは、別の座標 $(\overline{x}, \overline{t})$ になります。ふたつの基準座標系は同調させることもできます。プラットフォームにつけられた"しるし"を列車が通過するときは $x = 0$ で、駅の時計は $t = 0$。この瞬間を $\overline{x} = 0$ として、ジムの時計を $\overline{t} = 0$ に合わせれば、ふたつの座標は連動することになります。

ジムは、列車が駅を通過する瞬間に、食堂車に向かいはじめます。5分後の駅からジムまでの距離は、計算で求められます。列車は1分間に1マイル進むので、駅から列車の最後尾までの距離 x は5マイル、ジムは1分間に $\frac{2}{60}$ マイル進むので、最後尾からの距離 $\overline{x}$ は $\frac{10}{60}$ マイルです。したがって、駅からジムまでの距離は $5\frac{10}{60}$ となり、x と $\overline{x}$ の関係は $x = \overline{x} + v \times t$（この場合は $v = 60$）という式で表すことができます。この式を列車内の原点からジムが動いた距離を求めるかたちになおすと、

$$\overline{x} = x - v \times t$$

となります。ニュートンの古典的な理論における時間の概念は、過去から未来へと向かう一次元的な流れです。それは普遍的で、宇宙空間からは独立したものです。絶対量なので、列車に乗っているジムの時間 $\overline{t}$ は、プラットフォームにいる駅長の時間 t と同じでなければなりません。したがって、

$$\overline{t} = t$$

となります。これらの $\overline{x}$ と $\overline{t}$ を求めるふたつの式は、ガリレイ変換のための方程式で、これを使えばある基準座標系の量を別の基準座標系の量へ変換することができます。ニュートンの古典的な理論が正しいとすれば、光の速度もガリレイ変換されたふたつの値 $\overline{x}$ と $\overline{t}$ にしたがうはずでした。

17世紀には光に速度があることはわかっていました。1676年

には、デンマークの天文学者オーレ・レーマーがその近似値の計測に成功していましたし、1881年には、アメリカの物理学者アルバート・マイケルソンがより精密な方法でそれが秒速18万6300マイル（約29万9800キロメートル）であることを突き止め、さらに、光の伝達が音の伝達とはまったく異なるものであることに気づいたのです。彼は、走っている列車内にいる観察者が列車の進行方向へ動いたり逆に戻ったりする場合とは異なり、光線の方向と光の速度にはまったく関係がないことを発見しました。となると、この矛盾した結果にはなんらかの説明が必要になってきます。

ローレンツは、基準座標のひとつ（走る列車）が、それを観察している基準座標に対して一定の速度vで動いているときの距離と時間の関係を数式にしました。この変換は速度vによって変化するローレンツ因子αが関わっています。

$$\alpha = \frac{1}{\sqrt{1 - v^2/c^2}}$$

ローレンツ因子

アインシュタインの登場

アインシュタインの理論は、光の速度についてのマイケルソンの発見——光速度不変の原理——が前提になっています。

光の速度はどの基準座標系（慣性系）にいる観測者が見ても同じ値となる

高速で駅を通過中の列車のなかにいるジムが、懐中電灯で列車の進行方向の客車を照らしたとします。彼が測定した光の速度はcです。そして、アインシュタインが採用した前提が正しければ、プラットフォームにいる駅長がその光の速度を測っても、それは$c + 60$ではなく、cになるはずです。そこで、アインシュタインは第二の原理——特殊相対性原理——を仮定しました。

互いに一定速度で動く基準座標系（慣性系）内では、共に同じ物理法則が成り立つ

1905年に発表されたアインシュタインの秀逸な論文には、数学的な優美さを追求する彼の研究スタイルを感じさせるものがあります。音は媒体中の分子の振動によって伝播します。ほかの物理学者は、光もなんらかの媒体がなければ伝わらないと考えていました。それが何かということはわからないながらも、エーテルという名で呼んでいました。

アインシュタインは光の伝播にエーテルの存在を仮定する必要はないと考えました。その代わりに、先ほど説明したふたつの単純な原理からローレンツ変換を導き出し、特殊相対性理論を完成させて、粒子のエネルギーEが$E = \alpha \times mc^2$という式で決まることを示しました。そして、静止している物体のエネルギー（$v = 0$なので$\alpha = 1$となる）に関して、質量とエネルギーの等価性を意味する、あの有名な式が導き出されることになります。

$$E = mc^2$$

ローレンツとアインシュタインは、共に1912年のノーベル賞候補に名を連ねますが、授賞は見送られました。ローレンツは1902年にすでに一度受賞していましたが、アインシュタインは1921年になって、光電効果の研究（その論文も1905年に発表されたものです）でようやく受賞の運びとなります。その年は、かつてスイスの特許庁の一職員だったアインシュタインにとって、すばらしい年になりました。

アインシュタインとニュートンの考え方の違いは？

ゆっくりと動く列車で観察する限り、アインシュタインの相対性理論と古典的なニュートン力学との違いはごく小さなものにすぎません。相対的な速度vが、光の速度に較べてあまりにも小さいため、ローレンツ因子αはほぼ1になり、ローレンツ変換とガリレイ変換のあいだに実質的な違いがなくなってしまうからです。つまり、速度が小さければ、アインシュタインとニュートンは歩み寄りを見せることになります。両者の違いがはっきりするのは、速度が非常に大きくなったときです。

一般相対性理論があてはまる空間とは？

1915年、アインシュタインは一般相対性理論の論文を発表しました。この理論は、基準座標が加速度運動をする場合にもあてはまるもので、加速によって生まれる力は重力と同等の効果をもつという原理（等価原理）を基礎としています。

一般相対性理論を使うと、たとえば、太陽のような巨大な物体の重力によって重力場がゆがむといった物理的現象を予測することができます。

一般相対性理論があてはまる基準座標系は四次元時空のものです。ユークリッド空間にはゆがみがありませんが、アインシュタインの四次元時空の形状は湾曲しています。それは、物体が互いに引かれ合うことの説明として、ニュートンの万有引力の法則にとってかわるものです。一般相対性理論では、引力を時空のゆがみと説明しています。このようにしてアインシュタインは、科学の世界にもうひとつの革命を引き起こしました。

まとめの一言

**光速度不変を基礎として
つくられた理論**

CHAPTER 49 〈フェルマーの最終定理〉

知ってる?

超難問の定理が証明された!?

ふたつの平方数を合計すると、別の平方数になることがあります。
たとえば、$5^2 + 12^2 = 13^2$ というように。
では、ふたつの立方数の合計が
別の立方数になることはあるのでしょうか?
指数が3よりも大きな数ではどうなのでしょう?
なんと、できないのです。フェルマーの最終定理とは、
n が3以上のとき、方程式 $x^n + y^n = z^n$ を満たす自然数
x, y, z, n は存在しない、というものです。
フェルマーが“すばらしい証明”はすでに見つかっている
とだけ言い遺してこの世を去ったため、その後、この問題は
ありとあらゆる時代の数学者を苦しめることになりました。
そのなかには、10歳のときに近所の図書館で
この数学の“宝探し”の存在を知った人物も含まれていました。

timeline

1665	1753	1825	1839
フェルマーが“すばらしい証明”の記録を残さずに他界する	オイラーが $n=3$ について証明する	ルジャンドルとディリクレが $n=5$ について証明する	ラメが $n=7$ について証明する

フェルマーの最終定理は、難問中の難問といわれる方程式のひとつで、いわゆるディオファントス方程式の一種です。ディオファントス方程式の解は整数でなければなりません。その名称は古代アレクサンドリアの数学者ディオファントスにちなむもので、彼が著わした『算術』は数論に画期的な進歩をもたらしました。ピエール・ド・フェルマーはフランスのトゥールーズの裁判所で働く弁護士でしたが、そのいっぽうで、数論の研究で知られる優秀な数学者でもありました。彼の数学界への最後の貢献となったのが、あの最終定理です。フェルマー自身はそれを証明したか、あるいは、証明したと思っていたかのどちらかで、所有していたディオファントスの『算術』の余白に「"すばらしい証明"を見つけたが、この小さな余白には書ききれない」としたためています。

フェルマーは数学の未解決問題を数多く解明していますが、フェルマーの最終定理はそのなかには含まれていません。その後300年にわたって数学者を悩ませてきた彼の定理は、最近になって、ついに証明されることになりました。いかなる余白にも書き切れそうにないその証明は、最新の技法を必要とするもので、フェルマーの言葉には大きな疑念が投じられることになりました。

方程式$x+y=z$の解は?

この3つの変数x、y、zが含まれる方程式はどのようにして解けばいいのでしょう?　通常、未知の数はxだけですが、ここでは3つもあります。実際のところ、そのおかげでこの方程式はきわめて簡単に解くことができるのです。xとyに好きな数を選んで、それを足したものをzにすれば、その3つはこの方

1843
クンマーが
定理全体を証明するが、
ディリクレに不備を指摘される

1907
フォン・リンデマンが
証明の完了を主張するが、
間違っていたことがわかる

1908
ウォルフスケールが
100年以内に証明に成功したものに
賞金を贈ると発表する

1994
ワイルズが
定理の証明に
成功する

程式の解となります。こんなに簡単なことはありません。

たとえば$x = 3$、$y = 7$を選んだ場合、この方程式の解は$x = 3$、$y = 7$、$z = 10$となります。解にならない値もあります。たとえば、$x = 3$、$y = 7$、$z = 9$は、$x + y$とzが等しい値にならないので、この方程式の解にはなりません。

方程式$x^2+y^2=z^2$の解は?

次は平方数について考えてみましょう。平方数とはその数を2回掛けた数で、x^2のように表されるものです。$x = 3$のときは、$x^2 = 3 \times 3 = 9$となります。ここで考えるのは$x + y = z$ではなく、

$$x^2 + y^2 = z^2$$

についてです。これについてもxとyの値を任意に選んで計算すれば、zの値を求められるのでしょうか?　$x = 3$、$y = 7$を選んだ場合、左辺は$3^2 + 7^2 = 9 + 49 = 58$となります。これがzだとすれば、zは58の平方根($z = \sqrt{58}$)、つまり、およそ7.6158となります。$x = 3$、$y = 7$、$z = \sqrt{58}$はたしかに$x^2 + y^2 = z^2$の解ですが、残念ながら、ディオファントス方程式には、解は整数という前提があります。$\sqrt{58}$は整数ではないので、$x = 3$、$y = 7$、$z = \sqrt{58}$は解とはなりません。

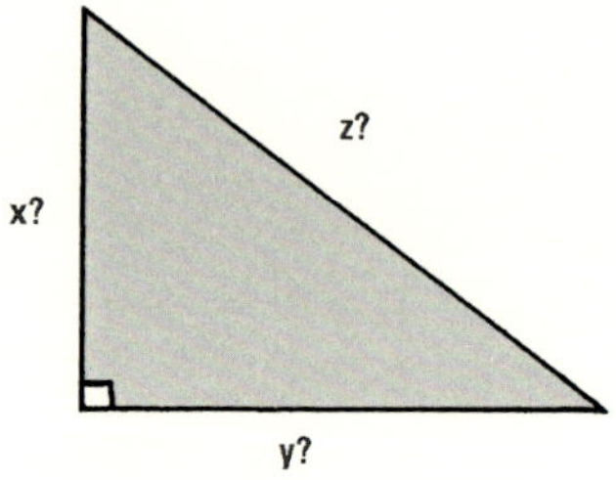

方程式$x^2 + y^2 = z^2$は三角形に関わりがあるものです。x、y、zが直角三角形の3つの辺の長さであれば、それらはこの方程式にあてはまることになります。逆にいえば、x、y、zがこの方程式を満たしていれば、xとyは直角三角形の直角をはさんだ2辺の長さ、zは斜辺の長さになります。ピタゴラスの定理(三平方の定理)と関わりがあることから、このx、y、zはピタゴラス数と呼ばれています。

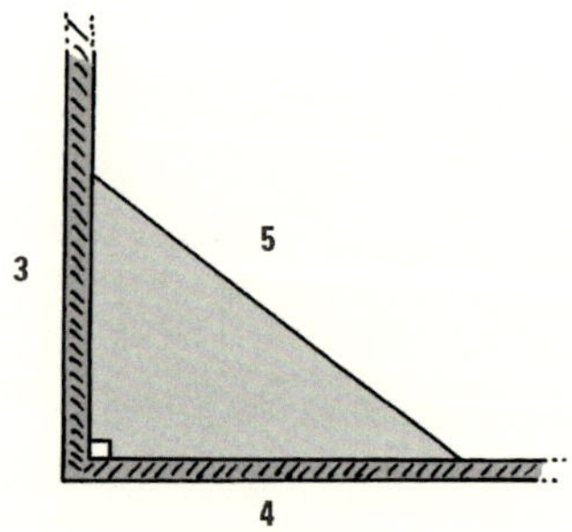

ピタゴラス数はどうやって見つければいいでしょう?　ことによると、地元の建築業者に助けてもらえるかもしれません。建築にはどこにでもある3·4·5の三角形が使われています。$x = 3$、

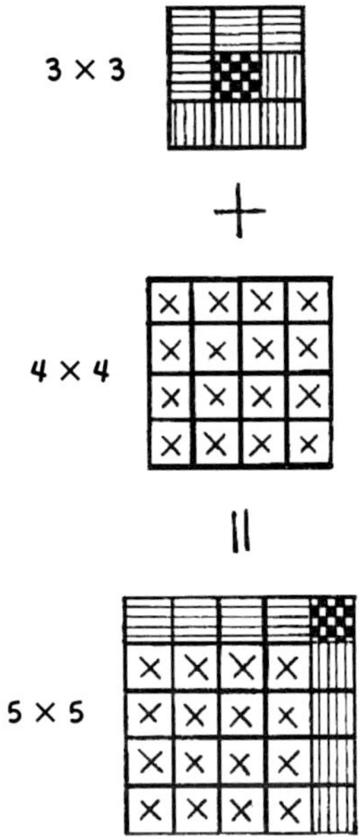

$y = 4$、$z = 5$は、$3^2 + 4^2 = 9 + 16 = 5^2$なので、方程式$x^2 + y^2 = z^2$の整数解のひとつになっています。逆にいえば、辺の長さが3、4、5の三角形は直角三角形ということでもあります。建築業者はこの数学的な事実を使って壁を垂直に保っています。

これは左図に示すように、3×3の正方形を崩して4×4の正方形の外に並べて、5×5の正方形をつくることでもあります。

$x^2 + y^2 = z^2$の整数解はほかにもあります。$5^2 + 12^2 = 13^2$となる$x = 5$、$y = 12$、$z = 13$もそうですし、この方程式の解は無限個存在します。しかし、$x = 3$、$y = 4$、$z = 5$は最も洗練された組合せであると同時に、3つの解が連続する整数となる唯一の解でもあります。$x = 20$、$y = 21$、$z = 29$や$x = 9$、$y = 40$、$z = 41$のように、3つのうちのふたつが連続する整数になっている組合せは多数ありますが、3つが連続した整数になる例はほかにひとつもありません。

大成功から大失敗まで

$x^2 + y^2 = z^2$と$x^3 + y^3 = z^3$のあいだに大した違いがあるとは思えません。ふたつの平方数を組み合わせて3つ目の平方数をつくるという考え方は、立方数にも使えそうです。ふたつの立方数を組み合わせて3つめの立方数をつくることは、できるのではないでしょうか？　フェルマーは探しました。$x^2 + y^2 = z^2$には無限個の解があるというのに、$x^3 + y^3 = z^3$の整数解はひとつも見つかりませんでした。指数が大きな数になるとより難しくなるため、レオンハルト・オイラーはこの最終定理を次のように言い表しました。

nが2よりも大きな数のとき、
方程式$x^n + y^n = z^n$に自然数解は存在しない

これを証明するひとつの方法が、それぞれのnについて確かめるというものでした。nが小さな数のものからはじめて、しだいに大きなものに進めていくのです。フェルマーもそれはやっています。彼は$n = 3$にくらべて簡単な$n = 4$について証明しています。18世紀から19世紀にかけて、オイラーが$n = 3$を、アドリアン＝マリ・ルジャンドルが$n = 5$を、ガブリエル・ラメが$n = 7$を証明しています。ラメはすべてのnにあてはまるとする一般的証明を発表しますが、残念ながら、そこには間違いがあることがわかりました。

大きな貢献を果たしたのがドイツの数学者エルンスト・クンマーで、1843年に定理全体の証明が完了したと発表しました。が、彼の議論はディリクレによって不備が指摘されます。この定理の有効な証明には3000フランの賞金を授与すると約束していたフランス科学アカデミーは、結局、クンマーの試みは賞に値すると判断して、それを支払いました。クンマーは100より小さい素数のうち、37、59、67を除く正則素数について、この定理が正しいことを証明していますが、$x^{67} + y^{67} = z^{67}$にあてはまる整数解が存在しないことは証明できませんでした。しかし、この失敗がきっかけで、抽象代数学にとって重要な技法が生まれることになります。ことによるとそれは、フェルマーの最終定理の解明以上に意義深い貢献だったかもしれません。

円積問題を解決したドイツの数学者フェルディナント・フォン・リンデマン（29ページを参照）も、1907年、定理全体の証明を発表しますが、そこにも誤りが見つかりました。1908年には、ドイツの実業家パウル・ウォルフスケールから、この先100年のあいだにこの予想を証明した最初の人物に賞金10万マルクを授与するという申し出がありました。長い年月のあいだに、5000ともいわれる証明が提出されましたが、いずれにも誤りがあったことは、ご存じのとおりです。

ついに証明される！！

ピタゴラスの定理とのつながりは $n=2$ だけのものですが、最終的な証明の鍵は幾何学との関係にありました。その関係は、楕円曲線に関する理論とふたりの日本人数学者、谷山 豊と志村五郎が立てたある予想のうえに築かれたものでした。そして1993年、イギリスの数学者アンドリュー・ワイルズがケンブリッジ大学でおこなった講演でフェルマーの最終定理の証明を発表しますが、残念ながら、この証明には誤りがあることがわかりました。

アンドリュー・ワイルズ（*Andrew Wiles*）とよく似た名前をもつフランスの数学者アンドレ・ヴェイユ（*Andre Weil*）は、この問題に挑戦することをエベレスト登山になぞらえ、「標高100ヤードの山にも登れない人間がエベレストに登った話など聞いたことがない」とワイルズを揶揄しました。そんなプレッシャーのなか、ワイルズは世間との交渉を断ち、証明の完成に専念しました。彼には、近いうちに聴衆のまえに戻ることが期待されていました。

ワイルズは仲間の助けを借りて証明の誤りを取り除き、正しい論理に置き換えることに成功します。このときは専門家も納得し、ついにフェルマーの予想は証明されることになりました。1995年、証明を発表したワイルズは数学界の名士の仲間入りを果たし、ウォルフスケール賞をタイムリミットぎりぎりで獲得しました。その昔、ケンブリッジの公立図書館でフェルマーの最終定理に出会った10歳の少年は、ついにやり遂げたのです。

まとめの一言

n が3以上で $x^n+y^n=z^n$ を満たす自然数 x, y, z は存在しない

CHAPTER 50 〈リーマン仮説〉

知ってる?

いまだ証明されていない究極の難問とは?

リーマン仮説は純粋数学の分野で
最も手ごわい問題のひとつです。
「ポアンカレ予想」と「フェルマーの最終定理」は
すでに攻略されましたが、
リーマン仮説は今も未解決のままとなっています。
しかし、はっきりしているのは、
素数の分布にも関係しているこの未解決問題は、
いずれなんらかのかたちで解決を見るということ、
そして、数学者のまえには
新たな難問が立ちはだかるということです。

timeline

1854
リーマンが
ゼータ関数の研究を
はじめる

1859
リーマンが、ゼータ関数の自明でないゼロ点の
実数部が0から1までのクリティカル・ストリップの
なか(0と1を含む)にあることを立証し、
リーマン仮説を発表する

“物語”は、次の分数の足し算からはじまります。

$$1+\frac{1}{2}+\frac{1}{3}$$

答えは $1\frac{5}{6}$（約1.83）となりますが、さらに小さな分数まで足したらどうなるでしょう？ たとえば10番目まで足したとしたら……？

$$1+\frac{1}{2}+\frac{1}{3}+\frac{1}{4}+\frac{1}{5}+\frac{1}{6}+\frac{1}{7}+\frac{1}{8}+\frac{1}{9}+\frac{1}{10}$$

電卓で計算すると、この分数の合計は、小数で約2.9になります。左の表に、項の数と合計の関係を示します。

$$1+\frac{1}{2}+\frac{1}{3}+\frac{1}{4}+\frac{1}{5}+\frac{1}{6}\cdots$$

項の数	合計（近似値）
1	1
10	2.9
100	5.2
1,000	7.5
10,000	9.8
100,000	12.1
1,000,000	14.4
1,000,000,000	21.3

このような数列の和を調和級数（*harmonic series*）と呼びます。その名は、2分の1、3分の1、4分の1に切られた楽器の弦が調和（*harmony*）に必要な基本の音階を奏でると考えたピタゴラス学派によってつけられたものです。

調和級数では、しだいに小さくなる分数が加えられていきますが、その合計はどうなっていくのでしょう？　果てしなく大きな数になるのでしょうか？　それとも、どこかに障壁があって、それより大きな数にはならないのでしょうか？　その答えは、項をグループ分けして、2倍にする方法を使って調べることが

1896
ド・ラ・ヴァレ＝プーサンとアダマールが、すべての自明でないゼロ点の実数部がリーマンのクリティカル・ストリップの内側（0と1を含まない）にあることを示す

1900
ヒルベルトがリーマン仮説を数学者が解明すべき重要問題のひとつにあげる

1914
ハーディがリーマンの直線上に無限の解が存在することを証明する

2004
最初の10兆個のゼロ点が臨界線上に確認される

できます。たとえば、最初の8つの項を加えると（$8 = 2 \times 2 \times 2 = 2^3$という認識の上に立って）、

$$S_{2^3} = 1 + \frac{1}{2} + \left(\frac{1}{3} + \frac{1}{4}\right) + \left(\frac{1}{5} + \frac{1}{6} + \frac{1}{7} + \frac{1}{8}\right)$$

となり（*S*は合計*sum*の頭文字）、1／3は1／4よりも大きく、1／5は1／8より大きいので、この合計は、次の式よりも大きくなることがわかります。

$$1 + \frac{1}{2} + \left(\frac{1}{4} + \frac{1}{4}\right) + \left(\frac{1}{8} + \frac{1}{8} + \frac{1}{8} + \frac{1}{8}\right) = 1 + \frac{1}{2} + \frac{1}{2} + \frac{1}{2}$$

したがって、

$$S_{2^3} > 1 + \frac{3}{2}$$

これをより一般的なかたちにすると、次のようになります。

$$S_{2^k} > 1 + \frac{k}{2}$$

$k = 20$について見てみると、$n = 2^{20} = 1{,}048{,}576$となりますが（*n*は項の数）、級数の合計は11を上回るにすぎません。合計の増え方はわずかですが、その級数の合計がいくつを上回る数かによって*k*の値がわかります。この級数は無限になりますが、では次の級数はどうなるでしょう？

$$1 + \frac{1}{2^2} + \frac{1}{3^2} + \frac{1}{4^2} + \frac{1}{5^2} + \frac{1}{6^2} + \cdots$$

この場合も手順は同じで、次第に小さくなる数を合計していくことになりますが、先ほどと違ってあるリミットに収束していきます。この場合のリミットは2より小さな数で、なんと、$\frac{\pi^2}{6} = 1.64493\cdots$になります。

今は指数が2の場合について考えました。調和級数は、分母の指数が1で、その値をクリティカル(臨界)と言います。指数が大きくなって1をわずかでも上回ると、その級数は収束することになりますが、指数が小さくなって1をわずかでも下回ると、その級数は*発散します。つまり、調和級数は収束と発散の境界線上に位置しているのです。

*発散

値が一定・有限の値に収束しないこと(監訳者注)

ゼータ関数を考える

有名なリーマンのゼータ関数$\zeta(s)$は、18世紀にオイラーが見出したものですが、その重要性をあますところなく理解したのはドイツの数学者ベルンハルト・リーマンです。ゼータ関数はギリシャ文字のζ《ゼータ》を用いて、次のように表されます。

$$\zeta(s) = 1 + \frac{1}{2^s} + \frac{1}{3^s} + \frac{1}{4^s} + \frac{1}{5^s} + \cdots$$

$\zeta(s)$はさまざまなsの値で計算されています。最もよく知られているのは、$\zeta(1) = \infty$です。なぜなら、$\zeta(1)$は調和級数だからです。$\zeta(2)$が$\frac{\pi^2}{6}$であることを発見したのは、オイラーです。sが偶数の場合、$\zeta(s)$の値には必ずπが含まれることがわかっていますが、sが奇数の場合、ことははるかに難しくなります。$\zeta(3)$の値が無理数になることについては、すでにロジャー・アペリーが証明していますが、$\zeta(5)$、$\zeta(7)$、$\zeta(9)$などに同じ方法を拡張することはできませんでした。

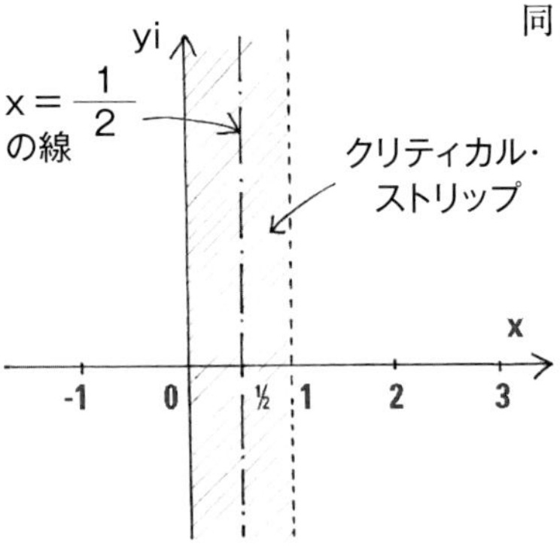

アルガン図(複素平面)

ゼータ関数を複素数で考える——リーマン仮説

ゼータ関数における変数sは実変数ですが、複素数(45ページを参照)に置き換えることもできます。それによって、複素解析という強力な技法が使えるようになります。

リーマンのゼータ関数には$\zeta(s)$の値がゼロになるsが無限に存在します。そのときのsをゼロ点といいます。1859年、リーマンはベルリンの科学アカデミーに提出した論文のなかで“重要なゼロ点”がすべて$x = 0$と$x =$

1のあいだの「クリティカル・ストリップ」（前ページの図を参照）のなかにあることを示し、次の有名な仮説を打ち立てました。

ゼータ関数ζ(s)のクリティカル・ストリップ内部（$0 \leqq x \leqq 1$）のゼロ点は、すべてその実部がその中心線 $x = \frac{1}{2}$ の線上に存在する

1896年にはシャルル・ド・ラ・ヴァレ・プーサンとジャック・アダマールが、それぞれ、この仮説の証明に向けて実質的な第一歩を踏み出しています。彼らはゼロ点がクリティカル・ストリップの内側（$0<x<1$））に存在しなければならないことを示しました。また1914年にはゴッドフレイ・ハロルド・ハーディが、$x = \frac{1}{2}$ の線上に無限個のゼロ点が存在することを示しました。が、それは、$x = \frac{1}{2}$ を外れたところに無限個のゼロ点が存在することを否定するものではありません。

数量的な成果についていうと、1986年までに数えられた $x = \frac{1}{2}$ の線上に存在する自明でないゼロ点は15億個でしたが、最新のデータによると、検証されたゼロ点の数は1000億個にのぼっています。こういった検証結果を目の当たりにすると、リーマンの仮説が理にかなったものに思えてきます。しかし、それが間違いである可能性は今も残されているのです。予想ではすべてのゼロ点がこの線上にあることになっていますが、今のところは証明も反証もされていません。

なぜリーマン仮説が重要なのか？

リーマンのゼータ関数ζ(s)と素数定理（52ページを参照）のあいだには意外な関係があります。素数とは、2、3、5、7、11などのように、1とその数以外に約数がない数のことです。素数を使ってある式をつくってみましょう。

$$\left(1-\frac{1}{2^s}\right)\times\left(1-\frac{1}{3^s}\right)\times\left(1-\frac{1}{5^s}\right)\times\cdots$$

この式は、リーマンのゼータ関数ζ(s)を別のかたちに書き換えたものです。これを見ると、ゼータ関数の知識は、素数分布の解明に光を当て、われわれの数学の土台についての理解を補強するものであることがわかるはずです。

1900年、20世紀の数学者が解決すべき23の問題を発表したドイツの数学者ダフィット・ヒルベルトは、その8番目の問題について、こんなことを言っています。「仮に私が500年後によみがえったとしたら、何はさておきこう尋ねるだろう。『リーマン仮説は証明されたのか?』」。

ハーディは避暑をかねて友人のハラルト・ボーアをオランダに訪ねた際、北海を渡るときの“保険”としてリーマン仮説を持ち出しています。出港のまえに、彼はボーアに宛てて、「たった今、リーマン仮説の証明がすんだ」という絵葉書を送りました。なんと賢明な保険の掛け方でしょう! 船が沈んだ場合、彼は死後、偉大な問題を解明した栄誉に預かることになります。しかし、もし神がいるなら、ハーディのような無神論者にそのような栄誉をあたえるわけがありません。つまり神は、ハーディの船を沈めずにおくはずです。

この問題を厳密に解明した人物には、クレイ数学研究所から100万ドルの賞金が贈られることになっています。しかし、数学者を駆り立てているのはお金ではありません。彼らの多くは、この謎を解明し、偉大な数学者の殿堂で高い地位を手に入れることができるなら、それだけで満足するでしょう。

まとめの一言

究極の難問「リーマン仮説」は、いまだ謎のまま

用語解説

*日本語版の刊行にあたり、
原著をもとに内容・構成を変更しております
(編集部)

アルガン図 [Argand diagram]
複素数をひとつの点で示すために、直交座標の横軸に実数値、縦軸に虚数値をとった平面。

アルゴリズム [Algorithm]
数学的な手順のこと。問題の解決に必要な一連の方法。

一対一対応 [One-to-one correspondence]
ある集合のすべての要素が、別の集合の要素と一対一で対応し、なおかつ、逆から見た場合も同じように一対一で対応する関係のこと。

ヴェン図 [Venn diagram]
集合を図式化して表現したもの。

x-y 座標軸 [x-y axes]
平面上の点を数のペア(x, y)で表すためのふたつの数直線。直交座標の概念はルネ・デカルトによって発明された。

円錐曲線 [Conic section]
円、直線、楕円、放物線、双曲線といった古くから知られる線の総称。いずれも円錐を平面で切断したときの切り口として現れる。

円積問題 [Squaring the circle]
任意の円と同じ面積をもつ正方形を定規とコンパスだけで描くことができるか、という問題。不可能であることが証明されている。

カオス理論 [Chaos theory]
動的システムにランダムではあるが規則性をもって現れる現象を扱う理論。

可換性 [Commutative]
2×3が3×2と等しいのと同じように、$a \times b = b \times a$が必ず成り立つとすれば、掛け算は代数学的に見て可換性があるということになる。しかし、現代の代数学の多くの分野には、(たとえば行列の代数学のように)必ずしもこの性質をもたないものがある。

仮説 [Hypothesis]
証明、あるいは反証がすんでいない仮定の話。数学的な位置づけは推測(*conjecture*)と同じである。

幾何学 [Geometry]
紀元前3世紀に著されたユークリッドの『原論』によって形式化された、線、図形、空間の性質を扱う学問分野の総称。幾何学は数学全体に浸透し、今ではその昔ながらの限定的な意味は失われている。

級数 [Series]
1列に並べられた定数、もしくは変数の各項を合計したもの(無限につづくものもある)。

行列 [Matrix]
定数や変数を正方形、もしくは長方形に並べたもの。行列どうしの足し算や掛け算も可能で、ひとつの代数系をかたちづくっている。

虚数 [Imaginary numbers]
負の数(実数)の平方根のこと。実数と組み合わせると複素数になる。

空集合 [Empty set]
要素(元)をひとつももたない集合。慣例的にφ《ファイ》で表され、集合論にとって便利な概念である。

位取り記数法 [Place-value system]
数の大きさを桁で表現する方法のこと。たとえば十進法で73は、7個の10と3個の1という意味。

公理 [Axiom]
ある系の証明に使われる命題のうち、論証ができないもの。現在は"公準"と同じ意味で使われるが、本来は自明な一般原則。

系 [Corollary]
ひとつの定理から導かれる小さな命題。

最大公約数 [Greatest common divisor、gcd]
ふたつ以上の自然数をすべて割りきることができる自然数のうち最大のもの。たとえば、18と84の最大公約数は6である。

最適解 [Optimum solution]
多くの問題には最善の解決法、すなわち最適解が必要とされている。条件を満たす解のうち、何らかの基準でもっともよいもの。

四元数 [Quaternions]
ウィリアム・ローワン・ハミルトンによって発見された四次元の複素数。

指数 [Exponent、Power、Index]
計算に使われる表記法のひとつで、たとえば5×5のように同じ数を2回掛けるときは5^2となる(この場合は2が指数)。さらに、5×5×5は5^3、5×5×5×5は5^4とつづく。指数表記には別の使い方もある。たとえば5の平方根は$5^{\frac{1}{2}}$というかたちで表すことができる。

集合 [Set]
物の集まり。たとえば、家具の集合を$F=$ {椅子、テーブル、ソファ、食器棚} のように表すこともできる。

十六進記数法 [Hexadecimal system]
16を基本単位(底)とし、0、1、2、3、4、5、6、7、8、9、*A*、*B*、*C*、*D*、*E*、*F*の16種類の記号を使用する記数法。符号理論などでよく使われる。

剰余(余り) [Remainder]
自然数をほかの自然数で割ったときに、割りきれずに残った数。17を3で割ると、商は5、剰余は2となる。

数列 [Sequence]
1列に並べられた定数、もしくは変数(無限につづくものもある)。

積分法 [Integration]

微積分学の基本的な計算法のひとつで、面積を求めるためのもの。微分法の逆の操作とみなされている。

素数 [Prime number]

1とその数以外に約数がない自然数。たとえば、7は素数だが6は素数ではない(6 ÷ 2 = 3)。素数列は通例2からはじめられる。

対称性 [Symmetry]

ある図形を変換した結果が不変となる性質。回転させた図形がもとの図形に重なるとき、その図形には回転対称性があるという。鏡に映った図形がもとの図形と同じ形をしているとき、その図形には鏡像対称性があるという。

代数学 [Algebra]

数の代わりに文字を用いて方程式の解法を研究する学問で、現在は、数学全般に適用される。*algebra* という語は、9世紀に書かれたアラビア語の算術書から生まれたもの。

多面体 [Polyhedron]

多くの面をもつ立体。たとえば四面体には4つの三角形の面がある。立方体には6つの正方形の面がある。

単位分数 [Unit fraction]

分子の値が1の分数。古代エジプトでは、記数法の一部が単位分数にもとづいて定められていた。

超越数 [Transcendental number]

$ax^2+bx+c=0$ のような代数方程式の解にはならない数。π は超越数である。

底 [Base]

記数法の基数。十進法の底は10だが、古代バビロニアでは60を底とする基数法が使われていた。

ディオファントス方程式

[Diophantine equation]

未知数が整数を表している方程式。名称は250年頃の古代ギリシャの数学者、アレクサンドリアのディオファントスにちなむ。

定理 [Theorem]

なんらかの理論体系のなかで証明された命題。

度数分布 [Distribution]

数値データの集まりを、大きさを基準にいくつかの範囲(区間)に分けたときに、そのそれぞれにデータがいくつ属しているかを並べたもの。

二進記数法 [Binary number system]

0と1というふたつの数だけが使われる記数法で、2種類の基本信号だけで動くコンピュータの情報処理に適した表現形式。

濃度(基数) [Cardinality]

集合に含まれる要素の数。たとえば、集合 $\{a,b,c,d,e\}$ の濃度は5となる。濃度の概念は無限集合の場合にも適用される。

反復法 [Iteration]

ある数値からはじめて、同じ操作を繰り返すことを、反復法という。たとえば、3からはじめて、5を加えるという操作を繰り返すと、3、8、13、18、23…という数列をつくることができる。

反例 [Counterexample]

ある説の反証となる例のこと。「すべてのスワンは白い」という説は、黒いスワンを反例としてあげることで、偽であることが証明される。

ピタゴラスの定理 [Pythagoras's theorem]

三平方の定理。直角三角形の斜辺の長さを z、ほかの2辺の長さを x、y としたとき、$x^2+y^2=z^2$ が成り立つという法則。

微分法 [Differentiation]
微積分学の基本的な計算法のひとつで、さまざまな量の変化率を求めるためのもの。たとえば、距離と時間の式では、速度が変化率となる。また、速度と時間の式では、加速度が変化率となる。

双子素数 [Twin primes]
ある素数と次に大きな素数のあいだに自然数がひとつしかないとき、ふたつの素数を双子素数という。たとえば11と13は双子素数である。双子素数が無限に存在するかどうかは、わかっていない。

分子 [Numerator]
分数の横線の上に書かれる数。3／7の場合、3が分子となる。

分数 [Fraction]
たとえば3／7のように、ふたつの自然数の比として表される数。

分母 [Denominator]
分数の横線の下に書かれる数。3／7の場合、7が分母となる。

平方根 [Square root]
ある数aの平方根とは、二乗するとaになる数のこと。たとえば、3×3＝9なので、3は9の平方根である。

平方数 [Square number]
自然数を二乗した数。たとえば、3×3＝9なので、9は平方数である。1、4、9、16、25、36、49、64…など。

補助定理 [Lemma]
定理の証明に必要となる、補助的な定理。

無理数 [Irrational number]
（2の平方根のように）分数のかたちで表すことができない数。

約数 [Divisor]
ある自然数を割りきることができる自然数。たとえば、6÷2＝3なので、2は6の約数である。また、6÷3＝2なので、3も6の約数である。

有理数 [Rational number]
実数のうち、2個の整数の比で表すことができる数。整数と分数。

離散 [Discrete]
“連続”の反対の意味で使われる用語。自然数1、2、3、4…のあいだにすき間があるように、離散値のあいだにはすき間が存在する。

索引

*日本語版の刊行にあたり、
原著をもとに内容・構成を変更しております
(編集部)

あ

か

さ

ま

や

ら

わ

トニー・クリリー —— Tony Crilly
ミドルセックス大学数理科学科准教授。ミシガン大学、香港城市大学、オープン大学での教職を経て現在にいたる。主な研究分野は数学史で、フラクタル、カオス、演算にまつわる書籍の執筆や編集にも携わり、著書であるイギリスの数学者アーサー・ケイリーの伝記には、高い評価があたえられている。

[監訳] 野崎昭弘 —— のざき・あきひろ
東京大学大学院修士課程修了(数学専攻)・理学博士。東京大学、山梨大学、国際基督教大学、大妻女子大学を経て、現在、サイバー大学教授。主な著書・訳書に『スイッチング理論』(共立出版)、『πの話』(岩波書店)、『言語の数理』(共著 筑摩書房)、『詭弁論理学』(中央公論社)、『数学屋のうた』(白揚社)、『アルゴリズムと計算量』(共立出版)、『赤いぼうし』(童話屋)、『ゲーデル、エッシャー、バッハ』(共訳 白揚社)などがある。

[翻訳] 対馬 妙 —— つしま・たえ
日本獣医畜産大学卒業。主な訳書に『確率の科学史』(カプラン著 朝日新聞社)、『なぜ、パンダは逆立ちするのか?』(ブラウン著 ソフトバンククリエイティブ)、『化学の魔法』(コブ&フェタロフ著 ソフトバンククリエイティブ)、『探偵レオナルド・ダ・ヴィンチ』(スタカート著 ランダムハウス講談社)などがある。

知ってる? シリーズ
人生に必要な数学50

2009年10月31日初版第1刷発行
2016年 4月30日初版第4刷発行

著者 —— トニー・クリリー
監訳 —— 野崎昭弘
翻訳 —— 対馬 妙

発行者 —— 千葉秀一
発行所 —— 株式会社 近代科学社
〒162-0843 東京都新宿区市谷田町2-7-15
TEL 03-3260-6161 振替 00160-5-7625
http://www.kindaikagaku.co.jp

装丁・本文デザイン —— 川上成夫+宮坂佳枝
キャラクターイラスト —— ヨシヤス

印刷・製本 —— 三秀舎

©2009 Tae Tsushima Printed in Japan ISBN978-4-7649-5007-8
定価はカバーに表示してあります。

【本書のPOD化にあたって】

近代科学社がこれまでに刊行した書籍の中には、すでに入手が難しくなっているものがあります。それらを、お客様が読みたいときにご要望に即してご提供するサービス／手法が、プリント・オンデマンド（POD）です。本書は奥付記載の発行日に刊行した書籍を底本として POD で印刷・製本したものです。本書の制作にあたっては、底本が作られるに至った経緯を尊重し、内容の改修や編集をせず刊行当時の情報のままとしました（ただし、弊社サポートページ https://www.kindaikagaku.co.jp/support.htm にて正誤表を公開／更新している書籍もございますのでご確認ください）。本書を通じてお気づきの点がございましたら、以下のお問合せ先までご一報くださいますようお願い申し上げます。

お問合せ先：reader@kindaikagaku.co.jp

Printed in Japan

POD開始日　2021年3月31日

発　　　行　株式会社近代科学社

印刷・製本　京葉流通倉庫株式会社

・本書の複製権・翻訳権・譲渡権は株式会社近代科学社が保有します。

・JCOPY ＜（社）出版者著作権管理機構 委託出版物＞

本書の無断複写は著作権法上での例外を除き禁じられています。
複写される場合は，そのつど事前に（社）出版者著作権管理機構
（https://www.jcopy.or.jp，e-mail: info@jcopy.or.jp）の許諾を得てください。